量	記号	単位名	単位記号	
エネルギー	E	ジュール	J	
		電子ボルト	eV	
仕事率, 電力	P	ワット	W	$= \mathrm{m^2 \cdot kg \cdot s^{-3}}$
絶対温度	T	ケルビン	K	(SI 基本単位)
熱容量	C	ジュール毎ケルビン	J/K	$= \mathrm{m^2 \cdot kg \cdot s^{-2} \cdot K^{-1}}$
物質量	n	モル	mol	(SI 基本単位)
電流	I	アンペア	A	(SI 基本単位)
電気量	Q, q	クーロン	C	$= \mathrm{s \cdot A}$
電位, 電圧	V	ボルト	V	$= \mathrm{W/A} = \mathrm{m^2 \cdot kg \cdot s^{-3} \cdot A^{-1}}$
電場の強さ	E	ボルト毎メートル	V/m	$= \mathrm{N/C} = \mathrm{m \cdot kg \cdot s^{-3} \cdot A^{-1}}$
電気容量	C	ファラド	F	$= \mathrm{C/V} = \mathrm{m^{-2} \cdot kg^{-1} \cdot s^{4} \cdot A^{2}}$
電気抵抗	R	オーム	Ω	$= \mathrm{V/A} = \mathrm{m^2 \cdot kg \cdot s^{-3} \cdot A^{-2}}$
磁束	$\varPhi$	ウェーバー	Wb	$= \mathrm{V \cdot s} = \mathrm{m^2 \cdot kg \cdot s^{-2} \cdot A^{-1}}$
磁束密度	B	テスラ	T	$= \mathrm{Wb/m^2} = \mathrm{kg \cdot s^{-2} \cdot A^{-1}}$
磁場の強さ	H	アンペア毎メートル	A/m	
インダクタンス	L	ヘンリー	H	$= \mathrm{Wb/A} = \mathrm{m^2 \cdot kg \cdot s^{-2} \cdot A^{-2}}$

主な物理定数

名称	記号と数値	単位
真空中の光速	$c = 2.99792458 \times 10^{8}$	m/s
真空中の透磁率	$\mu_0 = 4\pi \times 10^{-7} = 1.256637\cdots \times 10^{-6}$	$\mathrm{N/A^2}$
真空中の誘電率	$\varepsilon_0 = 1/c^2\mu_0 = 8.8541878\cdots \times 10^{-12}$	F/m
万有引力定数	$G = 6.67428(67) \times 10^{-11}$	$\mathrm{N \cdot m^2/kg^2}$
標準重力加速度	$g = 9.80665$	$\mathrm{m/s^2}$
熱の仕事当量(≒1gの水の熱容量)	4.18605	J
乾燥空気中の音速(0℃, 1atm)	331.45	m/s
1molの理想気体の体積(0℃, 1atm)	$2.2413996(39) \times 10^{-2}$	$\mathrm{m^3}$
絶対零度	-273.15	℃
アボガドロ定数	$N_A = 6.02214179(30) \times 10^{23}$	1/mol
ボルツマン定数	$k_B = 1.3806504(24) \times 10^{-23}$	J/K
気体定数	$R = 8.314472(15)$	$\mathrm{J/(mol \cdot K)}$
プランク定数	$h = 6.62606896(33) \times 10^{-34}$	J·s
電子の電荷(電気素量)	$e = 1.602176487(40) \times 10^{-19}$	C
電子の質量	$m_e = 9.10938215(45) \times 10^{-31}$	kg
陽子の質量	$m_p = 1.672621637(83) \times 10^{-27}$	kg
中性子の質量	$m_n = 1.674927211(84) \times 10^{-27}$	kg
リュードベリ定数	$R = 1.0973731568527(73) \times 10^{7}$	$\mathrm{m^{-1}}$
電子の比電荷	$e/m_e = 1.758820150(44) \times 10^{11}$	C/kg
原子質量単位	$1\mathrm{u} = 1.660538782(83) \times 10^{-27}$	kg
ボーア半径	$a_0 = 5.2917720859(36) \times 10^{-11}$	m
電子の磁気モーメント	$\mu_e = 9.28476377(23) \times 10^{-24}$	J/T
陽子の磁気モーメント	$\mu_p = 1.410606662(37) \times 10^{-26}$	J/T

*( )内の2桁の数字は, 最後の2桁に誤差(標準偏差)があることを表す。

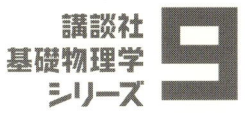

講談社
基礎物理学
シリーズ 9

二宮正夫・北原和夫・並木雅俊・杉山忠男 | 編

杉山 直 著

相対性理論

講談社

推薦のことば

　講談社から創業100周年を記念して基礎物理学シリーズが企画されている。著者等企画内容を見ると面白いものが期待される。

　20世紀は物理の世紀と言われたが，現在では，必ずしも人気の高い科目ではないようだ。しかし，今日の物質文化・社会活動を支えているものの中で物理学は大きな部分を占めている。そこへの入口として本書の役割に期待している。

　　　　　　　　　　　　　　　　　　　　　益川敏英
　　　　　　　　　　　　　　　　　　　　　2008年度ノーベル物理学賞受賞
　　　　　　　　　　　　　　　　　　　　　京都産業大学教授

本シリーズの読者のみなさまへ

「講談社基礎物理学シリーズ」は，物理学のテキストに，新風を吹き込むことを目的として世に送り出すものである。

本シリーズは，新たに大学で物理学を学ぶにあたり，高校の教科書の知識からスムーズに入っていけるように十分な配慮をした。内容が難しいと思えることは平易に，つまずきやすいと思われるところは丁寧に，そして重要なことがらは的を絞ってきっちりと解説する，という編集方針を徹底した。

特長は，次のとおりである。

- 例題・問題には，物理的本質をつき，しかも良問を厳選して，できる限り多く取り入れた。章末問題の解答も略解ではなく，詳しく書き，導出方法もしっかりと身に付くようにした。
- 半期の講義におよそ対応させ，各巻を基本的に12の章で構成し，読者が使いやすいようにした。1章はおよそ90分授業1回分に対応する。また，本文ではないが，是非伝えたいことを「10分補講」としてコラム欄に記すことにした。
- 執筆陣には，教育・研究において活躍している物理学者を起用した。

理科離れ，とくに物理アレルギーが流布している昨今ではあるが，私は，元来，日本人は物理学に適性を持っていると考えている。それは、我が国の誇るべき先達である長岡半太郎，仁科芳雄，湯川秀樹，朝永振一郎，江崎玲於奈，小柴昌俊，直近では，南部陽一郎，益川敏英，小林誠の各博士の世界的偉業が示している。読者も「基礎物理学シリーズ」でしっかりと物理学を学び，この学問を基礎・基盤として，大いに飛躍してほしい。

二宮正夫
前日本物理学会会長
京都大学名誉教授

まえがき

　大学に入学して，高校の物理の延長ではなく，真新しい気持ちで学ぶことができるのが，相対性理論と量子力学だ。特に，相対性理論は，体系の美しさと一般常識からかけ離れた帰結から，あこがれの対象となっていることもあり，大学に入学したら，かじってみたくてウズウズしている学生も多いことと思う。

　しかし，多くの大学では，特殊相対性理論は電磁気学の授業の中で取り上げられる程度で，一般相対性理論に至っては大学の3, 4年次，または大学院修士課程の選択科目として設定されている。これでは，意欲ある学生にとっては肩すかしもいいところだろう。

　そこで，大学初年次の授業を想定して，**ほとんど何の予備知識もなく，特殊相対性理論はもとより，一般相対性理論まで学べるようにまとめたのが本書**である。高校の知識を超えて必要なのは簡単な偏微分のルールぐらいで，1冊丸ごとを個人で自習することも十分に可能だ。大学に入学して，まず何はさておき相対性理論について学びたい，という学生が最初に手にとって勉強できる本である。また，ちょっと背伸びをした高校生にとっても，十分に読破できるものと思う。

　本書では，特殊相対性理論と一般相対性理論をほぼ同じ重みで扱っている。相対性理論の教科書によくあるような，特殊相対性理論を一般相対性理論の導入として位置づけるのではなく，初学者が，きちんと特殊相対性理論を理解できるような構成にした。

　具体的には，特殊相対性理論では，いきなりローレンツ変換や4元ベクトルといった数学的な内容には踏み込まず，時空図をもとに，ローレンツ収縮や時間の遅れ，さらには，双子のパラドックスやガレージのパラドックスなど，「これぞ特殊相対性理論」，という内容に触れられるように工夫をした。

　一般相対性理論でも，まずは，難しい計算を抜きで，等価原理の帰結として，本質的な部分については理解できる，ということを示した。また，テンソル解析の知識が全くなくても読み進められるように，最低限必要な計算手法を身につけられるように配慮した。応用としては，球対称時空に

ついて取り上げた．限られたページ数の中で，ブラックホールや水星の近日点移動，重力レンズ効果などの有名なテーマについて網羅したつもりである．

　例題や章末問題についても工夫をこらし，本文で説明する代わりに問題形式にし，自分自身で解くことで理解を深める手助けとなるようにした．私自身の研究分野である宇宙に関する問題も多めに入れてある．

　また，本書の特長としては，「文章が多い」ということがあげられよう．有名なランダウ・リフシッツ『理論物理学教程』はすばらしい教科書で，中でも，『場の古典論』は今でも相対性理論の教科書としての輝きを放っている．しかし，ランダウ・リフシッツでは「行間を読む」ことがきわめて重要な作業となる．さらっと書いてあることの奥深さに気づくのは，他の教科書を何冊か読破してから，ということもしばしばである．本書では，これとは全く対照的に，行間をできる限り書き込んだ．また，相対性理論という学問の持つストーリー性も強調した．かっちりとした数式による理解と並行して，学問的体系としての一貫性を保つように配慮したつもりである．

　なお，予備知識なしで1冊を完全に読めるようにするために，特殊相対性理論の中で，電磁気学に関する記述は省いた．ただし，電磁波の伝播を表す波動方程式については触れてある．また，一般相対性理論ではページ数の制限から，球対称解以外の，例えば宇宙論などについては取り上げることができなかった．本書によって，相対性理論に興味をかき立てられたら，是非とも，2冊目，3冊目に挑戦していって欲しい．

　本書によって，相対性理論の豊穣な世界に，1人でも多く足を踏み出してくれれば幸いである．

　最後になるが，問題のチェックをしてくださった小池貴之さん，また，議論につきあっていただいた名古屋大学理学部物理学教室At研の皆さん，特に，市來淨與さんと横山修一郎さん，また遅れがちな執筆を時に温かく，時に厳しく見守ってくださった講談社サイエンティフィク編集部の皆さんに感謝をしたい．

2010年2月

杉山　直

講談社基礎物理学シリーズ
相対性理論 目次

推薦のことば iii
本シリーズの読者のみなさまへ iv
まえがき v

第1章 特殊相対性理論への道 1

1.1 奇跡の年 1
1.2 特殊相対性理論前夜：相対性原理 3
1.3 特殊相対性理論前夜：光速度 6

第2章 特殊相対性理論の基本原理と時空図 13

2.1 相対性原理と光速度不変の原理 13
2.2 時空図と同時性 19

第3章 k計算法を用いた特殊相対性理論の解法 25

3.1 k計算法 25
3.2 時間の延び 27
3.3 時計のパラドックス 29
3.4 速度の和 32
3.5 ローレンツ変換 34
3.6 ローレンツ収縮 37
3.7 ドップラー効果 40

第4章 不変間隔とローレンツ変換 47

4.1 不変間隔 47
4.2 時間的，空間的 51

4.3　時間の延びと固有時間　52
4.4　ローレンツ変換　53

第5章　4元ベクトルと特殊相対論的運動論　61

5.1　ニュートン力学とベクトル，スカラー　61
5.2　ミンコフスキー時空と4元ベクトル，スカラー　64
5.3　運動方程式　72
5.4　4元運動量とエネルギー・質量の等価性　74
5.5　光子　78

第6章　粒子の運動　80

6.1　エネルギー・運動量保存則　80
6.2　原子核の結合エネルギー　81
6.3　粒子の崩壊　89
6.4　粒子の衝突　93

第7章　一般相対性理論　98

7.1　一般相対性理論への道　98
7.2　等価原理　100
7.3　一般相対性原理　104

第8章　一般相対性理論の効果　107

8.1　重力による時間の延び　107
8.2　重力による赤方偏移　110
8.3　重力による光の曲がり　112

第9章　テンソル解析　116

9.1　一般座標変換　116
9.2　スカラー・ベクトル・テンソル　118
9.3　微分　120
9.4　曲率　123

9.5 　メトリック　124
9.6 　測地線方程式　127

第10章　アインシュタイン方程式　134

10.1 　場の方程式　134
10.2 　エネルギー・運動量テンソル　137
10.3 　一般相対性理論の重力場方程式　140

第11章　球対称時空　148

11.1 　アインシュタイン方程式を解く　148
11.2 　シュヴァルツシルト解　150
11.3 　シュヴァルツシルト半径　155
11.4 　シュヴァルツシルト解の性質　156
11.5 　ブラックホール　162

第12章　一般相対性理論の検証　165

12.1 　近日点移動　165
12.2 　重力レンズ効果　173
12.3 　重力による赤方偏移　179
12.4 　重力による時間の遅れ　181

章末問題解答　185

第 1 章

ニュートン力学を支えるガリレオの相対性原理は，絶対静止系という特別な慣性系の存在を仮定する。しかし，マイケルソン - モーリーが行った実験は，光速度が特別な慣性系によらず一定な値であることを明らかにした。

特殊相対性理論への道

1.1　奇跡の年

　アルベルト・アインシュタイン（1879 〜 1955）が特殊相対性理論を発表したのは，1905 年のことである。この年は，「奇跡の年」として知られている。アインシュタインが，ブラウン運動，光電効果，そして特殊相対性理論という 20 世紀の物理学に大きな影響を与えることになる論文を，相次いで発表した年だからだ。奇跡の年から 100 年後，2005 年は，国連によって世界物理年とされ，多くのイベントが国内外で行われた。

　ブラウン運動に関する一連の論文は，顕微鏡で観測される水中の花粉のでたらめ（ランダム）な運動が原子・分子の運動によって引き起こされる，ということを解き明かしたものだ。原子の存在の証拠を示すとともに，後に確率過程と呼ばれることになる研究分野を切り開く礎となった。アインシュタインは，同じ 1905 年に，自身の博士論文としてまとめている。

　光電効果の論文は，光がその振動数に比例したエネルギーを持った粒子である，という光量子仮説に基づいて，金属に光を当てると電子が飛び出す現象を説明したものである。これは，20 世紀最大の物理革命の 1 つ，量子力学へと発展していく。アインシュタイン自身は，量子力学の考え方が気に入らず，その根本原理を覆すような仮想の実験（思考実験）を考案

して，量子力学に挑戦を試みているのは興味深い。量子力学の成立に大きな寄与をしたマックス・ボルンにあてて，「神はサイコロを振らない」と書いたことは有名である。アインシュタインは 1921 年のノーベル物理学賞を受賞しているが，その受賞理由は，「理論物理学への貢献，特に光電効果の法則の発見」である。

しかし，奇跡の年の研究成果として何と言っても有名なのは，特殊相対性理論であろう。長さや時間が伸び縮みするといった不思議な現象の存在を示すこと，また，基本原理から理論的な推論によって積み上げられているその構造の美しさから，物理学者だけでなく広く一般にも知られている。成立から 100 年以上経ているにもかかわらず，いまだあこがれの対象となっているのだ。

特殊相対性理論は，ニュートンの理論を超えた正しい理論，真の理論と考えている人も多い。しかし，そのように考えることは誤りである。物理学とは，自然をモデル化し，その本質を単純化して数式で表し，理解するという学問である。つまり，適用できる範囲内で十分正確に自然現象を記述できれば，それは「よい理論」なのだ。ニュートン力学は，その意味で，物体の速度が光の速度に近くなければ，十分によい理論であった。特殊相対性理論は，物体の速度が光速度に近い場合によい理論であり，物体の速度が遅い極限ではニュートン力学と一致するのだ。特殊相対性理論もまた，自ずと適応限界がある。例えば，重力が非常に強い場合である。そこで考えられたのが一般相対性理論だが，このことは後の章にゆずろう。

例1.1　モデル化の例：太陽系の運動

太陽系は，中心に巨大な太陽があり，その周りを比較的軽い惑星が回っている。例えば地球の運動を記述するのに，太陽から地球が受ける重力の効果だけを考えるのがモデル化である。また，最も単純なモデル化は，「地球が円軌道を取る」，というものである。このように単純化することで，地球の運動はニュートン力学によって簡単に解ける。万有引力が向心力として働くことで，地球の運動は引き起こされている，という本質はこのことで十分に理解できる。一方，ニュートン力学の正しさを証明するためには，より厳密な観測との一致を見る必要がある。例えば，現実には地球はわずかだが楕円軌道を取っている。そのことを考慮し，さらに，最も近く

にある天体である月や，太陽の次に大きな天体である木星などが及ぼす効果を考えに入れていくと，より観測との一致はよくなっていく。本質から精密化へと向かうのは，物理学の発展によく見られる道筋である。　　□

　時として，精密化の結果，どうしても理論モデルの予想と合わなくなることがある。このとき，通常はモデルの方に新しいパラメーターを入れて切り抜ける。しかし場合によっては，モデルを破棄することも必要となる。太陽系のモデルについていえば，天王星の軌道運動がニュートン力学の予想からずれていることから海王星の存在が予想され，また予想された場所に実際に発見されたことは，前者の例である。新しいパラメーターとして海王星を導入し，成功したのだ。しかし，水星の軌道について同様の問題が見つかったときには，ニュートン力学の方をあきらめなければならなかった。このことについては，本書の後半，一般相対性理論のところで詳しく解説する。

1.2　特殊相対性理論前夜：相対性原理

　特殊相対性理論は，決して一夜にしてアインシュタインによって「発明」されたものではない。ガリレオの運動学，ニュートンの力学，そしてマクスウェルの電磁気学の上に，特殊相対性理論は花開いたのである。それでは特殊相対性理論で最も重要な2つの基本原理，相対性原理と光速度不変の法則について，簡単に歴史をひもといてみよう。

　まずは相対性原理である。ニュートンの第1法則，すなわち慣性の法則は，「力が働いていない物体は，等速直線運動をする」，というものだ。この法則は，「誰から見て」等速直線運動なのかを定義しなければ意味をなさない。そこでニュートンは，絶対静止系を導入した。例えば，遠方の星を基準に取れば，静止していると考えることができる。

　ここで絶対静止系に対して等速直線運動をしている系を考えてみよう。このとき，力の働いていない物体は，絶対静止系とは異なった速度ではあるが，やはり等速直線運動をするように見える。このような系を慣性系と名付ける。

　異なる慣性系であっても，運動の法則が同じになることを相対性原理と

呼ぶ。もう少し正確に言うと，慣性系が異なっても，運動を決める方程式が同じ形を取るということだ。ガリレオは，ニュートン以前にすでにこの考えに到達していた。彼は1632年に発表した著書『天文対話』の中で，船のマストから石を落とす思考実験を考案している。船が止まっていても，動いていても，マストからまっすぐに落とされた石は，同じ場所に落ちる，つまり石の運動は，異なる慣性系であっても同じである，と見抜いているのである。

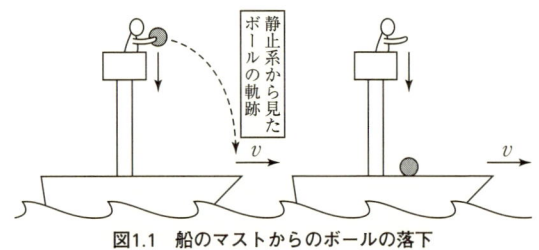

図1.1　船のマストからのボールの落下

今，慣性系Sがあり，(x, y, z)という座標で表されるとしよう。このとき，それに対してx方向に速度vで等速運動している別の慣性系S'を考える。こちらの座標を(x', y', z')とする。両方の慣性系の座標は，時刻$t = 0$で一致させておく。すると，S'上に固定されたx'という点は，Sで見ると，速度vで動き$x = x' + vt$と位置を変えていく。一方，y'，z'，さらに時間は運動によって変化しない。つまり，SとS'の2つの慣性系の間の変換は

$$x = x' + vt \tag{1.1}$$
$$y = y' \tag{1.2}$$

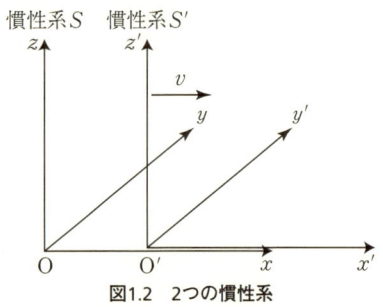

図1.2　2つの慣性系

$$z = z' \tag{1.3}$$

と表される。これをガリレイ変換と呼ぶ。ここで，両方の慣性系で時間は変化しない，という仮定について注意をしておこう。このことは絶対的な時間，というものの存在を暗に認めているのである。

次に，質量 m の物体の運動を 2 つの慣性系で表してみる。x 方向に注目してみよう。座標の時間微分を取ると

$$\frac{\mathrm{d}x}{\mathrm{d}t} = \frac{\mathrm{d}x'}{\mathrm{d}t} + v \tag{1.4}$$

なので，速度は両者で異なったものとなる。一方，加速度については

$$\frac{\mathrm{d}^2 x}{\mathrm{d}t^2} = \frac{\mathrm{d}^2 x'}{\mathrm{d}t^2} \equiv a_x \tag{1.5}$$

だから，S, S' のどちらの慣性系でも等しい。なお，y, z 方向については，同じ座標の値なので，速度，加速度とも等しくなる。結局，運動方程式は，どちらの慣性系でも $\vec{f} = m\vec{a}$ となり，不変である。**ニュートンの運動法則は，慣性系によらない**のである。これをガリレオの相対性原理と呼ぶ。

例題1.1 y-z 方向に運動する慣性系

上の慣性系 S に対して，y 方向に v_y，z 方向に v_z で等速運動している慣性系 S'' を考える。S'' での座標を (x'', y'', z'') としたとき，(x, y, z) との関係を求め，それぞれの系から見た運動する物体の速度や加速度の関係についても求めよ。

解 両者の間の変換は

$$x = x''$$
$$y = y'' + v_y t$$
$$z = z'' + v_z t$$

であり，速度は

$$\frac{\mathrm{d}x}{\mathrm{d}t} = \frac{\mathrm{d}x''}{\mathrm{d}t}$$

$$\frac{\mathrm{d}y}{\mathrm{d}t} = \frac{\mathrm{d}y''}{\mathrm{d}t} + v_y$$

$$\frac{\mathrm{d}z}{\mathrm{d}t} = \frac{\mathrm{d}z''}{\mathrm{d}t} + v_z$$

となる。互いの加速度はどの方向でも等しくなる。∎

1.3 特殊相対性理論前夜：光速度

　光の運動は，電磁気学によって記述される。1864年にマクスウェルが表した4つの基本方程式をもとにすると，光は電場と磁場を交互に振動させながら進む電磁波である。その伝播を表す波動方程式に現れる真空中の光の速度は，真空の誘電率と透磁率という2つの量で決まっている。そこから得られる値は 3.00×10^8 m/s である。では，この速度は，いったいどの慣性系から測ったものなのだろうか。

　マクスウェルやその同時代人は，電磁気学に現れる光の速度は，ニュートンの絶対静止系で測られる速度であると考えた。また，電場と磁場の振動である電磁波という波は，通常の波の場合と同様に，何らかの媒質の振動によって伝播するものと考えたのである。そして絶対静止系にあるその媒質を，エーテルと呼んだ。そうすると光の速度は，エーテルに対して相対速度を持った慣性系では，絶対静止系とは異なった値になるはずだ。ただ，光速度はあまりに大きく，通常の運動で得られる速度は小さすぎるために，慣性系ごとによる光速度の違いが現実の運動に影響することがないだけと考えられるのである。

　これに対して，アインシュタインはわずか16歳の時に，真空中で光を追いかけていったらどうなるのか，について考えを巡らせていたという。単純に考えて，光速度で光を追いかければ，静止した状態で電場と磁場が振動する現象が見られることになる。このことをアインシュタインは，具体的に，観測者が手鏡を持ったまま光速で運動する，という思考実験（現実には実行できない極端な状況を頭の中で考え，仮想の実験を行うこと）によって示した。エーテルに対して光と同じ速度で動けば，アインシュタインの顔から鏡に向かうはずの光は，そのままアインシュタインの顔の場所に静止し続けることになる。決して顔は鏡には映らないのである。しかし，そのような現象は起こるとは思えなかった，と晩年の覚書に書いている。

　エーテルの存在を証明するために行われたのが，マイケルソン–モーリーの実験だ。地球は太陽の周りを年周運動（公転）している。そのため，地球は必然的にエーテルに対しても運動をしていることになる。1887年に

行われたアルバート・マイケルソン (1852～1931) とエドワード・モーリー (1838～1923) の有名な実験は，年周運動による相対的な光速度の変化を測定するものであった。

マイケルソンとモーリーは，図 1.3 のような装置で実験を行った。単色光源からの光を，ビーム分割器 (ハーフミラー) で 90° 異なる 2 方向に分割したのである。どちらの光も，距離 L だけ離れた場所にある鏡で反射され，戻ってくる。再びビーム分割器に到達した光は，どちらも観測者に向かって進む。その際に，干渉を起こす。光源にはナトリウムの出す輝線を用いた。波長 589 nm の D 線である。2 つの光の光路差が，この波長の整数倍ならば強め合い，半整数倍ならば弱め合うというわけである。

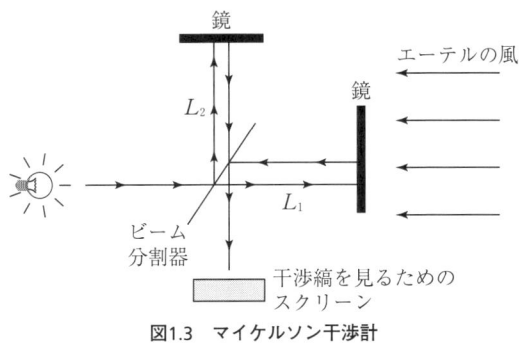

図1.3　マイケルソン干渉計

装置が地球とともにエーテルに対して運動をしていれば，公転方向と，それに垂直な方向で光速度に違いが生じる。マイケルソンは，その違いによって干渉が起きるはずと考え，装置を考案したのだ。現在では，このタイプの干渉計は，マイケルソン干渉計と呼ばれている。1881 年に最初に行った実験では十分な精度が得られなかった。そこで，モーリーとともに改良を加え，鏡の間を何度も光を行き来させ，実効的な L を長くすることで，精度を得ることに成功したのだ。これがマイケルソン - モーリーの実験である。

エーテルに対して運動している方向とそれに垂直な方向では，光が鏡の間を往復する時間が異なる。エーテルに対する速度を v，光速度を c としよう。また，ここで，ビーム分割器と鏡までの距離を，水平方向を L_1，垂直方向を L_2 とする。両者はほぼ同じ長さに取るが，厳密に同じにする

ことは難しい。

　エーテルに対して運動している方向では，エーテルに逆らう往路にかかる時間は $t_1 = L_1/(c-v)$ だ。一方，エーテルの追い風を受ける復路は，$t_2 = L_1/(c+v)$ である。結局，水平方向の往復にかかる時間は

$$T_\mathrm{H} = t_1 + t_2 = L_1 \left(\frac{1}{c-v} + \frac{1}{c+v} \right) = \frac{2L_1}{c} \frac{1}{1-(v/c)^2} \quad (1.6)$$

となる。

　一方，垂直方向は，まっすぐ上にあがるのではなく，斜めに流されることになる。往路でかかる時間を t_1' とすれば，その間に vt_1' だけ横方向にも運動するのである。ピタゴラスの定理から，$(ct_1')^2 = L_2^2 + (vt_1')^2$ となる。これを t_1' について解けば，$t_1' = L_2/\sqrt{c^2-v^2}$ であり，往復にかかる時間は

$$T_\mathrm{V} = 2t_1' = \frac{2L_2}{c} \frac{1}{\sqrt{1-(v/c)^2}} \quad (1.7)$$

となる。

　ここで，$\beta \equiv v/c$ が 1 に比べて十分に小さい量であれば，T_H，T_V を近似によって簡単にすることができる。実際，地球の公転速度 29.8 km/s は，光速度 3.00×10^5 km/s に比べて，1万分の1でしかない。このとき，$1/(1-\beta^2) \simeq 1+\beta^2$ であり，また，$1/\sqrt{1-\beta^2} \simeq 1+\beta^2/2$ なので，

$$\Delta T \equiv T_\mathrm{H} - T_\mathrm{V} \simeq \frac{2L_1}{c}(1+\beta^2) - \frac{2L_2}{c}(1+\beta^2/2)$$

$$= \frac{2}{c}(L_1-L_2) + \frac{\beta^2}{c}(2L_1-L_2) \quad (1.8)$$

を得る。この時間差 ΔT が，$c\Delta T$ という光路差を生む。光路差が波長 λ に対してどれだけの割合になるかで，強め合うか弱め合うかが決まる。つまり，

$$n \equiv \frac{c\Delta T}{\lambda} = \frac{2}{\lambda}(L_1-L_2) + \frac{\beta^2}{\lambda}(2L_1-L_2) \quad (1.9)$$

が，整数であれば強め合い，半整数ならば弱め合う。この強弱を干渉縞として見るわけである。ただし，このままでは干渉は，最初の項，つまり装置の腕の長さの違い，L_2-L_1 によって引き起こされたことになる。2番目のエーテルの風による項には β^2 がかかっているために，最初の項の1

万分の 1 の 2 乗，つまり 1 億分の 1 しか効かないからである。

ところが，この装置を 90° 回転させた実験も行うと，うまく最初の項をキャンセルすることが可能となる。今度はエーテルの風に平行な方向が L_2 になり，垂直な方向が L_1 である。時間差は，β^2 に関係する項について先ほどの関係の 1 と 2 を入れ替えることで，

$$\Delta T' \simeq \frac{2L_1}{c}(1+\beta^2/2) - \frac{2L_2}{c}(1+\beta^2) = \frac{2}{c}(L_1 - L_2) + \frac{\beta^2}{c}(L_1 - 2L_2) \tag{1.10}$$

と求まる。干渉の条件は，

$$n' \equiv \frac{c\,\Delta T'}{\lambda} = \frac{2}{\lambda}(L_1 - L_2) + \frac{\beta^2}{\lambda}(L_1 - 2L_2) \tag{1.11}$$

である。式 (1.9) と比較してみる。1 項目の腕の長さの差による部分は回転してももちろん変わらないが，2 項目のエーテルの風による効果，つまり β^2 の部分だけが，向きを変えたために変わっている。

90°の回転で干渉縞が変化するかどうかは，n' が n に対してどれだけずれるかによって決まる。もし値が 0.5 違えば，明暗が入れ替わり，1 違えば元に戻る。差は，次のようになる。

$$n' - n = \frac{c}{\lambda}(\Delta T' - \Delta T) = -\frac{\beta^2}{\lambda}(L_1 + L_2) \tag{1.12}$$

90°の回転は，実際に装置の向きを変えてもよいが，地球の自転を利用して，自然に変わっていくことで実現する。装置をそのままにしておいても，自然と，時々刻々干渉の条件が変わっていくのである。そのため，干渉縞がスクリーン上で移動することになる。例えば，$|n'-n|$ が 1 であれば，ちょうど 1 個分，干渉縞が動くのである。

マイケルソンとモーリーは，この干渉縞の移動を見つけられると確信していた。しかし，実験を行ってみたところ，誤差の範囲以上の移動を見つけることが出来なかったのだ。エーテルの存在を示せなかったこの実験は，最も有名な「失敗した実験」として歴史に名を残すこととなった。

この結果の解釈の 1 つとして，エーテルに対して運動していると，距離が短くなる，という考えが，1892 年にジョージ・フィッツジェラルド (1851～1901) によって提案された。式 (1.6) と，式 (1.7) を見比べてみる。こ

の 2 つが同じ値となって干渉を起こさないようにするためには，エーテルに対して運動している方向である T_H の方で，距離 L が $\sqrt{1-\beta^2}$ 倍だけ短くなっていればよい（ここで $L_1 = L$ とした）。すると $\Delta T_H = \Delta T_V$ を得るのである。つまり，エーテル静止系での距離を L とすると，エーテルに対して速度 v で運動している場合の距離 L は，

$$L' = L\sqrt{1-\beta^2} \tag{1.13}$$

だけ短くなる。その後，ヘンドリック・ローレンツ（1853 〜 1928）がこの収縮と電磁気学のマクスウェルの式との関係について詳しく調べた。そのため，エーテルに対して運動する物体が起こす収縮を，ローレンツ収縮，ないしはローレンツ - フィッツジェラルド収縮と呼ぶ。

ローレンツ収縮は，結果として特殊相対性理論と一致する。エーテルに対して運動すると，長さが短くなる，という考えは，しかしアインシュタインによって，空間そのものの縮みとして捉え直されることになる。

例題1.2　マイケルソン - モーリーの実験の実際の数値を求める

1887 年のマイケルソン - モーリーの実験では，実効的な腕の長さはどちらの方向も 11.0 m であった。エーテルに平行な方向と，エーテルに垂直な方向の光がそれぞれ一往復にかかる時間を求めよ。さらに，装置を 90° 回転した場合についても求めよ。また，両者の時間差がどれだけになるか求めよ。ただし，光速度は $c = 3.00 \times 10^5$ km/s，地球の公転速度は 29.8 km/s と，どちらも有効数字 3 桁で与えられているとする。

解　式 (1.6) に，腕の長さ L，光速度 c と地球の公転速度 v を代入すれば，$T_H = 7.33 \times 10^{-8}$ s を得る。同様に式 (1.7) に代入すれば，$T_V = 7.33 \times 10^{-8}$ s である。さらに，90° 回転した場合についても同様の計算を行えば，$T_H' = 7.33 \times 10^{-8}$ s，$T_V' = 7.33 \times 10^{-8}$ s である。有効数字 3 桁の範囲内では，この 4 つの時間は全く区別できない。この値から，時間差を求めると，$\Delta T = 0.00$ s，$\Delta T' = 0.00$ s を得る。

一方，式 (1.12) から，$|\Delta T' - \Delta T| = (\beta^2/c)(L_1 + L_2)$ である。この関係を用いれば，有効数字 3 桁で時間差は $|\Delta T' - \Delta T| = 7.24 \times 10^{-16}$ s と求まる。ここで注意したいのは，引き算を行う際に，ほとんど同じ大きさの数字同士を引いて小さい数を出してきてはいけないということである。引いた結果として残るのは誤差だけになってしまう。これは桁落ちと

呼ばれる。あらかじめ、ここで行ったように、解析的に近似の範囲内で正しい表式を求めておき、それに代入しなければならない。

10分補講　宇宙の絶対静止系

マイケルソン - モーリーの実験は、エーテルに対する静止系に対して、地球が運動をしているという仮定で行われた。そこで考えられたのは地球の公転速度である。しかし、実際には太陽も決して静止してはいない。銀河系の中心の周りを 220 km/s の速度で運動しているのである。銀河系もまた、自身が属する局所銀河群という銀河集団の重心に対して運動している。さらに、局所銀河群も、より大きな銀河の大集団に重力の働きで引き寄せられ、運動をしている。どこまでいったら、静止系と考えられるのだろうか。

この疑問に答えたのが、COBE 衛星である。熱い宇宙の始まり、ビッグバンの証拠となる、ありとあらゆる方向からほとんど同じ温度でやってくる宇宙マイクロ波背景放射という電波を詳細に測定する目的で、1989 年に打ち上げられた。COBE 衛星は、ビッグバンの温度を決定し、また、現在の宇宙の構造の種となった揺らぎを発見した。これによって、計画の責任者であるジョン・マザーとジョージ・スムートは 2006 年ノーベル物理学賞に輝いている。全天の温度分布を精密に求めたことの副産物として、双極子成分の揺らぎ、というものの値を正確に得ることに成功した。静止系に対して運動していると、ドップラー効果によって、前方が高温に、後方が低温になる。3.7 節で述べるように、運動によるドップラー効果は電磁波の波長を変化させる。前方は短く、後方は長くなる。短い波長（青い光）は高温で、長い波長（赤い光）は低温であることから、前方が高温に、後方が低温になるのだ。これが双極子成分である。ドップラー効果の大きさは速度によって決まる。この観測によって、宇宙マイクロ波背景放射に対する地球の速度が正確に得られるようになっ

たのだ。ビッグバンに起源を持つ電波で，重力によって動かされることのない宇宙マイクロ波背景放射は，おそらく宇宙で最も絶対静止系に近い慣性系を与えてくれるだろう。測定の結果，太陽系の運動は 370 km/s であることがわかった。また銀河系は，550 km/s で動いていることも明らかになったのである。

章末問題

1.1 (x, y, z) という座標で表される慣性系 S に対し，x 方向正に速度 v で等速運動している慣性系を S' とし，座標を (x', y', z') とする。両者の座標は，時刻 $t = 0$ で一致させておく。時刻 $t = 0$ で，原点 $x = 0$ と $x' = L$ という場所に，A と B という観測者がいる。ただし，A は S に対して同じ場所に，B は S' に対して同じ場所に留まり続ける。ここで A から B に向かって声で連絡を取ることを考える。音速を V_s とする。

(1) 慣性系 S に対して，風速が 0 であるとする。つまり A から見たとき，風速が 0 である。このとき $t = 0$ で A が発した声を B はいつ受け取るか。

(2) 前問で，慣性系 S' の S に対する速度が音速と等しい，つまり $v = V_s$ であったとすると何が起こるか。

(3) A から見たとき，風が B の方向に向かって V_w の速さで吹いていたとする。(1) と同様に，0 の場合に，$t = 0$ で A が発した声を B はいつ受け取るか。またこのとき，$v = V_s$ であったらどうか。

1.2 マイケルソン–モーリーの実験について

(1) 例題 1.2 の 2 人の実験の設定で，エーテルが存在している場合に予測される干渉縞の移動が，波長とほぼ同じ大きさ程度になることを確かめよ。このことにより測定が可能となる。2 人の測定結果は，波長と干渉縞の移動の比が 0.02 以下であることを示したのである。

(2) 実験をさらに精度よく行うにはどうしたらよいか。

(3) 実験結果をローレンツ収縮によるものと考えると，L はどれだけ縮んだか。

第2章

特殊相対性原理と光速度不変の原理に基づき，異なった慣性系間の関係を考察すると，時間も相対的なものであることがわかる。時空図を用いると，2つの慣性系を直感的に比較することが可能となる。

特殊相対性理論の基本原理と時空図

2.1　相対性原理と光速度不変の原理

　特殊相対性理論は，2つの基本原理をもとに展開される。特殊相対性原理と，光速度不変の原理である。

相対性原理
　相対性原理とは，**あらゆる慣性系で同じ物理法則が成り立つ**というものである。どのような慣性系に乗った観測者からも，物理法則は同じ形で表される，ということだ。数学的に言い換えると，物理法則を表す式は，1つの慣性系から別の慣性系への座標変換によって変わらない，つまり不変である，ということだ。
　このことは，前章ですでにガリレイ変換の場合について示した。ガリレイ変換に対して，ニュートンの運動方程式は形を変えないことを確認したのである。ガリレオの相対性原理とは，慣性系によって力学の法則は変わらない，というものであった。
　しかし，力学についてのみ述べているガリレオ・バージョンの相対性原理には，重大な欠陥がある。相互作用とか，物理現象を観測するとかいった，時間がからむ現象が取り込まれていないからである。

例えば、ニュートンの万有引力の法則は、重力ポテンシャルによって、各点で物体が受ける重力の強さが決まる、というものだ。質量 M の質点が距離 r に作る重力ポテンシャルの大きさは、GM/r と表される。ここで G は重力定数である。この重力ポテンシャルから、力はどこの点にも瞬間的に伝わることになる。距離に依存するような時間項が、存在しないからである。実際には、瞬間に伝わる力、などは実験的に見つかっていない。相互作用というものは、伝わるのに時間がかかるのである。

ガリレオの相対性原理は、ある物理現象を観測するときに、それをどこで見ていようとも同じ法則に見える、ということを意味している。そこでは、現象が伝わる時間の遅れは、どこにも入ってこない。ガリレイ変換において、時間は慣性系、つまり観測者によって変わらない、絶対的なものであったことと関係している。

相互作用が伝わるのに時間がかかる、ということはガリレイ変換とは矛盾しているのである。観測者の視点、と置き換えてもよい。異なった慣性系に乗った観測者は、同じ物理現象が、違って見えるのである。

ガリレオの相対性原理に基づいているニュートン力学にとって、このことが通常は大きな問題とならないのは、見ることを伝達する光の速度が桁外れに大きいからだ。近くにいて、光の速度に比べてゆっくり動いている慣性系同士であれば、どちらにもほとんど同じ瞬間に情報や相互作用が伝達され、物理現象が同じに見えるのである。しかし、2つの慣性系の速度が光の速さに近づくと、状況は大きく変わってくる。全く別な見え方になるのだ。

アインシュタインの時代までに、マクスウェルによって電磁気学は完成されていたのだが、このことで問題が生じた。電磁気学は、ガリレイ変換で不変な形では書かれていなかったのだ。これは、電磁波などの波が波動方程式に従って伝播することに起因している。実は、水の波や音波の伝播もガリレイ変換に対して不変でない。しかしその理由は、単に媒質が静止する、という特別な慣性系が存在しているからである。媒質の運動という観点から見れば、ニュートン力学の範疇に十分に入っている。

では、電磁気学の場合にはどうだろうか。媒質が存在していて、他の波と同様に、特別な慣性系が取り得るのだろうか。この問いに対して、ノー

を突きつけたのが，マイケルソン‐モーリーの実験だった。エーテル静止系という慣性系は存在していないのだ。

そこで，アインシュタインは，相対性原理の方を拡張することを提案した。力学だけに限られていた相対性原理を，物理法則一般に対して拡張したのである。アインシュタイン・バージョンの相対性原理とは，**すべての物理法則が，異なった慣性系に対して同じ形で表される**，というものであった。

ただし，そこで考え出される慣性系間の座標変換は，ガリレイ変換とは異なり，時間の変換をも含むものとなった。その結果として，相互作用の伝達が方程式の中に組み入れられることになるのである。

なお，慣性系同士の間の相対性原理を，後で出てくる一般相対性原理と区別して，特殊相対性原理と呼ぶ。

例題2.1　波動方程式のガリレイ変換

波動の伝播は，一般に

$$\left(\sum_{i=1}^{3} \frac{\partial^2}{\partial x_i^2} - \frac{1}{c^2} \frac{\partial^2}{\partial t^2} \right) u = 0 \tag{2.1}$$

を満足する。ここで $(x_1, x_2, x_3) = (x, y, z)$ である。単位ベクトルの成分を e_i と表したときに，$u = A \exp(ik(\sum_{i=1}^{3} e_i x_i - ct))$ という速さ c で進行する波が確かに解になっている。この波動方程式がガリレイ変換に対してどのように形を変えるか求めよ。ただしガリレイ変換は一般の方向で考える。すなわち，$x = x' + v_x t, y = y' + v_y t, z = z' + v_z t, t = t'$ とする。

解　微分演算子に対するガリレイ変換を計算する。すると

$$\frac{\partial}{\partial x} = \frac{\partial}{\partial x'}, \quad \frac{\partial}{\partial y} = \frac{\partial}{\partial y'}, \quad \frac{\partial}{\partial z} = \frac{\partial}{\partial z'}$$

$$\frac{\partial}{\partial t} = \frac{\partial t'}{\partial t} \frac{\partial}{\partial t'} + \frac{\partial x'}{\partial t} \frac{\partial}{\partial x'} + \frac{\partial y'}{\partial t} \frac{\partial}{\partial y'} + \frac{\partial z'}{\partial t} \frac{\partial}{\partial z'}$$

$$= \frac{\partial}{\partial t'} - v_x \frac{\partial}{\partial x'} - v_y \frac{\partial}{\partial y'} - v_z \frac{\partial}{\partial z'}$$

$$= \frac{\partial}{\partial t'} - \vec{v} \cdot \vec{\nabla}$$

を得る。ここで $\vec{v} = (v_x, v_y, v_z)$ で，$\vec{\nabla} = (\partial/\partial x, \partial/\partial y, \partial/\partial z)$ である。最初

の3つの関係式から，$\vec{\nabla}' = \vec{\nabla}$ であることに注意する。これらの関係式から，

$$\sum_{i=1}^{3} \frac{\partial^2}{\partial x_i{}^2} = \sum_{i=1}^{3} \frac{\partial^2}{\partial x_i'{}^2}$$

$$\frac{\partial^2}{\partial t^2} = \frac{\partial^2}{\partial t'^2} - 2\frac{\partial}{\partial t'}(\vec{v} \cdot \vec{\nabla}) + (\vec{v} \cdot \vec{\nabla})^2$$

となる。時間2階微分の項に2項目以降のおつりが出てくる。明らかにガリレイ変換に対して形を変える。 ∎

光速度不変

特殊相対性理論の2つめの基本原理は，光速度不変である。光速度不変は，**どのような慣性系で測定しても，真空中の光速度は一定**であるということだ。この仮定によって，マイケルソン-モーリーの実験結果は説明できることになる。また，この光速度が，物体や情報を伝達できる限界の速度を与える。何者もこの速度を超えることはできないのである。

真空中の光速度の値については，精密に測定する努力が長い年月続けられてきたが，現在では，長さの定義を与えることとなったために，厳密に，$c = 2.997924580 \times 10^8$ m/s である。かつてはメートル原器を用いていたのだが，時間がセシウム原子時計で精密に決定できるようになったこともあり，1秒に光が真空中で伝播する距離の 2.997924580×10^8 分の1を1mと定義するようになったのである。

光速度が有限で，かつ不変ということが，特殊相対性理論とニュートン力学を決定的に区別する。絶対的な時間という概念が破られるからだ。

例2.1　2つの慣性系での測定時刻の違い

2つの慣性系 S と S' を再び考えてみる。S' は S に対して，x 方向に速度 v で等速直線運動している。S を地上，S' を列車に見立てると考えやすいかもしれない。S' で静止している A 点 $(x', 0, 0)$ (列車の中心) から，x' 軸の正負の両方に向かって，光を同時に出したとする (図2.1(a))。すると，列車の中で，A 点から距離 L 離れている B 点 $(x'+L, 0, 0)$ (列車の先端) と C 点 $(x'-L, 0, 0)$ (列車の後端) では，$t' = L/c$ 後に，同時に光を測定することになる (図(b))。もちろん，B 点も C 点も S' で静止している点である。

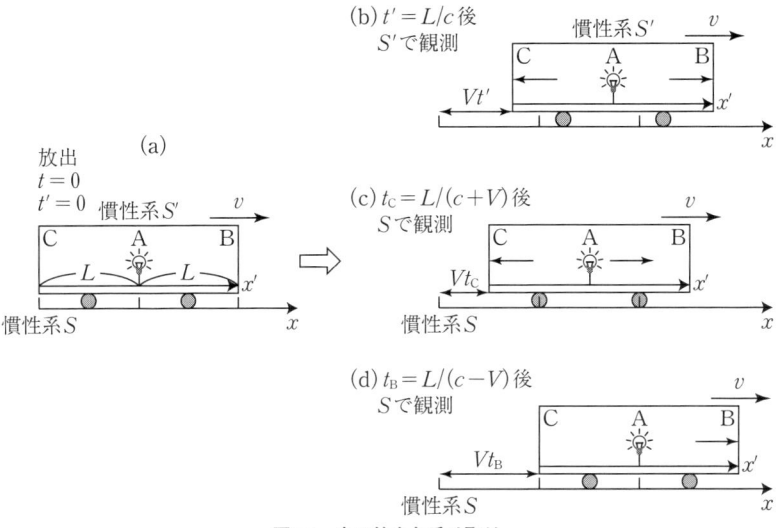

図2.1 光の放出と受け取り

一方，この現象を慣性系 S で観測する (図 (c), (d))。すると，B 点は光が到達する前に, 速度 v で，光を出した場所の A 点から遠ざかっていく。S に対しては，B 点は速度 v で運動しているからである。同様に C 点は近づいていくことになる。B 点が光を測定する時刻 t_B は，$\tilde{L} + vt_B = ct_B$ で求められる。つまり，$t_B = \tilde{L}/(c-v)$ となる。一方，C 点では，$t_C = \tilde{L}/(c+v)$ である。ただし，ここで，距離 L は慣性系 S で観測すると変わるので，$\tilde{L}$ と置いた (このことについては後ほどローレンツ収縮のところで説明する)。いずれにせよ，この場合にはまず C 点が光を受け取り，その後で B 点が受け取ることになる。

つまり，B 点と C 点に光を送るという出来事を，S' では両者が同時に受け取ったと観測し，S では，別の時刻で受け取ったと観測するのだ。同時という概念，また時間そのものが絶対的ではなく，相対的なものであることがわかるだろう。 □

10分補講

物理の基本単位

力学法則では，基本的な次元として，長さ，質量，時間がある。この組み合わせで物理量が表されるのである。実際に数値を用いるためには，これらの基準，つまり単位を決める必要がある。いわゆるメートル（メトリック）法と呼ばれる単位系では，長さはメートル，質量はキログラム，時間は秒，で表される（[MKS] 単位系）。1メートルはかつては，地球の北極点から赤道までの経線の距離の1000万分の1として定義されていた。また，1キログラムは4℃での水1リットルの質量であった。また1秒は，平均太陽日の1/86400であった。しかし測定に伴う誤差や，定義の曖昧さ，さらには単位の時間変動などを避けるため，これまで国際的に何度か再定義されてきた。

現在では，時間はセシウムの原子時計によって定義されている。セシウム133の原子は，周りの電子が取るエネルギー状態がごくわずかに違う状態を作り出すことができる。そのエネルギーの差によって，9192631770 Hz という周波数の電波を出す。周波数 Hz は，1秒当たりに振動する回数である。そこで，1秒を，セシウムが出す電波の振動周期の9192631770倍の継続時間，と定義できるのである。実際に測定するときは，安定な状態にあるセシウムに周波数を変えつつ電波を照射して，不安定な状態を作り出す。このときの電波の周波数が9192631770 Hz である。

長さの単位である1メートルは，光の速度で定義されていることはすでに述べた通りである。残りは，質量を表す1キログラムである。今のところは国際キログラム原器によって定義されている。直径，高さとも39 mm の円柱形をした白金90％，イリジウム10％の合金でできており，パリ近郊にある国際度量衡局が厳重に保管している。2007年に，この原器をいくつかあるコピーと比較したところ，原器が50マイクログラム軽くなっていることがわかった，というニュー

スが飛び込んできた。理由は不明だそうだが，原理的には，原器に基づいて質量の基準を変えなければならないことになる。このような不定性を排除するために，例えばシリコン原子 1 個の質量を用いて，キログラムを定義する方法などが検討されている。アボガドロ数を精密に測定することができれば，この方法が曖昧さなしに質量を定義する最もよい方法になるだろう。

2.2　時空図と同時性

　ここで，特殊相対性理論の直感的理解のために時空図を導入し，またそれを用いて，慣性系にとって，2 つの出来事が同時に起こるとはいったい何を意味しているのかを見ていく。以下では，簡単のため，空間を x のみ，時間 t の 2 次元の場合を考える。

時空図

　時空図は，横軸を空間 x，縦軸を光速×時間 ct としたグラフである。時空図は，1 つの慣性系を基準に取る。その慣性系に対して動いていなければ，物体の運動は縦軸に平行な直線で表される。時間とともに下から上へと移動していくのだ。

　一方，基準となる慣性系に対して光の速度で運動する物体は，$x = \pm\, ct + A$（A は定数）に従う。つまり，45° と 135° 傾いた直線で表される。光の速度を超えることはできないので，どのような物体の運動も，必ず 45°（135°）かそれよりもきつい傾きを持つことしかできない。当初，原点 $x = 0$, $ct = 0$ にいたとすれば，原点を通る 45° の直線と，135° の直線の囲む領域（直線上を含む）にしか行くことができないのである。ここでは空間については 1 つの方向 x しか考えていないが，x と y の 2 次元であれば，この囲む領域の表面が円錐型になるため，光円錐と呼ぶ。

　また，過去についても同様の光円錐を求めることができる。45° と 135° に傾いた直線を t が負の方向に伸ばしていけば，やはりその 2 本が光円錐になる。原点を通るためには，必ず光円錐が囲む領域にいなければならない。

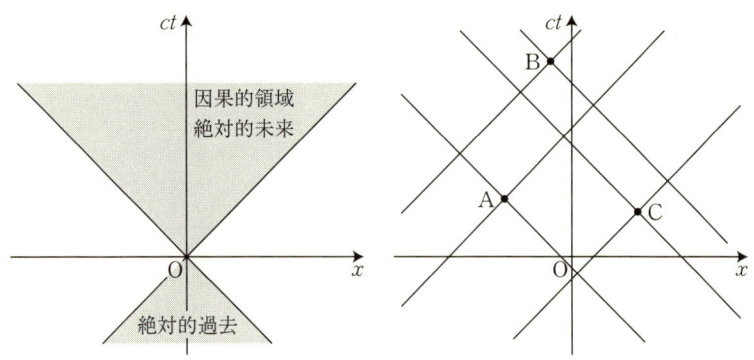

図2.2 時空図と因果的領域

　図 2.2 の左に示したように，光円錐の内側を因果的領域と呼ぶ。原点から，物理的に連絡が取れるのはこの領域の中だけだからである。また，後で例題4.1で見るように，光円錐の中はどのような慣性系を取っても，原点と同じ時刻にすることはできない。つまり，上側の光円錐の中は，原点にとって，必ず未来に起きる。絶対的未来と呼ぶ。一方，下側の光円錐の中は，逆に必ず過去なので，絶対的過去と呼ぶ。

　次に，時空図上の2点の間の関係を見ておこう。2点の一方から描いた光円錐の中に他方が入れば，物理的に連絡を取ることが可能となる。このような関係を時間的と呼ぶ。これとは逆に，2点が互いの光円錐の中に入らず，因果的に結びつかない場合を，空間的と呼ぶ。図2.2右で，A点とB点は時間的，A点とC点は空間的，B点とC点は時間的である。

例題2.2　因果的関係

(1) B点が，A点の過去に起きて，互いに時間的であるとする。A点の未来で時間的であるC点は，B点にとって時間的か，空間的か。

(2) B点が，A点の未来で，互いに時間的であるとする。B点からはA点の過去をすべて見ることができるか，未来をすべて見ることができるか。

解　時空図を書いてみる。(1)では，B点の未来の因果的領域はA点の未来の因果的領域をすべて含むことになる。そのためB点にとって，C点も必ず時間的となる。(2)は，A点の未来の因果的領域がB点の未来の因果的領域をすべて含む。これはA点にとって未来に時間的な点も，B点からは時間的に結べない場合があることを示している。一方，過去に

ついては，A 点の過去の因果的領域は，B 点の過去の因果的領域にすべて含まれる。つまり，B 点からは，A 点の過去をすべて見ることができるが，未来はすべては見ることができないのである。■

同時性

第 2.1 節で，慣性系によって，光を受け取る時刻が異なるという現象について述べた。1 つの慣性系で，2 つの事柄が同時に起こって見えても，別の慣性系では同時ではない，ということがありえるのである。ここで，同時ということ，いわゆる同時性について，時空図を用いて詳しく説明しよう。

静止している A のすぐ横を，速度 v で B が通過したとする（図 2.3）。このとき，両者の時計を合わせる。また，この瞬間に A から見て，等距離の場所，P と Q から光が発せられた。この光を A と B がそれぞれ，いつ観測するかを考えてみる。このことによって，相対速度が v の 2 つの慣性系各々での「同時」の意味が明らかになる。以下では，A が原点に静止している慣性系を S，B が原点に静止している慣性系を S' とする。

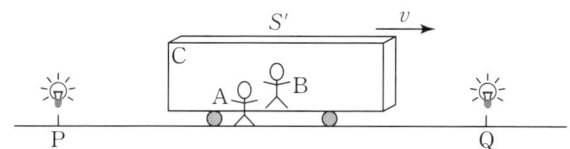

図 2.3　静止した観測者と動いている観測者が光を観測する

A にとっては，等距離離れた P 点と Q 点から同時に光が放たれるのであるから，時空図は図 2.4 左のようになる。2 つの光は同時に R 点で A に到達する。なお本書では，今後，時空図上での光の経路は点線で表すこととする。

次に，B の方である。B の軌跡は，A から見ると，つまり慣性系 S を基準とするこの時空図上では，$x = vt$ である。すなわち時空図では，$ct = (c/v)x$ という軌跡になる。傾き c/v（> 1）の直線である。これが，S を基準とした S' の原点 $x' = 0$ の軌跡になる。B は，S' の原点で動かない

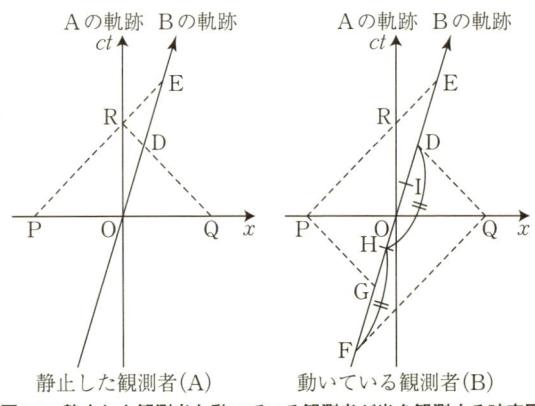

図2.4 静止した観測者と動いている観測者が光を観測する時空図

からである。この B は，図の D 点と E 点という異なった時刻に光を受けることになる。では，B にとって，各々の光はいつ放出されたと考えられるのだろうか。P 点と Q 点は時刻 0 なのだから，B の時計でも両方とも $t' = 0$ の時に同時に放たれた，と考えるのは誤りである。これは A が静止している慣性系で見た図だからである。ここで，B にとっても光速度が一定であることに注意する。

B が右側の光源 Q から来る光を受け取る行為を，次のように考え直してみる。すなわち，まず B から光を光源に向かって放射する。その光を光源は間髪を入れず，B に向かって投げ返す。このとき，B にとっては，自分が放射してから，受け取るまでの時間を測定することが可能である。B は，この時間のちょうど半分が，光源から B までかかった時間と考えるだろう。時空図，図 2.4 右を見てみよう。B は，F で光を光源に向かって放射する。光源は Q で受け取って B に投げ返し，D で B が受け取る。B はこのとき，$\overline{FD}$ の中点 H が示す時刻で光源から光が投げられたと考えるのである。

左側 (P) からの光も同様である。図の $\overline{GE}$ の中点 I が，放射された時刻ということになる。つまり，B にとっては，まず右からの光が放射され，遅れて左からの光が放射されたように見える。すなわち，光は同時刻に放射されていない。「同時」という概念は，慣性系によって異なっているのである。

例題2.3 異なる慣性系の座標軸を時空図上に表す

相対速度が v である 2 つの慣性系 S と S' について，S を基準に時空図を書いたとき，S' での時刻 $t' = 0$ を表す直線を書き入れよ。ただし，S と S' は，互いの原点で時刻を 0 に合わせることとする。この結果を用いて，時空図に S' の座標軸を表せ。

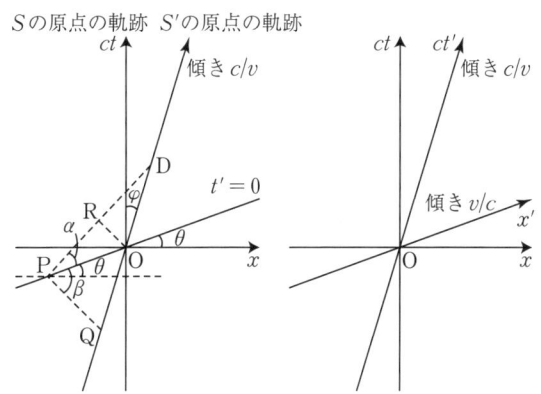

図2.5 相対速度 v の2つの慣性系の座標間の関係

解 $t' = 0$ は，S' にとって原点と同時刻になる点の集合である。例えば P 点が原点と同時刻になるためには，図 2.5 左で $\overline{QO} = \overline{OD}$ の条件を満たすことが必要となる。S' の原点にとっては，P に向かって光を放射したのが Q，P からの光を受け取るのが D なので，P の時刻を線分 $\overline{QD}$ の中点と考えるからである。ここで，O から線分 $\overline{PD}$ に垂直に補助線を下ろし，交点を R とする。すると，△DOR と △DQP が，2 倍の大きさの違いがある相似な直角三角形になる。そのため，$\overline{OP} = \overline{OD}$ であり，△OPD と △OQP のどちらも二等辺三角形になる。各々の底角を α，β とすると，$\alpha + \beta = \angle\mathrm{QPD} = 90°$ である。一方，線分 $\overline{PO}$ が x 軸となす角度を θ とすると，$\theta + \alpha = 45°$ となる。$\overline{PD}$ は光の経路なので x 軸との傾きが 45° だからである。線分 $\overline{PO}$ を延長したものこそ，$t' = 0$ の集合であり，θ がその直線の傾きとなる。一方，S の原点の軌跡と S' の原点の軌跡 ($x' = 0$) がなす角度を φ とする。すると $\varphi + \angle\mathrm{POQ} + \theta = 90°$ である。ここで $\angle\mathrm{POQ} = 180° - 2\beta$ である。以上の結果をまとめると，$\theta = \varphi$ を得る。つまり，$t' = 0$ の作る直線は，$x' = 0$ とは傾きが逆で，v/c になる

のである。すなわち x' 軸 ($t' = 0$) と t' 軸 ($x' = 0$) は，$x = ct$ に対して対称になる。S' の座標軸を図 2.5 右に書いた。∎

章末問題

2.1 例 2.1 に示した現象を，慣性系 S を基準に時空図で表せ。そして，慣性系 S では B と C が別な時刻で光を受け取るのに，慣性系 S' では同時になることを示せ。

2.2 ロケット A と B が地球を挟んで逆方向から，地球に対して光速に非常に近い速度で通過していった。両者は同時に地球を通過し，速度の大きさは等しいとする。地球から見れば，A は x 軸正方向にほぼ光速で，B は x 軸負方向にやはりほぼ光速で進行している。一見すると，A と B の相対速度は光速度を超え，A から B，B から A には信号が送れないように思われる。そこで，時空図を用いて，A から B にも確かに信号が送れることを示せ。また，A が観測する，A が送った信号を地球が受け取る時刻 t_{AE} と B が受け取る時刻 t_{AB} が極端に異なることを時空図から見て取れ。

第3章

ハーマン・ボンディが考案した k 計算法（k-calculus）を用いれば，時間の延び，双子のパラドックスからローレンツ変換に至るまで，特殊相対性理論の諸問題を，簡単かつ直感的に理解することができる。

k 計算法を用いた特殊相対性理論の解法

3.1　k 計算法

　相対速度が v の 2 つの慣性系，S と S' を考える。まず，S で $x=0$ の原点に静止した観測者 A から，S' で $x'=0$ に静止している観測者 B に向けて，光の信号を時間 T の間継続して送るとする。このとき，B は，同じ信号を kT という継続時間で受け取ったと仮定しよう。対称性から，B から A に送った信号の継続時間もまた，k 倍になる。

　次に，時空図を使って，この k が v と c のどのような関数になるのか見ていく。S を基準に時空図を書く（図 3.1）。S' と S の時間は原点 O で合わせる。すると，観測者 B は S' 上で静止しているので，原点 O を通る傾いた直線で表される。

　さて，$t=0$ から $t=T$ までの間，A から光を B に向けて送ったとする。光を送り終わるときに，A は，時空図上で $(0, cT)$ の点に移動している。この点を R としよう。

$$\overline{\mathrm{OR}} = cT \tag{3.1}$$

である。この光を B は，$t'=0$ から，$t'=kT$ まで受けたことになる。B が光を受け取り終わるときとは，時空図上では，R 点から放たれた光が B に到達する点で表されることとなる。これは，R から 45° の直線を引き，

第 3 章　k 計算法を用いた特殊相対性理論の解法

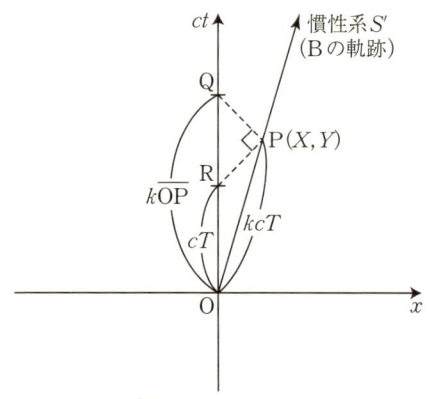

図3.1　2つの慣性系間の光の放出と受け取りを表す時空図

B の軌跡と交わる点，つまり図の P 点である．結局，
$$\overline{\mathrm{OP}} = kcT \tag{3.2}$$
となる．

　B は，A から来た光をすぐさま A に向けて投げ返したとする．最初に受けた光は O 点であるから，間髪を入れずに A が受け取ることとなる．一方，P 点で受けた最後の光は，時空図上で 135° の方向へ返すこととなる．この光を A が受けた点を Q としよう．結果，A は，B からの光を O から Q までの間，受け続ける．このとき
$$\overline{\mathrm{OQ}} = k\overline{\mathrm{OP}} = k^2 cT \tag{3.3}$$
である．

　あと 1 つ使っていない関係がある．それは，時空図で B の軌跡を表す直線は，$vt = x$ の関係から，傾きが $ct/x = c/v$ だということである．P 点に注目し，座標をこの S を基準とした時空図で，(X, Y) と仮に表す．すると，$Y/X = c/v$ なので，X, Y を k と T の関数として表し，T を消去すれば，k を c と v で表すことができる．まず，図からただちに
$$\overline{\mathrm{RQ}} = 2(Y - \overline{\mathrm{OR}}) \tag{3.4}$$
であることがわかる．このことから
$$\overline{\mathrm{OQ}} = \overline{\mathrm{OR}} + \overline{\mathrm{RQ}} = 2Y - \overline{\mathrm{OR}} \tag{3.5}$$
となる．これを Y について解き，式 (3.1) と式 (3.2) を代入すれば，結局

$$Y = \frac{1}{2}\left(\overline{\mathrm{OQ}} + \overline{\mathrm{OR}}\right) = \frac{1}{2}cT(k^2+1) \tag{3.6}$$

を得る。

一方，X は，$\triangle \mathrm{RPQ}$ を見ると，頂点 P から $\overline{\mathrm{RQ}}$ へ下ろした垂線の長さだから，底辺 $\overline{\mathrm{RQ}}$ の半分と等しいことがわかる。すなわち，

$$X = \frac{1}{2}\overline{\mathrm{RQ}} = Y - \overline{\mathrm{OR}} = \frac{1}{2}cT(k^2+1) - cT = \frac{1}{2}cT(k^2-1) \tag{3.7}$$

である。

以上より，直線の傾きは，

$$\frac{c}{v} = \frac{Y}{X} = \frac{k^2+1}{k^2-1} \tag{3.8}$$

となるので，結局

$$\boxed{k = \sqrt{\frac{1+v/c}{1-v/c}} \equiv \sqrt{\frac{1+\beta}{1-\beta}}} \tag{3.9}$$

を得る。ここで，$\beta \equiv v/c$ である。これが，相対速度 v で動いている慣性系同士の間での，時間幅の延びを表す。

k 計算法は，ともすれば間違いやすい特殊相対性理論の計算を，見通しよく簡単に実行する方法であるとともに，特殊相対性理論の直感的理解にも役立つ。次節では，時空図と k 計算法を用いて，特殊相対性理論の最も重要な概念をいくつか見ていくことにしよう。

3.2　時間の延び

運動する慣性系同士では，相手の時間が延びているように観測される。これまでと同様に，相対速度 v の 2 つの慣性系 S と S' で，S の原点に固定された観測者 A と，S' の原点にいる観測者 B を考える。互いの時間は原点で合わせる。図 3.1 を参照されたい。

$\overline{\mathrm{OP}}$ に相当する B の時間幅は，kT である。この時間の間放出される光を，A は $\overline{\mathrm{OQ}}$ の間，受け続ける，というのが 3.1 節での設定であった。B から最後に放出された光を A が受け取るのは，Q である。しかし，このとき

Aは，最後の放出が起こったのを Y/c という時刻だと考える．時空図の座標は，S を基準にしているので，Aにとって，Pの y 座標の値こそ，Bが最後に放出した時刻（×光速度）を与えるからだ．Aは，Bが，時刻0から Y/c までの間，光を放出し続けると観測する．

結局，Bにとって，光を受け取り放出していた時間

$$t_B = kT \tag{3.10}$$

を，Aは

$$t_A = Y/c = \frac{1}{2}T(k^2+1) \tag{3.11}$$

と解釈するのである．この2式から

$$t_A = \frac{1}{2}\frac{(k^2+1)}{k}t_B = \frac{1}{\sqrt{1-\beta^2}}t_B = \gamma t_B \tag{3.12}$$

を得る．ここで，

$$\gamma \equiv \frac{1}{\sqrt{1-\beta^2}} \tag{3.13}$$

である．

慣性系同士の相対速度が，光速度に比べて小さいときは，$\beta = v/c \ll 1$ であり，$\gamma \simeq 1$ である．また，$k \simeq 1$ でもあり，AとBの時間は同じになる．時間の延びは生じず，特殊相対性理論は，ニュートン理論に一致する．日常生活の体験とは異なる奇妙なことが起きるのは，速度が光速度に近づいたときだ．このときには，$\gamma \gg 1$ となり，$t_A \gg t_B$ を得る．Bが光を放出していた期間が，AにとってはBよりも非常に長くなるのである．時間が延びるのだ．このことは，Bの1秒がAにとっては，何秒にも何十秒にもなる，ということを意味している．つまりAから見ると，Bの時計はゆっくり進んでいることになる．そこで，時間の遅れ，とも表される．

なお，ここで時間の延びは $\beta^2 = (v/c)^2$ にのみ依存し，速度の符号にはよらないことに注意したい．Bが離れていこうが，近づいてこようが，時間は延びる．章末問題3.2も参照されたい．

問題3.1 **宇宙線中の μ 粒子の寿命の延び**

宇宙空間には，非常に大きな速度を持った宇宙線が存在している．宇宙線の正体は，陽子（水素の原子核）や，ヘリウムや鉄の原子核，さらには

電子などである。特に陽子はその数も多く，地球に絶えず降り注いできている。陽子は，地上 100 km あたりの大気圏に突入すると，空気と衝突をして，π中間子と呼ばれる粒子などに壊れる。π粒子はまた，すぐさま，μ粒子という軽い粒子に壊れる。このμ粒子は，もとの陽子の持っていた速度に応じた，非常に高速な運動をする。ほとんど光の速度といってもよい。典型的には光速度の 99.5% 程にもなっている。中には光速度の 99.995% などというものも作られる。一方，その寿命 t_{life} は非常に短く，50 万分の 1 秒でしかない。すなわち，たとえ秒速 30 万 km の光速度で移動したとしても，$ct_{\text{life}} = 3 \times 10^5 \text{ km/s} \times (1/(5 \times 10^5)) \text{ s} = 0.6 \text{ km}$ という距離の間しか存在していることはできない。しかし，実際には，およそ高度 20 km の所で作られるμ粒子は，地表まで降り注いできていることが確認されている。これはなぜか？

解 地上に静止している観測者から見ると，光速に近い速度で走っているμ粒子の寿命は延びる。寿命，という時間幅が地上の観測者にとっては，大きくなるからだ。式 (3.12) にあるように，延びの割合は，$\gamma = 1/\sqrt{1-(v/c)^2}$ で表される。

光速度の 99.5% で走っているμ粒子では，$\gamma = 1/\sqrt{1-(0.995)^2} \simeq 10$ となる。寿命が 10 倍に延びるのである。そのため，μ粒子は 6 km を走ることができるようになり，地表近くまで到達できる。さらに，光速度の 99.995% であれば，$\gamma = 1/\sqrt{1-(0.99995)^2} \simeq 100$ であるので，60 km を走ることになり，地表まで確実に到達できる。■

3.3　時計のパラドックス

3 つの慣性系を考える。S という慣性系で原点に静止している観測者 A と，S に対して速度 v で等速直線運動している S' の観測者 B，そして S に対して速度 $-v$ で等速直線運動している S'' の観測者 C を用意する。

まず，A と B がすれ違う。このとき，お互いの時計を合わせる。時刻 0 としよう。次に，しばらく経った後，B と C が出会う。このとき C の時計を B の時計に合わせる。今考えているのは 1 次元空間上の運動なので，C はこの後，必ず A と出会う。さて，そのとき，A と C の時計は同

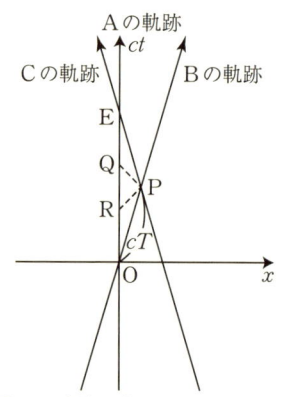

第3章 k計算法を用いた特殊相対性理論の解法

図3.2 時計のパラドックスの時空図

じ時刻を示しているだろうか。

この問題を，時空図と k 計算法で解いてみよう。図 3.2 にあるように，A と B が出会った点を原点 O，B が C と出会う点を P，C が A と出会う点を E とする。A 上の点 R は，そこから光を発すると B に P で到達する点であり，Q は P から発した光が A に到達する点である。

まず，A と B の間を結ぶ因子は

$$k_{AB} = \sqrt{\frac{1+v/c}{1-v/c}} \tag{3.14}$$

である。一方，A と C を結ぶのは，速度の符号を替えることで，

$$k_{AC} = \sqrt{\frac{1-v/c}{1+v/c}} = \frac{1}{k_{AB}} \tag{3.15}$$

となる (章末問題 3.1 参照)。

時空図からは，

$$\overline{OP} = k_{AB}\overline{OR} \tag{3.16}$$

$$\overline{OQ} = k_{AB}\overline{OP} \tag{3.17}$$

$$\overline{QE} = k_{AC}\overline{PE} \tag{3.18}$$

である。ここで $\overline{OP} = \overline{PE}$ であり，この長さを cT とする。

以上から，まず，E 点での A の時計 T_A は，

$$T_A = \frac{\overline{OE}}{c} = \frac{\overline{OQ}+\overline{QE}}{c} = (k_{AB}+k_{AC})T \tag{3.19}$$

となる。一方，C の時計は
$$T_\mathrm{C} = \frac{\overline{\mathrm{OP}} + \overline{\mathrm{PE}}}{c} = 2T \tag{3.20}$$
である。

いよいよ，T_A と T_C を比較してみよう。
$$T_\mathrm{A} - T_\mathrm{C} = (k_\mathrm{AB} + k_\mathrm{AB}^{-1})T - 2T = \frac{(k_\mathrm{AB} - 1)^2}{k_\mathrm{AB}} T \tag{3.21}$$
を得る。これは，k_AB の値が 1 よりも大きければ ($v > 0$ ならば)，つねに正である。つまり，A の方が C に比べて，時間の経過が大きいという結果になる。

ここで疑問が湧いてくる。慣性系同士が同等ならば，C から見たら，今度は A より C の時計の方が時間が経っていることにならないだろうか？ なぜ，A の時間だけが大きく進んでしまったのだろうか？ これが時計のパラドックスである。

実は，これはパラドックスでも何でもない。B と C は 1 つの慣性系ではなく，2 つの慣性系を貼り合わせたものなので，A と C の間には対称性が失われているのである。

時計のパラドックスは，次に示す双子のパラドックスと，本質的に同じ問題である。違いは，3 番目の慣性系にいる C を考える代わりに，B が U ターンをする，という点だ。

例3.1　双子のパラドックス

太郎と次郎という双子を考える。太郎は地球上に留まっているが，次郎は光の速度の 99.5%（つまり $\beta = 0.995$）という高速で地球を飛び立ち，宇宙への旅へ出た。やがて，次郎の時間で 1 年が経ち，そこで，急転回し，同じ速さで地球へ戻ることにした。

先の時計のパラドックスと同様に取り扱う（太郎が A で，次郎が B, C）。急転回をした時点は，時計のパラドックスの時空図では P 点なので，$\overline{\mathrm{OP}}/c = T = 1$ 年ということを意味している。このとき，太郎にとっては，次郎が $\overline{\mathrm{RQ}}$ の中点が表す時刻にいると考える。もちろんこの点の座標値は，P 点の y 座標値と一致する。つまり，その時刻は $T_\mathrm{A}/2 = (1/2)(k_\mathrm{AB} + k_\mathrm{AC})T$ である。ここで $\beta = 0.995$ を用いれば，$k_\mathrm{AB} = 20.0$，$k_\mathrm{AC} = 0.0501$

である。この値と $T=1$ 年を代入し，$T_A/2=10.0$ 年を得る。つまり，次郎が急転回するまでに，太郎にとっては，10 年が経過していることになるのだ。

結局，急転回後再び次郎が太郎の元に帰ってくると，次郎は $2T=2$ 年だけ年を取っているが，太郎は $T_A=20$ 年，年を取ってしまっていることになる。 □

3.4 速度の和

速度 v_1 で運動している人から，運動の方向に速度 v_2 で物体を投げ出すことを考えてみる。ニュートン力学では，静止している慣性系に対する物体の速度は v_1+v_2 である。しかし，この結論が正しければ，光の速度を容易に超えることができてしまう。もし v_1 が光速度の 60% で，v_2 も同じく 60% であれば，120% になるはずだからである。特殊相対性理論では，速度の合成は単純な和ではなく，合成した結果も光の速度を超えない関係になると期待される。

ここで 1 次元運動を考え，3 つの慣性系を取る。まず S という慣性系で，原点に静止している観測者 A が測定を行うとする。S' は，S に対して，速度 v_1 で等速直線運動している慣性系で，S' の原点で静止している観測者を B とする。さらに，S' に対して，速度 v_2 で，等速直線運動している慣性系を S'' と呼び，その原点に静止している観測者を C としよう。

まず，A と B が出会ったとする。次に，しばらく後に，B から速度 v_2 で物体を投げ出す。つまり，C が放たれるのである。

このときの時空図は図 3.3 のようになる。さて，k 計算法に基づくと，A で T_A 時間放射された光は，B では，時間 $T_B=k_1T_A$ の間受け取ることになる。ここで

$$k_1=\sqrt{\frac{1+v_1/c}{1-v_1/c}} \tag{3.22}$$

である。B が，受け取った光を，今度は C に向かって放射したとしよう。すると，C が受け取る時間は，$T_C=k_2T_B$ であり，

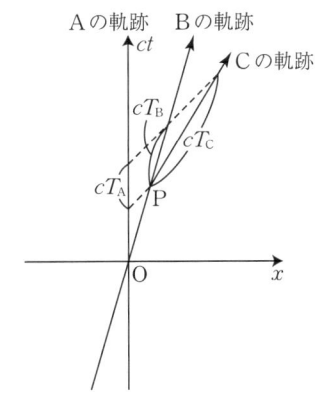

図3.3 Aに対して運動している観測者BからCを投げ出した時空図

$$k_2 = \sqrt{\frac{1+v_2/c}{1-v_2/c}} \tag{3.23}$$

と表される。

一方，Aが放出した光をCが直接受け取ったと考えると，$T_C = k_3 T_A$ であり，

$$k_3 = \sqrt{\frac{1+v_3/c}{1-v_3/c}} \tag{3.24}$$

となるはずである。ここで v_3 こそ，求めたかったAに対するCの速度である。

Bをいったん経由しようが，直接受け取ろうが，Cでの時間 T_C は同じである。そこで，$T_C = k_2 T_B = k_1 k_2 T_A = k_3 T_A$ の関係を得る。つまり，

$$k_3 = k_1 k_2 \tag{3.25}$$

である。ここで k_1, k_2, k_3 を速度で表すと，

$$\sqrt{\frac{1+v_3/c}{1-v_3/c}} = \sqrt{\frac{(1+v_1/c)(1+v_2/c)}{(1-v_1/c)(1-v_2/c)}} \tag{3.26}$$

である。両辺を2乗して，v_3 について解くと，

$$v_3 = \frac{v_1+v_2}{1+v_1 v_2/c^2} \tag{3.27}$$

を得る。これが，特殊相対性理論での速度の和の公式である。

例題3.2　速度の合成の最大値

合成された速度が，決して光速度を超えないことを示せ。

解 式 (3.27) を速度 v_1 で微分すると，

$$\frac{dv_3}{dv_1} = \frac{(1+v_1v_2/c^2) - (v_1+v_2)v_2/c^2}{(1+v_1v_2/c^2)^2} = \frac{1-v_2^2/c^2}{(1+v_1v_2/c^2)^2} \geq 0 \quad (3.28)$$

となり，常に正または 0 であることがわかる．0 になるのは $v_2=c$ の場合のみである．このときは，式 (3.27) より $v_3 = (v_1+c)/(1+v_1c/c^2) = c$ である．$v_2=c$ 以外では，v_3 は v_1 に対し単調増加する．つまり，v_3 は $v_1=c$ で最大値を取る．最大値は，式 (3.27) より，$v_3 = (c+v_2)/(1+cv_2/c^2) = c$ である．以上のことから，任意の v_2 に対して v_3 は決して c を超えないことがわかる．式 (3.27) を速度 v_2 で微分した場合にも同様な結果を得る．結局，v_3 は v_1, v_2 の少なくともどちらか一方が c であれば c になるが，そうでなければ，必ず c よりも小さい．光速度を超えることはできない．■

3.5　ローレンツ変換

相対速度 v の 2 つの慣性系 S と S' から，P という時空上の同じ点を観測する．P を事象と呼ぶ．さて，S から見た P の時空図上での座標を (x, ct) とする．同じ事象を，S' は，(x', ct') という座標にあると観測する．以下では，両者の座標の間に成り立つ関係を求める．

S を基準とした時空図 (図 3.4) を見てみよう．$x=0$ から P に向かって光を飛ばす．図からすぐに，光を飛ばした瞬間の ct 座標の値は，$ct-x$

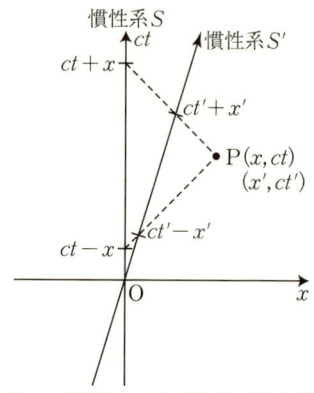

図3.4　事象Pと2つの慣性系の間の関係

であることがわかる。この座標値は，次のように考えても求めることができる。Pまでの距離がxなので，光が到達するまでにかかる時間がx/cである。到達したときにはtという時刻になっている。そのため，光を飛ばした瞬間は，時刻$t-x/c$である。これにcをかければ，$ct-x$という座標値を得る。

また，Pから$x=0$へ向けて光を飛ばす。こちらのct座標の値は，$ct+x$になる。

同様に，もう1つの慣性系で$x'=0$からPに光を飛ばしたときのct'座標の値は，$ct'-x'$であり，Pから光を飛ばしたときの$x'=0$は，$ct'+x'$になる。図を用いなくても，先と同様に，$x'=0$からP点まで，光がかかる時間がx'/cである，と考えれば容易に求めることができるだろう。

ここでk計算法を用いる。時空図からすぐに，
$$ct'-x'=k(ct-x) \tag{3.29}$$
$$ct+x=k(ct'+x') \tag{3.30}$$
である。

以上より，まずt'を消去してx'についてまとめると，
$$\begin{aligned}x'&=\frac{1+k^2}{2k}x+\frac{1-k^2}{2k}ct=\frac{x}{\sqrt{1-\beta^2}}-\frac{vt}{\sqrt{1-\beta^2}}\\&=\gamma(x-vt)\end{aligned} \tag{3.31}$$
を得る。ただし，ここで$\gamma\equiv 1/\sqrt{1-\beta^2}$である。

また，ct'は，
$$\begin{aligned}ct'&=\frac{1+k^2}{2k}ct+\frac{1-k^2}{2k}x=\frac{ct}{\sqrt{1-\beta^2}}-\frac{\beta x}{\sqrt{1-\beta^2}}\\&=\gamma(ct-\frac{v}{c}x)\end{aligned} \tag{3.32}$$
となる。

以上の$(x,ct)\to(x',ct')$の変換をローレンツ変換と呼ぶ。これとガリレイ変換
$$x'=x-vt \tag{3.33}$$
$$t'=t \tag{3.34}$$
を比較してみる。まず，速度vが光速度cに比べ十分に小さいときには，

$\beta = v/c \simeq 0$, $\gamma \simeq 1$ を代入することで，ローレンツ変換とガリレイ変換が一致することがすぐにわかる。

次に，ガリレイ変換では，（定義より）時間が不変であるとともに，両方の慣性系で 2 点間の距離 $|x_1 - x_2|$ は不変に保たれる。一方，ローレンツ変換では，距離は不変に保たれない。ローレンツ変換で不変になる量は，

$$(x_1 - x_2)^2 - c^2(t_1 - t_2)^2 \tag{3.35}$$

である。

例題3.3　ガリレイ変換とローレンツ変換の不変量

ガリレイ変換では距離が不変に保たれること，ローレンツ変換では距離は不変にならず，式 (3.35) の量が不変になることを示せ。

解　ガリレイ変換では，$x_1' = x_1 - vt$，$x_2' = x_2 - vt$ なので $x_1' - x_2' = x_1 - x_2$ となり，距離は不変に保たれる。ここで，ガリレイ変換の場合には，x_1，x_2 両方とも同じ時間 t で変換されることに注意されたい。

一方，ローレンツ変換では，$x_1' = \gamma(x_1 - vt_1)$，$x_2' = \gamma(x_2 - vt_2)$ であり，$x_1' - x_2' = \gamma(x_1 - x_2 - v(t_1 - t_2))$ となる。距離は不変にならず，形を明らかに変えている。この場合には，x_1 と x_2 は一般に異なる時間となる。x_1 と x_2 の間での情報のやりとりが，有限の速度 c だから，時間が異なるのである。

次に，ローレンツ変換で $(x_1 - x_2)^2 - c^2(t_1 - t_2)^2$ が不変になることを示す。実際に式を変形していくと，

$$\begin{aligned}
& (x_1' - x_2')^2 - c^2(t_1' - t_2')^2 \\
&= \gamma^2(x_1 - x_2 - v(t_1 - t_2))^2 - \gamma^2\Big(c(t_1 - t_2) - \frac{v}{c}(x_1 - x_2)\Big)^2 \\
&= \gamma^2\Big(1 - \frac{v^2}{c^2}\Big)(x_1 - x_2)^2 - \gamma^2\Big(1 - \frac{v^2}{c^2}\Big)(c(t_1 - t_2))^2 \\
&= (x_1 - x_2)^2 - c^2(t_1 - t_2)^2
\end{aligned} \tag{3.36}$$

なので，確かに不変になっている。■

ローレンツ変換で特徴的なのは，このように空間と時間が混じって不変になっていることである。この特質が，運動による時間の遅れなどを引き起こす。ローレンツ変換の数学的側面，4 元ベクトルと特殊相対性理論の関係については，この後，4 章，5 章で見ていく。

3.6　ローレンツ収縮

以下では，物体が静止して見える慣性系で測定する長さが，物体が運動して見える慣性系で測定すると短くなる，というローレンツ収縮について，時空図を用いて説明する。

ここで注意したいのは，長さを決める，という行為は，時間を揃えて行わなければならないことだ。

静止しているときの長さが L_0 の棒を考える。この棒が慣性系 S に対して速度 v で運動しているとする。この棒が静止して見える慣性系を S' とする。

S を基準にした時空図を考える（図 3.5）。棒の先端が原点を通過したあと，棒の後端が原点を通過する。先端の軌跡と後端の軌跡を各々 B，C とする。S と時間を合わせるのは，C が原点を通過した瞬間としよう。

ここで S にとっての棒の長さは，図の $\overline{\mathrm{OP}}$ である。S にとって同じ時刻，つまり $t=0$ での棒の先端と後端の間の距離だからだ。これを L と呼ぼう。

一方，S' にとっては，棒の長さ L_0 は，自分の座標系で $t'=0$ での B の x' 座標の位置になる。このとき，棒の後端は $x'=0$ という原点にいるからである。

この x' を，先のローレンツ変換の式 (3.32) と式 (3.31) を用いて表してみよう。まず，$t'=0$ であるので，式 (3.32) より，$ct=(v/c)x$ である。

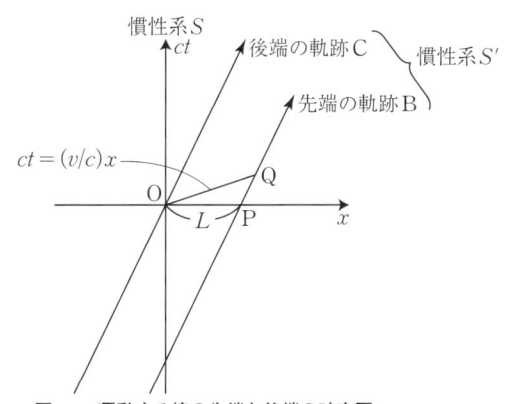

図3.5　運動する棒の先端と後端の時空図

時空図上で，$t'=0$ の点の集合，つまり x' 軸が x 軸に対して傾き v/c であることは，すでに例題 2.3 でも確認してあった．さて，この式の表す直線と B の軌跡が交わる所を Q 点としよう．この Q 点こそ B の軌跡で $t'=0$ の点であるから，S' 系での座標として $(L_0, 0)$ と表される．

今度は，Q 点の座標を S 系で表す．それを (x_Q, ct_Q) と置く．すると，S' 系では $(L_0, 0)$ であったことから，ローレンツ変換 (3.31) 式を用いて，$L_0 = \gamma(x_Q - vt_Q)$ を得る．$ct_Q = (v/c)x_Q = \beta x_Q$ から，$vt_Q = (v/c)ct_Q = \beta^2 x_Q$ なので，$L_0 = \gamma(1-\beta^2)x_Q$ を得る．$\gamma = 1/\sqrt{1-\beta^2}$ に注意して，

$$x_Q = \frac{L_0}{\sqrt{1-\beta^2}} \tag{3.37}$$

$$ct_Q = \frac{\beta L_0}{\sqrt{1-\beta^2}} \tag{3.38}$$

と表される．

さて，いよいよ，S にとっての棒の長さ $\overline{\mathrm{OP}}$ を求めよう．P 点の座標は，$(L, 0)$ で表される．Q 点は (x_Q, ct_Q) であり，$\overline{\mathrm{PQ}}$ つまり B の軌跡は，傾きが $c/v = 1/\beta$ なので，

$$\frac{c}{v} = \frac{ct_Q}{x_Q - L} \tag{3.39}$$

である．これから，

$$L = x_Q - vt_Q = \frac{L_0}{\sqrt{1-\beta^2}} - \frac{\beta^2 L_0}{\sqrt{1-\beta^2}} = \sqrt{1-\beta^2}\,L_0$$
$$= \frac{L_0}{\gamma} \tag{3.40}$$

を得る．

結局，S 系では，S' 系での棒の長さが $1/\gamma$ だけ短くなるのである．

例題3.4　ガレージのパラドックス

奥行きの狭いガレージしか所有していない人が，奥行きよりも全長の大きな車を買ってしまった．もちろん静止した状態では，この車をガレージに入れることはできない．ここで，仮にこの車が光速度に極めて近い速さまで加速できるとし，そのまま頭から突っ込んでいくとする．すると，ガレージ入り口でガレージに対して静止している観測者から見ると，ローレンツ収縮によって，この車が縮む．よってガレージに入ることが可能とな

3.6 ローレンツ収縮

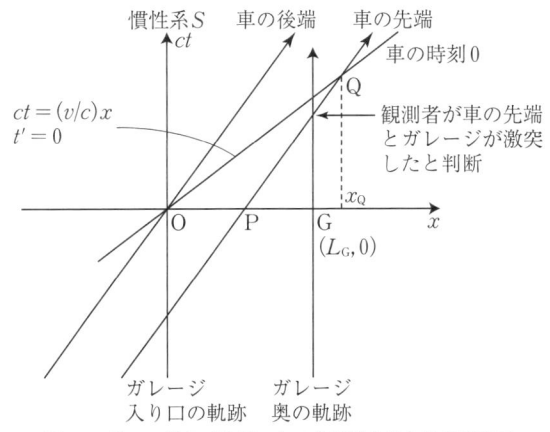

図3.6 ガレージのパラドックスを説明するための時空図

る。観測者が入ったと観測した瞬間にシャッターを閉めれば，車を収納することができるのである。しかし，一方で，車に乗った運転者から見れば，ガレージの方が短くなるはずである。どう考えても収納できるはずがない。果たして車をガレージの中に入れることは可能なのか，考えよ。

解　時空図，図 3.5 がそのまま使える。ここで，速度が光速度により近い場合を，図 3.6 に示す。ガレージ奥の軌跡を加えてある以外は同じだ。静止している観測者の座標原点は，ガレージの入り口である。また，車の後端がガレージの入り口を通過する瞬間を時刻 0 として，静止している観測者と車の運転手の時間を合わせてある。

車の静止系での長さを L_0 とし，ガレージの奥行きを L_G とする。条件は，$L_0 > L_G$ である。

まず観測者にとっては，車の後端が原点，つまりガレージの入り口を通過した瞬間 $(t = 0)$ が，図の x 軸である。このとき，車の長さは $\overline{OP} = L$ で表される。車が静止しているときの長さを L_0 とすると，ローレンツ収縮から $L = L_0/\gamma$ である。γ を十分大きく取れば，L をガレージの大きさ L_G よりも小さくすることが可能である。時空図では，G の座標値が $(L_G, 0)$ である。静止している観測者から見ると，車はガレージの中に，$t = 0$ で入るのだ。

一方，車に乗った運転手にとって，後端がガレージの入り口を通過した

瞬間の車体の長さは，$\overline{\mathrm{OQ}}$ で表される。運転手にとっての時刻 $t'=0$ で同時に測定するからだ。運転手が測定するこの車体の長さは L_0 である。

Q 点の観測者にとっての座標値を $(x_\mathrm{Q}, ct_\mathrm{Q})$ で表す。すると，式 (3.37) より，$x_\mathrm{Q} = L_0/\sqrt{1-\beta^2}$ であった。$\sqrt{1-\beta^2} < 1$ なので，$x_\mathrm{Q} > L_0$ である。また，静止しているときの車の長さはガレージ長より長いという条件から，最初にも書いたように，$L_\mathrm{G} < L_0$ であった。つまり，$L_\mathrm{G} < L_0 < x_\mathrm{Q}$ である。すなわち，時空図において，G 点は Q 点より必ず左側に来る（x 座標の値が小さい）。

時空図を改めてよく眺めてみよう。車の先端の軌跡に注目する。観測者から見ると，車の先端の軌跡は後端が入った後，Q 点に到達する前に，「必ず」ガレージの奥の軌跡と交差する。このときに，観測者は先端がガレージと激突した，と判断するのだ。この交差する点は，運転者にとっては，$t' = 0$ より前の時刻になる。$t' = 0$ を表す直線より下だからである。別の言い方をすれば，Q 点から見て，激突する点は，絶対的過去になっている。つまり，後端が入り口を通過する前に，ガレージと必ず激突するのだ。■

3.7　ドップラー効果

音に関するドップラー効果は，日常生活でも救急車の音が近づくと高く，遠ざかると低くなることなどからおなじみであろう。この物理現象は次のように理解できる。例えば，音源が観測者に対して遠ざかっている場合を考えよう。このとき音源から放出された音波の数と，観測者が受け取る音波の数は同じだが，観測者から見ると，音源が音を出す間に移動するために，その分だけ波長が伸びるように感じる。同じ数の音波が，より長い距離に対応するからである。

音源が観測者に対して速度 v_r で遠ざかる場合に生じる波長の伸びを，式で表してみよう。この節に限り，1 次元ではなく，平面を考える。その理由は後でわかる。添え字の r は，音源に対して向かってくる，ないしは離れていく成分，つまり動径方向を表している。以下では，離れていく場合を $v_r > 0$ とする。さて，音源は $\Delta t'$ の間，ちょうど 1 個の波，つまり 1 波長分の音波を放出したとする。波を放出し始めたときの音源と観測者の

距離を d とすると,放出し終わった瞬間の距離は $d + v_r \Delta t'$ である.音速を V とし,音源が音を放出し始めた瞬間を時刻 0 とする.すると,観測者はこの音波を d/V の時刻から, $\Delta t' + (d + v_r \Delta t')/V$ の時刻の間,聞き続けることになる.すなわち音の継続時間は, $\Delta t = \Delta t'(1 + v_r/V)$ である.この時間が,観測者にとっての 1 波長に対応するわけだから, $\lambda = V \Delta t$ である.一方,音源での波長は, $\lambda_0 = V \Delta t'$ であるから,

$$\frac{\lambda}{\lambda_0} = \frac{\Delta t}{\Delta t'} = 1 + \frac{v_r}{V} \tag{3.41}$$

を得る.これが高校物理で習う音のドップラー効果,波長の伸びの公式である.

では,光の場合はどうであろうか.音の場合の式の音速を,単に光速 c に置き換えればよいのだろうか.

k 計算法を用いれば,ただちに光の場合のドップラー効果の公式を求めることができる.観測者を慣性系 S とし,それに対して動径方向(光源の遠ざかる方向を正,近づく方向を負)に速度 v_r で等速直線運動している慣性系 S' から,光が放射されたとする.ちょうど 1 波長分の間,放射したとすると,時空図と k 計算法から,放射した時間 $\Delta t'$ と観測者が受け取る時間 Δt の間の関係は,

$$\Delta t = k \Delta t' = \sqrt{\frac{1 + v_r/c}{1 - v_r/c}} \, \Delta t' \tag{3.42}$$

である.波長と光の継続時間の関係は,観測者では $\lambda = c \Delta t$,光源では $\lambda_0 = c \Delta t'$ なので,波長の伸び分は

$$\frac{\lambda}{\lambda_0} = \frac{\Delta t}{\Delta t'} = \sqrt{\frac{1 + v_r/c}{1 - v_r/c}} \tag{3.43}$$

となる.

これが光のドップラー効果である. $v_r > 0$ ならば, $\lambda > \lambda_0$ であるから,光源が遠ざかると波長が伸びる,つまり,色が赤くなることがわかる.この効果のことを赤方偏移と呼ぶ.また,速度が光速度に比べ十分に小さいとき,つまり $v/c \ll 1$ の場合には,テイラー展開により

$$\frac{\lambda}{\lambda_0} \simeq \left(1 + \frac{v_r}{2c}\right) \times \left(1 + \frac{v_r}{2c}\right) \simeq 1 + \frac{v_r}{c} \tag{3.44}$$

が得られる.音の場合の公式と一致する.

第3章 k計算法を用いた特殊相対性理論の解法

例題3.5 ドップラー効果の別の求め方と横ドップラー効果

光のドップラー効果の公式を，時空図 (k計算法) を使わず，音の場合と同様の手法で求めよ。ただし，S' 系に対して S 系では，時間が延びるという効果があることに注意せよ。

解 式 (3.12) より，$\Delta t = \gamma \Delta t'(1 + v_r/c)$ を得る。ただし，ここで注意すべきは，音の場合にはなかった $\gamma \equiv 1/\sqrt{1-(v/c)^2}$ に現れる速度 v は，動径方向とは限らないことである。少なくとも，近づく場合でも遠ざかる場合でも，同じ形になることは，章末問題 3.2 を解くとわかる。実は，この時間の延びの因子は速度ベクトルの向きによらないのである。一方，v の動径方向成分が v_r だ。

速度 v のベクトルの向きが動径方向と一致する場合，つまり $v = v_r$ の場合には，

$$\frac{\lambda}{\lambda_0} = \frac{\Delta t}{\Delta t'} = \gamma(1 + v_r/c) = \sqrt{\frac{1+v_r/c}{1-v_r/c}} \tag{3.45}$$

となるので，確かに先に求めた形と一致した。■

ここで，もし動径方向の速度が 0 であった場合にはどうなるか，考えてみよう。観測者から遠ざかりもせず，近づきもしないのだから，音の場合には明らかに波長は変化しない。しかし，光の場合には時間の遅れの効果があるために，この場合でもドップラー効果を生じるのである。

$$\frac{\lambda}{\lambda_0} = \frac{\Delta t}{\Delta t'} = \gamma = \frac{1}{\sqrt{1-(v/c)^2}} \tag{3.46}$$

横方向の運動に対する波長の伸びであることから，横ドップラー効果と呼ばれるこの効果は，純粋に特殊相対性理論に基づくものだ。通常の (縦) ドップラー効果は，波長のずれは v_r/c のオーダーであるが，横ドップラー効果は，上式を v/c で展開すると，$\lambda/\lambda_0 \simeq 1 + (v/c)^2/2$ であるから，$(v/c)^2$ のオーダーの効果であることがわかる。運動が光速度に近くなければ，波長に対して非常に小さい補正しか与えない。しかし，実験的にはわずかな波長の違いを検出できるメスバウアー効果によって，横ドップラー効果の存在は検証されている。

超光速運動

10分補講

遠方にある活動銀河核（クエーサーやある種の電波銀河の総称）と呼ばれる天体からは，光速度に近い速度を持ったガスの噴出が見られる。このガスは強く絞られていて，強い方向性を持った180°ほど離れた2本のガスのビームとして出ている。これをジェットと呼ぶ。ジェットは，活動銀河核の中心にある巨大ブラックホールの働きで作り出されていると考えられている。1970年代に，このジェットを構成する明るいかたまりの運動を観測したところ，その視線方向に対して垂直な速度成分が，光の速度を超えて移動していることが明らかになった。ただし，これはあくまで見かけの効果であり，その存在は1960年代にはすでに理論的に予想されていた。この運動のことを超光速運動（superluminal motion）と呼ぶ。

なぜ，見かけ超光速になるのかを時空図（図3.7）を用いて説明しよう。まず，左図にあるように，活動銀河核の中心からジェットが出ている。このジェットの中にある明るいかたまりが，中心から図のジェットの端まで移動したとしよう。これを観測者は離れた場所で観測する。測定できるのは，視線方向に対して垂直（y軸方向）の

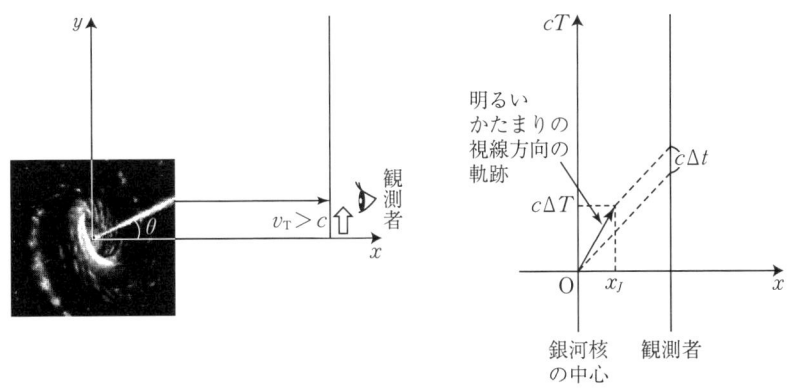

図3.7　超光速運動

動きのみである。このとき、視線方向垂直の速度成分 v_T が、見かけ上、$v_T > c$ となることを示す。

以下では、観測者の慣性系ですべて考える。座標は、銀河核の中心を $x = 0$ とし、明るいかたまりが中心から放射された瞬間を $t = 0$ とする。その速さを v とし、x 軸の方向（観測者に向かう方向）に対する角度を θ とする。すると、明るいかたまりの視線方向の速度成分は $v\cos\theta$ である。銀河核でかたまりが動いている間の時間を ΔT とし、時空図上に表す。この動きを観測者が観測する時間は Δt であり、こちらも時空図上に表してある。明るいかたまりが最後に到達した点を x_J とすれば、作図から、$c\Delta T = c\Delta t + x_J$ であることがわかる。つまり、$\Delta t = \Delta T - x_J/c$ である。

一方、視線方向の速度成分と時空図の座標の関係は、$c\Delta T/x_J = c/(v\cos\theta)$ である。以上より、x_J を消去すると、$\Delta t = (1 - (v/c)\cos\theta)\Delta T$ を得る。この間、y 方向には、明るいかたまりは、$v\sin\theta\Delta T$ だけ移動する。$v\sin\theta$ が、ジェットでの視線方向垂直の速度成分だからである。結局、観測者にとっての見かけ上の視線方向垂直速度成分は

$$v_T = \frac{v\sin\theta\Delta T}{\Delta t} = \frac{v\sin\theta}{1-(v/c)\cos\theta} \tag{3.47}$$

と表される。

ここで例えば、v が光速の 90%、$\theta = 25°$ としよう。すると、$\sin\theta = 0.423$、$\cos\theta = 0.906$ である。以上を代入すると、$v_T = 2.06c$ を得る。光速を超えるのである。なお、式 (3.47) を θ の関数と考えたとき、その極値から $\cos\theta = v/c$ のときに最大の v_T を得ることがわかる。

章末問題

3.1 慣性系 S に静止している観測者にとって、速さ v で近づいてくる慣性系 S' に対する k 因子を求めよ。

3.2 慣性系 S に静止している A は、速さ v で近づいてくる慣性系 S' に

静止している B の時間をどのように観測するか。

3.3 双子のパラドックスで，互いに相手がどのように見えるかを調べる。本文と同様に，太郎と次郎という双子を考え，地球に留まる太郎に対して，次郎は光の速度の 99.5% で地球を飛び立ち，自分の時刻で 1 年後に急転回し，2 年後に地球へ戻ってきたとする。さて，この間，太郎からは太郎の時刻で 1 日おきに最新の映像が次郎に送られた。また，次郎からも同様に次郎の時刻で 1 日おきに太郎に向けて映像が送られた。

(1) 次郎はどのような時間間隔で映像を受け取ったか，急転回の前と後で分けて求めよ。

(2) 次郎が急転回直前に最後に受け取った画像の太郎の姿は，別れてどれだけの時間が経ったものか。

(3) 次郎が急転回後，地球に到着するまでに受け取った画像の総数を求めよ。

(4) 太郎はどのような時間間隔で映像を受け取ったか，同じく，次郎の急転回の前と後で分けて求めよ。

(5) 太郎が次郎の急転回直前に最後に受け取った画像の次郎の姿は，別れてどれだけの時間が経ったものか。

(6) 太郎が次郎の急転回後，地球に到着するまでに受け取った画像の総数を求めよ。

3.4 (1) 地球に対して，光速度の 99.5% で離れていく宇宙船がある。この宇宙船から，宇宙船に対して光速度の 99.995% で宇宙船の進行方向へカプセルを打ち出した。地球から見るとカプセルはどれだけの速さで遠ざかっているか。

(2) これとは逆に，カプセルを地球の方向に打ち出した場合には，地球からはどれだけの速さで近づいてくるように見えるか。まず宇宙船の地球に対する速さを v_1，カプセルの宇宙船に対する速さを v_2 として，時空図を用いて，この場合の合成則を求めよ。ただし，$v_2 > v_1$ とする。次に，先の宇宙船とカプセルの速さの値を代入して，地球に対するカプセルの速さを計算せよ。

3.5 宇宙では，遠方の銀河の色が赤く変化していることが知られている。

元素が出す固有の波長が，長い方にずれるのである。これを赤方偏移という。このとき，波長の伸びの割合を，赤方偏移パラメーター z で表す。本来の波長を λ_0，観測される波長を λ とすれば，$z \equiv \lambda/\lambda_0 - 1 = (\lambda - \lambda_0)/\lambda_0$ である。例えば，M(メシエ)100 と名付けられている銀河では，$z = 0.005240$ が観測値だ。

(1) M100 が，地球に対してどれだけの速さで遠ざかっているか求めよ。

(2) 銀河を観測すると，ほとんどすべての銀河が赤方偏移をしていることがわかった。また，遠ざかる速度は，ほぼ地球からの距離に比例して大きくなっていくこともわかった。空間が至るところで同じ割合で拡がっている（距離が同じ割合で増加する）と仮定することで，この現象を説明せよ。

(3) 宇宙の始まりには，我々と M100 は同じ点にいたとする。過去でも，互いに遠ざかる速度は現在と同じ値だと仮定して，宇宙の年齢を求めよ。ただし，M100 までの現在の距離を 5200 万光年とせよ。

第4章

異なる慣性系であっても，同じ値を持つのが，不変間隔である。不変間隔の符号によって，2つの出来事が，因果的な関係にあるかどうかが判定できる。不変間隔を変えない変換として得られるのがローレンツ変換だ。

不変間隔とローレンツ変換

　異なった慣性系であっても，同じ値を持つ「不変間隔」というものが定義できる。2つの出来事（事象）が，互いに連絡できる時間的な関係にあるのか，それとも連絡できない空間的な関係にあるのかは，この不変間隔の符号によって決まる。また，ローレンツ変換をしても不変間隔を変えない，ということから，その形を導くことができる。前章とは逆に，ここでは不変間隔一定の条件から，ローレンツ変換を先に求め，ローレンツ収縮や時間の延び，速度の変換などの公式を得る。

4.1　不変間隔

　特殊相対性理論の前提となっているのは，特殊相対性原理と，光速度不変の原理であった。光速度不変の原理を，数学的に表してみよう。
　まず，1つの慣性系 S を選ぶ。この系において，時刻が t_1 のときに，3次元空間の座標 (x_1, y_1, z_1) に物体が存在していたとする。時刻と座標で書かれているこの物体の状態を，前にも述べた通り，「事象」と呼ぶ。時間が経過して t_2 になったときに，今度は，(x_2, y_2, z_2) に移動していたとしよう。新たな事象である。ここで，最初の事象を P，新たな事象を Q と呼ぶことにする。

このとき，2つの事象間で，物体の移動距離は，
$$d_{12} = \sqrt{(x_2-x_1)^2 + (y_2-y_1)^2 + (z_2-z_1)^2} \quad (4.1)$$
である。この物体が光速度で移動したと仮定しよう（つまり物体とは光であった）。すると，$d_{12} = c(t_2 - t_1)$ である。つまり，
$$-c^2(t_2-t_1)^2 + (x_2-x_1)^2 + (y_2-y_1)^2 + (z_2-z_1)^2 = 0 \quad (4.2)$$
という関係が得られる。

一方，これとは別の慣性系 S' で，同じ物体（光）の運動，つまり，事象 P と Q を観測する。すると，時刻 t_1' での初期位置は (x_1', y_1', z_1')，時刻 t_2' では (x_2', y_2', z_2') へと移動した。この場合でも光の速度は同じであるので，全く同じ関係
$$-c^2(t_2'-t_1')^2 + (x_2'-x_1')^2 + (y_2'-y_1')^2 + (z_2'-z_1')^2 = 0 \quad (4.3)$$
が成り立つ。

2つの事象が，光速度で隔てられているときに 0 となるこの量を，不変間隔 s と呼ぶ。
$$s_{12}^2 \equiv -c^2(t_2-t_1)^2 + (x_2-x_1)^2 + (y_2-y_1)^2 + (z_2-z_1)^2 \quad (4.4)$$
である。この量は，教科書によっては世界間隔と呼んだり，また，全体の符号分異なって定義されることがあるので注意されたい。

「距離」を，時間を含めたこの不変間隔で定義した時空（時間と空間）を**ミンコフスキー時空**と呼ぶ。ここまで見てきた特殊相対性理論は，ミンコフスキー時空での運動学といえる。

不変間隔は，2つの事象が光速度で隔てられていない場合でも，異なる慣性系の間で同じ値を持つ。このことは，空間1次元の場合であるが，すでに前章の式 (3.35) で，ローレンツ変換で不変に保たれる量として紹介してある。ここでは，まず微小量での関係として，保存することを示す。少し面倒な議論なので，以下の証明はあまり気にせず，**不変間隔は慣性系によらず保存する**，とだけ覚えてもらっておいてよい。

2つの事象が十分に近い場合には，座標の差は微小量として，$dx^2 + dy^2 + dz^2$ と書け，時間の差は dt^2 となるので，式 (4.4) は
$$ds^2 = -c^2 dt^2 + dx^2 + dy^2 + dz^2 \quad (4.5)$$
と表すことができる。原点を一致させた別の慣性系では，この2つの事象の差は

$$\mathrm{d}s'^2 = -c^2\mathrm{d}t'^2 + \mathrm{d}x'^2 + \mathrm{d}y'^2 + \mathrm{d}z'^2 \tag{4.6}$$

と表される。

$\mathrm{d}s$ と $\mathrm{d}s'$ の関係を見ていくためには，1つ仮定が必要である。それは互いの間は線形結合で結ばれる，という仮定である。つまり，$\mathrm{d}t'$，$\mathrm{d}x'$，$\mathrm{d}y'$，$\mathrm{d}z'$ は，各々 $\mathrm{d}t$，$\mathrm{d}x$，$\mathrm{d}y$，$\mathrm{d}z$ の 1 次関数で表される。例えば，$\mathrm{d}x' = A\mathrm{d}t + B\mathrm{d}x + C\mathrm{d}y + D\mathrm{d}z$ というように表されるということだ。これは微小量であれば成り立つ仮定である。微分の演算を知っている読者は，

$$\mathrm{d}x' = \frac{\partial x'}{\partial t}\mathrm{d}t + \frac{\partial x'}{\partial x}\mathrm{d}x + \frac{\partial x'}{\partial y}\mathrm{d}y + \frac{\partial x'}{\partial z}\mathrm{d}z \tag{4.7}$$

と書けることがわかるだろう。ここで，$\partial x'/\partial t$ は慣性系間の相対速度 v の関数になっているが，位置や時間にはよらない。線形結合で結ばれるのである。

いつまでも座標を書いていると大変なので，ここで，時間を 0 番目の座標，x, y, z を各々，1 番目，2 番目，3 番目の座標として，和の表示を使うことにしよう。ただし次元を揃えておく必要があるので，時間そのものではなく，ct を 0 番目の座標に取る。すると，

$$\mathrm{d}s^2 = \sum_{i=0}^{3} A_i \mathrm{d}x_i^2 \tag{4.8}$$

である。ここで，$A_i = (-1, 1, 1, 1)$ である。S と S' が線形結合で結ばれているということは，

$$\mathrm{d}s'^2 = \sum_{i=0}^{3} A_i \mathrm{d}x_i'^2 = \sum_{i=0}^{3}\sum_{j=0}^{3} M_{ij} \mathrm{d}x_i \mathrm{d}x_j \tag{4.9}$$

と表せることを意味している。

さて，今，2 つの事象が光速度で隔てられているときには，$\mathrm{d}s^2 = \mathrm{d}s'^2 = 0$ であることがわかっている。このことから，一般に $\mathrm{d}s$ と $\mathrm{d}s'$ が，比例関係になることが証明できる。$\mathrm{d}s^2 = 0$ が成り立つときには，$c^2 \mathrm{d}t^2 = \sum_{i=1}^{3} \mathrm{d}x_i^2$ が得られる。よって式 (4.9) に代入して

$$\begin{aligned}\mathrm{d}s'^2 &= M_{00}c^2\mathrm{d}t^2 + 2\sum_{i=1}^{3} M_{0i} c\mathrm{d}t\mathrm{d}x_i + \sum_{i=1}^{3}\sum_{j=1}^{3} M_{ij}\mathrm{d}x_i \mathrm{d}x_j \\ &= M_{00}\sum_{i=1}^{3}\mathrm{d}x_i^2 + 2\sum_{i=1}^{3} M_{0i}\left(\sum_{j=1}^{3}\mathrm{d}x_j^2\right)^{\frac{1}{2}}\mathrm{d}x_i + \sum_{i=1}^{3}\sum_{j=1}^{3} M_{ij}\mathrm{d}x_i \mathrm{d}x_j\end{aligned} \tag{4.10}$$

第4章　不変間隔とローレンツ変換

である。ここで，M_{ij} が対称行列であることを用いた。この $\mathrm{d}s'$ は，任意の $\mathrm{d}x_i$ の値で，恒等的に 0 でなければならない。例えば，この関係は，$x_i \to -x_i$ と置き換えても成り立つはずである。すると，ただちに $M_{0i} = 0$ が示せる。また，$\mathrm{d}x_1 = \mathrm{d}x_2 = 0$ でも成り立つのであるから，$M_{00} + M_{33} = 0$ でなければならない。同様にして，$M_{00} = -M_{11} = -M_{22} = -M_{33}$ が示せる。以上のことから，

$$\begin{aligned}
\mathrm{d}s'^2 &= M_{00} \sum_{i=1}^{3} \mathrm{d}x_i{}^2 + \sum_{i=1}^{3} \sum_{j=1}^{3} M_{ij} \mathrm{d}x_i \mathrm{d}x_j \\
&= M_{00} \sum_{i=1}^{3} \mathrm{d}x_i{}^2 - M_{00} \sum_{i=1}^{3} \mathrm{d}x_i{}^2 + \sum_{i=1}^{3} \sum_{j \neq i} M_{ij} \mathrm{d}x_i \mathrm{d}x_j \\
&= \sum_{i=1}^{3} \sum_{j \neq i} M_{ij} \mathrm{d}x_i \mathrm{d}x_j = 0
\end{aligned} \tag{4.11}$$

である。つまり，一般に $i \neq j$ の時には，$M_{ij} = 0$ でなければならない。

以上をまとめると，$M_{0i} = M_{i0} = 0$，$i \neq j$ のときには $M_{ij} = 0$，$M_{00} = -M_{11} = -M_{22} = -M_{33}$ である。結局

$$\begin{aligned}
\mathrm{d}s'^2 &= M_{00}\mathrm{d}x_0{}^2 + M_{11}\mathrm{d}x_1{}^2 + M_{22}\mathrm{d}x_2{}^2 + M_{33}\mathrm{d}x_3{}^2 \\
&= -M_{00}(-\mathrm{d}x_0{}^2 + \mathrm{d}x_1{}^2 + \mathrm{d}x_2{}^2 + \mathrm{d}x_3{}^2) = -M_{00} \sum_{i=0}^{3} A_i \mathrm{d}x_i{}^2 \\
&= -M_{00}\mathrm{d}s^2
\end{aligned} \tag{4.12}$$

を得る。$\mathrm{d}s = 0$ ならば $\mathrm{d}s' = 0$ であるためには，一般にこの関係が成り立っていなければならないのである。

慣性系を区別するのは相対速度のみであるから，M_{00} は相対速度の絶対値の関数となっている。M_{00} は空間や時間には依存しない。さもないと，慣性系ごとに特別な座標や点が存在することになる。相対速度の向きにも依存できない。もし依存すると，空間に特別な方向があることになってしまう。

実は，M_{00} は -1 なのである。再び，相対速度 v の 2 つの慣性系 S と S' を考える。S に対して，x 方向正に向かって S' は等速直線運動をしている。次に，S' に対して，x' 方向に速度 $-v$ で運動している慣性系を考え，S'' とする。このとき $\mathrm{d}s'^2 = -M_{00}(v)\mathrm{d}s^2$，$\mathrm{d}s''^2 = -M_{00}(v)\mathrm{d}s'^2$ である。つまり，$\mathrm{d}s''^2 = M_{00}{}^2 \mathrm{d}s^2$ となる。ところで，よく考えてみると，S'' は S と同一である。つまり，$M_{00}{}^2 = 1$ でなければならない。さらに，$\mathrm{d}s^2$ が慣

50

性系によって符号を変えると，因果関係が変わってしまう．そこで，$M_{00} = -1$ だけを選び，

$$ds'^2 = ds^2 \tag{4.13}$$

を得る．

微小量の間に等式が成り立てば，その積分として表される有限の不変間隔も慣性系によらず，等しくなる．

4.2　時間的，空間的

不変間隔の符号によって，2 つの事象が，互いに連絡できるかどうかが決まる．ここで，式 (4.4) で不変間隔が表される P と Q という 2 つの事象を考えよう．なお，事象は，空間座標と時間座標で指定されるので，以後 P を (ct_1, x_1, y_1, z_1)，Q を (ct_2, x_2, y_2, z_2) というように，4 次元の座標を用いて表すこととする．ただし，距離の次元にするために，c を時間部分にかけてある．2 つの事象の不変間隔は

$$s_{12}{}^2 = -c^2(t_2 - t_1)^2 + (x_2 - x_1)^2 + (y_2 - y_1)^2 + (z_2 - z_1)^2$$

であった．

$s_{12}{}^2 = 0$ が光の場合である．これをヌル (null) と呼ぶ．

$s_{12}{}^2 > 0$ であれば，空間座標の隔たりが大きすぎて，時間間隔 $t_2 - t_1$ では，光でさえも，事象 P から Q へ届くことができない．この場合を 2 つの事象は，空間的であるという．

一方，$s_{12}{}^2 < 0$ であれば，P と Q は空間的に近く，光よりも遅い速度でも連絡がつけられる場合になる．この場合を時間的と呼ぶ．

以上のことは，時間と 3 次元空間の時空図を書いてみれば，2.2 節で述べた 1 次元空間の場合の単なる拡張であることがわかる．縦軸を ct，横軸に，x, y, z を書く（これは実際には，2 次元の紙の上では不可能だが）．この 4 次元空間の原点を，事象 P としよう．すると，Q という事象と P がヌルで結ばれるという条件は，時空図で円錐の表面である．この円錐を先にも述べたように，光円錐と呼ぶ．Q が光円錐の内部にあれば時間的であり，外部ならば空間的である．

例題4.1 絶対的未来, 絶対的過去

2.2 節では, 理由を言わないで, 「時間的な領域であれば, どのような慣性系を取っても, 原点と同じ時刻にすることはできない」と述べ, 絶対的未来や絶対的過去について解説した。ここで, その理由を説明せよ。

解　今考えている慣性系 S とは別な, 慣性系 S' を考える。両者の原点を一致させる。つまり, 事象 P は, どちらの慣性系で見ても $(0, 0, 0, 0)$ だ。事象 Q は, S では (ct_2, x_2, y_2, z_2), S' では $(ct_2', x_2', y_2', z_2')$ と表されるとする。事象 P と Q が時間的である, ということは,

$$s_{12}^2 = -c^2 t_2^2 + x_2^2 + y_2^2 + z_2^2$$
$$= -c^2 t_2'^2 + x_2'^2 + y_2'^2 + z_2'^2 < 0 \quad (4.14)$$

を満足しなければならない。S' としてどのような慣性系を取ろうとも, 必ず, $x_2'^2 + y_2'^2 + z_2'^2 \geq 0$ である。このことと, 時間的である条件 $s_{12}^2 < 0$ から, $-c^2 t_2'^2 < 0$ でなければならない。つまり, $t_2' = 0$ と取ることはできない。時間的な領域, つまり光円錐の内側は, 原点と同じ時刻ではあり得ないのだ。上部の光円錐が未来, 下部が過去を表す。必ず未来や過去になるので, 絶対的未来, 絶対的過去と呼ぶのである。原点に対して, また, 原点から連絡をすることができるのも, 光円錐の内部と表面だけであり, そこを因果的領域と呼ぶ。　■

4.3　時間の延びと固有時間

時計が速度 v で運動して見える慣性系 S と, それが止まって見える慣性系 S' を考える。3.2 節の時間の延びのときの設定と同じである。以下では, 微小時間後の微小距離の変位を考える。

S に対して, 時計は $t = 0$ で座標の原点にあったとし, dt 後に (dx, dy, dz) の座標に移動したとする。時計の S に対する速度は v なので,

$$v = \frac{\sqrt{dx^2 + dy^2 + dz^2}}{dt} \quad (4.15)$$

である。すると不変間隔は

$$ds^2 = -c^2 dt^2 + dx^2 + dy^2 + dz^2 = dt^2(-c^2 + v^2)$$

$$= -c^2 \mathrm{d}t^2 \left(1 - \frac{v^2}{c^2}\right) \tag{4.16}$$

となる。

一方，S' では，時計は静止しているのであるから，$\mathrm{d}x'^2 + \mathrm{d}y'^2 + \mathrm{d}z'^2 = 0$ となる。このため，

$$\mathrm{d}s^2 = -c^2 \mathrm{d}t'^2 \tag{4.17}$$

である。

式 (4.16) と式 (4.17) の $\mathrm{d}s^2$ は同じなので，

$$\mathrm{d}t = \frac{1}{\sqrt{1-(v/c)^2}} \mathrm{d}t' \equiv \gamma \mathrm{d}t' \tag{4.18}$$

が成り立つ。ここで以前に定義した通り，$\gamma \equiv 1/\sqrt{1-(v/c)^2}$ である。

運動している時計の時間幅 $\mathrm{d}t$ は，静止している時計の $\mathrm{d}t'$ に比べて，γ だけ延びるのである。よって，3.2 節で得た結果と一致した。

なお，止まっている時計が刻む時間，つまり時計が座標を変えない慣性系の時間を固有時間と呼び，特別に τ と表す。この場合の S' での時計の時間 t' である。この定義を数式で表すと，

$$\mathrm{d}\tau^2 = \left(\frac{1}{\gamma} \mathrm{d}t\right)^2 = -\frac{1}{c^2} \mathrm{d}s^2 \tag{4.19}$$

となる（式 (4.17)，式 (4.18) 参照）。不変間隔は慣性系によらない，すなわち次に出てくるローレンツ変換で不変に保たれるので，固有時間もまた，ローレンツ変換に対して不変である。

4.4　ローレンツ変換

2 つの慣性系 S と S' を考えたときに，S' が S の x 軸方向に速度 v で等速直線運動をしているとする。原点で時間を合わせる。このとき，S' の ct' 軸，すなわち $x' = 0$ と，x' 軸，すなわち $ct' = 0$ は，図 4.1 の時空図の 2 つの直線で示される。

3.5 節では，k 計算法を用いてローレンツ変換を求め，それが不変間隔を変えないことを示した。今回はそれとは逆に，S と S' の間の一般的な線形変換が不変間隔を変えない，という条件からローレンツ変換が導き出

第4章 不変間隔とローレンツ変換

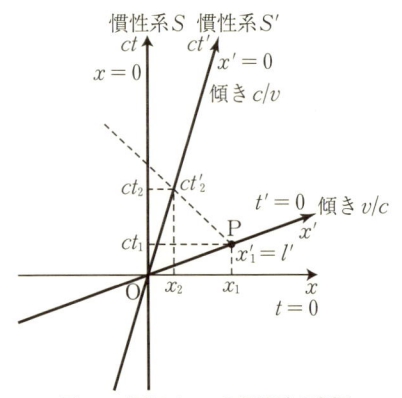

図4.1 事象Pと2つの慣性系の座標

されることを示す。

ある事象のSでの座標を(ct, x, y, z)、S'で(ct', x', y', z')とする。

まずx軸に対して垂直な方向、つまりy軸やz軸方向については、どちらの慣性系でも違いはない。つまり$y' = y$, $z' = z$である。

原点でお互いを揃えたので、$x' = 0$かつ$t' = 0$は、$x = 0$かつ$t = 0$に一致している。この条件を用いれば、一般に原点以外も含めて、互いの関係は次の一般的な線形変換で結ばれることになる。

$$ct' = Act + Bx \tag{4.20}$$

$$x' = Cct + Dx \tag{4.21}$$

である。

この線形変換の係数A, B, C, Dを決定したい。ここで時空図上のct'軸とx'軸が満たす関係を用いる。ct'軸、つまり$x' = 0$は、2.2節の同時性の所で述べたように、Sの時空図で傾きc/vの直線である。すなわちそこでは、$ct/x = c/v$、または$vt = x$を満足する。一方、x'軸、すなわち$t' = 0$は、例題2.3で見たように、傾きv/cの直線である。そこでは、$ct/x = v/c$、つまり、$c^2 t = vx$となる。

まず、ct'軸の満たす関係、$x' = 0$, $vt = x$を式(4.21)に代入して、$0 = Cct + Dx = (Cc + Dv)t$を得る。つまり、

$$\frac{C}{D} = -\frac{v}{c} \tag{4.22}$$

54

である。一方，x' 軸では，$t' = 0$ で $c^2t = vx$ なので，式 (4.20) から $0 = Act + Bx = (Av/c + B)x$ となる。つまり，

$$\frac{B}{A} = -\frac{v}{c} \tag{4.23}$$

となる。以上より，

$$ct' = Act + Bx = A\left(ct - \frac{v}{c}x\right) \tag{4.24}$$

$$x' = Cct + Dx = D(-vt + x) \tag{4.25}$$

を得る。

次に A と D の関係を求める。そのためには，2 つの慣性系の間でわかっている関係をもう 1 つ使う必要がある。そこで，S' 系で見て，$t_1' = 0$ で，原点から $x_1' = l'$ だけ離れている場所 P から，原点に向かって光を放射したと考える（図 4.1 参照）。S' の原点では，この光を時刻 t_2' で受ける。距離 l' を t_2' かけて光速度で走ったのであるから，当然，$ct_2' = l'$ である。一方，同じ現象を S 系では，時刻 t_1，座標 x_1 で放射し，時刻 t_2，座標 x_2 で受けたと観測する。まず，光の伝播なので，S においても時空図に見るように 135°の方向の軌跡である。つまり，

$$\frac{ct_2 - ct_1}{x_2 - x_1} = -1 \tag{4.26}$$

となる。また，$ct_1' = 0$, $x_1' = l'$, $ct_2' = l'$, $x_2' = 0$ を式 (4.24) と式 (4.25) に代入して，

$$0 = A\left(ct_1 - \frac{v}{c}x_1\right) \tag{4.27}$$

$$l' = D(-vt_1 + x_1) \tag{4.28}$$

$$l' = A\left(ct_2 - \frac{v}{c}x_2\right) \tag{4.29}$$

$$0 = D(-vt_2 + x_2) \tag{4.30}$$

を得る。

式 (4.27) と式 (4.30) を，各々 t_1 と t_2 について表すと，$t_1 = vx_1/c^2$，$t_2 = x_2/v$ となる。この関係を式 (4.26) に代入すると，$vx_1 = cx_2$ を得る。式 (4.28) と式 (4.29) から l' を消して，これらの関係を代入すると，$A = D$ であることがわかる。

第4章　不変間隔とローレンツ変換

結局,

$$ct' = A\left(ct - \frac{v}{c}x\right) \tag{4.31}$$

$$x' = A(-vt + x) \tag{4.32}$$

となる。

いよいよここで,不変間隔が座標変換で変わらないことを用いる。見やすさのために,微小間隔を考える。

$$dt' = A\left(dt - \frac{v}{c^2}dx\right) \tag{4.33}$$

$$dx' = A(-vdt + dx) \tag{4.34}$$

と表した関係を不変間隔の式に代入すると

$$\begin{aligned}
-c^2 dt'^2 + dx'^2 &= -A^2 c^2 \left(dt - \frac{v}{c^2}dx\right)^2 + A^2(-vdt + dx)^2 \\
&= -A^2 c^2 \left(1 - \left(\frac{v}{c}\right)^2\right) dt^2 + A^2\left(1 - \left(\frac{v}{c}\right)^2\right) dx^2 \\
&= -c^2 dt^2 + dx^2
\end{aligned} \tag{4.35}$$

が成り立たなければいけないことがわかる。これを満足する A は,

$$A = \frac{1}{\sqrt{1 - (v/c)^2}} \equiv \gamma \tag{4.36}$$

である。

以上より,ローレンツ変換は,

$$t' = \gamma\left(t - \frac{v}{c^2}x\right) \tag{4.37}$$

$$x' = \gamma(x - vt) \tag{4.38}$$

$$y' = y \tag{4.39}$$

$$z' = z \tag{4.40}$$

で表される。

これは,特に速度の方向を x 軸に取ったので,x 方向への速度 v のローレンツ・ブーストと呼ばれることがある(p65 参照)。

このローレンツ変換を出発点にすれば,これまでに3章で見てきた関係を代数的に求めることができる。

例4.1 ローレンツ収縮

 慣性系 S に対して，速度 v で運動している棒の長さを求める。棒が静止している慣性系を S' と呼ぶ。棒の先端の座標を x_1'，後端を x_2' としよう。静止しているときの棒の長さを L_0 とすると，

$$x_2' - x_1' = L_0 \tag{4.41}$$

である。

 S 系で棒の長さを測ろう。そのときの時刻を t とする。ローレンツ変換より

$$x_1' = \gamma(x_1 - vt) \tag{4.42}$$
$$x_2' = \gamma(x_2 - vt) \tag{4.43}$$

である。ここから t を消去すると，

$$L_0 = x_2' - x_1' = \gamma(x_2 - x_1) \tag{4.44}$$

となる。S での棒の長さは $L = x_2 - x_1$ なので，

$$L = \frac{1}{\gamma} L_0 \tag{4.45}$$

だけ短くなる。これがローレンツ収縮である。 □

例4.2 時間の延び

 時間の延びをローレンツ変換を用いて求めてみよう。慣性系 S に対して，速度 v で運動している時計を S で測定する。このとき，時計が静止している慣性系 S' では，t_1' から t_2' まで時間が経過した。S で時計を観測すると，時間は t_1 から t_2 だけ経過するが，同時に時計の位置も x_1 から x_2 まで移動する。時計は速度 v で運動しているのだから，$v = (x_2 - x_1)/(t_2 - t_1)$ である。ローレンツ変換から，

$$t_1' = \gamma\left(t_1 - \frac{v}{c^2} x_1\right) \tag{4.46}$$

$$t_2' = \gamma\left(t_2 - \frac{v}{c^2} x_2\right) \tag{4.47}$$

となる。この両辺の差を取ると，

$$t_2' - t_1' = \gamma\left(t_2 - t_1 - \frac{v}{c^2}(x_2 - x_1)\right)$$
$$= \gamma\left(t_2 - t_1 - \frac{v^2}{c^2}(t_2 - t_1)\right)$$

$$= \gamma(t_2 - t_1)\left(1 - \frac{v^2}{c^2}\right) \tag{4.48}$$

となる。ここで，$x_2 - x_1 = v(t_2 - t_1)$ を用いた。これより，

$$t_2 - t_1 = \gamma(t_2' - t_1') \tag{4.49}$$

と時間の延びが求まる。当然のことながら，これまでの時空図や，固有時間を用いた結果と同じである。 □

例4.3 速度の変換

1つの慣性系 S で速度 $\vec{V} = (V_x, V_y, V_z)$ で運動している物体が，別な慣性系 S' でどのような速度に見えるのかを調べてみる。S' は例によって，S の x 軸方向に速度 v で等速直線運動しているとしよう。

この場合の速度の変換は，ガリレイ変換であれば，

$$V_x' = V_x - v, \quad V_y' = V_y, \quad V_z' = V_z \tag{4.50}$$

である。

一方，(微小) ローレンツ変換は

$$dt' = \gamma\left(dt - \frac{v}{c^2}dx\right) \tag{4.51}$$

$$dx' = \gamma(dx - vdt) \tag{4.52}$$

$$dy' = y \tag{4.53}$$

$$dz' = z \tag{4.54}$$

なので，

$$V_x' = \frac{dx'}{dt'} = \frac{dx - vdt}{dt - (v/c^2)dx} = \frac{V_x - v}{1 - (v/c^2)V_x} \tag{4.55}$$

$$V_y' = \frac{dy'}{dt'} = \frac{dy}{\gamma(dt - (v/c^2)dx)} = \frac{V_y}{\gamma(1 - (v/c^2)V_x)} \tag{4.56}$$

$$V_z' = \frac{dz'}{dt'} = \frac{dz}{\gamma(dt - (v/c^2)dx)} = \frac{V_z}{\gamma(1 - (v/c^2)V_x)} \tag{4.57}$$

となる。

ここで，物体の運動が x 軸方向，すなわち x' 軸方向である場合を考えよう。このとき $V_x = V$，$V_y = V_z = 0$ であり，

$$V_x' \equiv V' = \frac{V - v}{1 - (v/c^2)V} \tag{4.58}$$

となる。なお，$V_y' = V_z' = 0$ である。 □

例題4.2 速度の和

慣性系 S に対し，慣性系 S' は，速度 v で等速直線運動している。S' 系での速度 v_1 を持つ物体は，S 系ではどのような速度に観測されるか。

解 S' で v_1 の速度が，S でどのように見えるのかという問題なので，式 (4.58) の逆変換を求めればよい。それは，単に $v \to -v$ に置き換えればよく，S で観測される速度を V と置けば，

$$V = \frac{v_1 + v}{1 + (v/c^2)v_1} \tag{4.59}$$

である。

この問題は，S に静止している観測者を A，A に対して速度 v で運動している観測者を B としたときに，B から速度 v_1 で投げ出された物体の速度を A が測定する，という問題に読み直すことができる。つまり，式 (4.59) は速度の和を与える公式である。実際，式 (3.27) と比較すると，同じ関係式になっていることがわかる。 ∎

章末問題

4.1 慣性系 S を基準としたとき，原点の事象を P とする。
 (1) P に対して，事象 Q が時間的であるとする。適当な慣性系を取ることで，P と Q を同じ空間座標にすることが可能か。
 (2) P に対して，Q が空間的とする。適当な慣性系を取ることで，Q を P と同じ時刻にすることは可能か。また，同じ空間座標にすることは可能か。

4.2 慣性系 S で物体の加速度が (a_x, a_y, a_z) と表されるとき，x 軸の方向に速度 v で等速直線運動している慣性系 S' では，どのような加速度に見えるか求めよ。

4.3 速度 v で観測者に向かっている物体 A がある。物体 A から光を放出したとき，観測者にどのように見えるかを考察する。以下では，平面運動のみを考え，観測者に向かう方向を x，それに垂直な方向を y とする（以下，図 4.2 参照）。また，物体 A から見たときに，観測者に向かう方向を x'（x と一致する），それに垂直な方向を y' とす

る。光の進行方向が x' となす角度を θ' とすると，光の速度成分 (V_x', V_y') は，$V_x' = c\cos\theta'$，$V_y' = c\sin\theta'$ と表される。

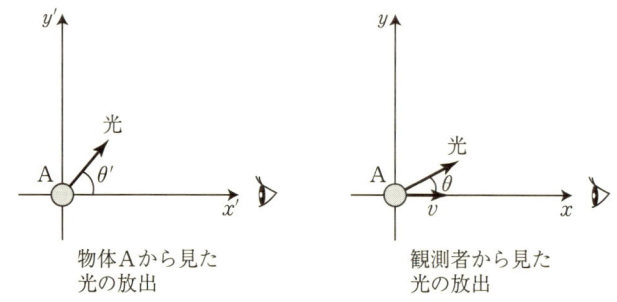

図4.2 運動する物体から放たれた光

(1) 観測者が見る光の進行方向が x 軸となす角度を θ とするとき，$\tan\theta$，$\sin\theta$ を求めよ。

(2) 物体 A が放出した光の方向が y'，つまり観測者に向かう方向と垂直方向の場合に，$\sin\theta$ の値はいくつになるか。$v = 0.995c$ の場合に，具体的に求めよ。また，この結果から，観測者にとっては，ほとんど自分に向かってくる方向に，光が向いていることを確認せよ。

第5章

特殊相対性理論は，ミンコフスキー時空の上で展開され，ベクトルやテンソルは，ローレンツ変換に対する変換性により定義される。特殊相対性原理とは，物理法則がローレンツ変換に対し共変であるという要請である。

4元ベクトルと特殊相対論的運動論

5.1　ニュートン力学とベクトル，スカラー

ニュートン力学の根本となる第2法則は，

$$\vec{F} = m \frac{\mathrm{d}^2 \vec{x}}{\mathrm{d}^2 t} \tag{5.1}$$

である。これは，3次元のベクトル量，$\vec{F}$ と $\vec{x}$ の間の関係となっている。当然のことながら，運動論や力学を考えるためには，ベクトル量を考える必要がある。

ここで，3次元のベクトル量とはどういうものであったか，改めて考えてみよう。まず，3次元での回転を考える。一般の場合について書いてもよいが複雑になるので，z 軸を中心に，θ だけ回転させる。このとき，ある点 P を，元の座標系での座標値 (x, y, z) で表される点としよう。P 点の回転後の座標系での座標値を (x', y', z') とすると，両者の間には

$$x' = x \cos\theta + y \sin\theta \tag{5.2}$$
$$y' = -x \sin\theta + y \cos\theta \tag{5.3}$$
$$z' = z \tag{5.4}$$

の関係がある。ここで，P 点を回転させたのではなく，P は固定しておいて，座標軸を回転させたことに注意されたい。

この変換をまとめて表示するために，$x^1 = x$, $x^2 = y$, $x^3 = z$ と書くことにしよう．すると，

$$x'^i = \sum_{j=1}^{3} a^i{}_j x^j \equiv a^i{}_j x^j \tag{5.5}$$

と表すことができる．ただし，

$$(a^i{}_j) = \begin{pmatrix} \cos\theta & \sin\theta & 0 \\ -\sin\theta & \cos\theta & 0 \\ 0 & 0 & 1 \end{pmatrix} \tag{5.6}$$

であり，また，上付きの添え字と下付きの添え字が同じ記号で出てきたときは，座標の全成分について和を取る，というルールにする．これをアインシュタインの規約（縮約記法）と呼ぶ．このとき和を取る添え字，すなわち式 (5.5) の場合であれば，j は最終的に左辺には現れない．そこでこれはダミーと呼ばれ，好きな記号に付け替えることが許される．例えば，$a^i{}_j x^j = a^i{}_k x^k$ などである．

さて，この回転を表す行列の転置行列を

$$(a^{\mathrm{T}i}{}_j) = \begin{pmatrix} \cos\theta & -\sin\theta & 0 \\ \sin\theta & \cos\theta & 0 \\ 0 & 0 & 1 \end{pmatrix} \tag{5.7}$$

と書く．すると，

$$a^i{}_j a^{\mathrm{T}j}{}_k \equiv \sum_{j=1}^{3} a^i{}_j a^{\mathrm{T}j}{}_k = \delta^i{}_k \tag{5.8}$$

を得る．ここで $\delta^i{}_k$ はクロネッカーのデルタと呼ばれる記号で，i と k が等しいときは 1，それ以外は 0 となる．式 (5.8) は $(a^{\mathrm{T}i}{}_j)$ が $(a^i{}_j)$ の逆行列になっていることを示している．

一般に，式 (5.5) と同様の変換性を持つものが，ベクトルである．つまり，空間のある場所 P での量を，両方の座標で書いたとき，

$$A'^i(x', y', z') = a^i{}_j A^j(x, y, z) \tag{5.9}$$

という関係があるものをベクトルと呼ぶ．

一方，スカラーとはこの回転によって値を変えない，つまり不変な量で，

$$\phi'(x', y', z') = \phi(x, y, z) \tag{5.10}$$

となるものを指す．

例5.1 ベクトルの大きさ

位置ベクトル (x, y, z) はベクトルであるが，その大きさ，つまり $\sqrt{x^2+y^2+z^2}$ は，スカラーである。実際に，式 (5.2)，式 (5.3)，そして式 (5.4) を用いて計算すれば，

$$x'^2 + y'^2 + z'^2 = (x\cos\theta + y\sin\theta)^2 + (-x\sin\theta + y\cos\theta)^2 + z^2$$
$$= x^2 + y^2 + z^2$$

なので，位置ベクトルの大きさはスカラーである。なお，この例で明らかなように，ベクトルの内積を取れば，それはもはやベクトルではなく，スカラーとなる。 □

ニュートン力学においては，力も運動量もベクトルであり，この座標回転に対して，運動方程式は形を変えない。つまり

$$\vec{F}'(\vec{x}', t) = m\frac{\mathrm{d}^2\vec{x}'}{\mathrm{d}t^2} \tag{5.11}$$

である。ただし，ここで $\vec{x}' = (x', y', z')$ である。

物理法則が，ある座標変換に対して形を変えないとき，その法則は変換に対して共変的であるという。ニュートン力学のみならず，電磁気学のマクスウェル方程式など，ベクトル形式で書かれる物理法則は，一般に座標回転に対して共変である。

また，ガリレイ変換に対して，ニュートン力学が共変であることはすでに述べた通りである。一方，マクスウェル方程式から導かれる波動方程式はそうではなかった。特殊相対性原理とは，2.1 節で述べたように，「すべての物理法則が，異なった慣性系に対して同じ形で表される」というものであった。そこで**特殊相対性理論では，物理法則がガリレイ変換ではなく，ローレンツ変換に対する共変性を持つことで，特殊相対性原理を満たす**と考えるのである。

共変性をあらわに表すために，次に，座標回転ではなく，ローレンツ変換に対するベクトルを定義することにしよう。それが4元ベクトルである。

例題5.1 ベクトルとスカラーの例

速度がベクトルであることを示せ。また，2つの速度の内積がスカラーであることを示せ。

解 速度の成分は，$v^i = \mathrm{d}x^i/\mathrm{d}t$ で表される。ここで，$x'^i = a^i_j x^j$

と座標回転に対して変換される。この関係を代入すると，座標回転によって速度は，$v'^i = \mathrm{d}x'^i/\mathrm{d}t = \mathrm{d}(a^i{}_j x^j)/\mathrm{d}t = a^i{}_j \mathrm{d}x^j/\mathrm{d}t = a^i{}_j v^j$ と変換されることがわかる。よって速度はベクトルである。

次に2つの速度を $\vec{v}_1, \vec{v}_2$ とすると内積は，$\sum_i v_1{}^i v_2{}^i$ で与えられる。2つの速度を座標回転し，$\vec{v}\,'_1, \vec{v}\,'_2$ で表す。すると内積は，成分を用いて

$$\sum_i v'_1{}^i v'_2{}^i = \sum_i a^i{}_j v_1{}^j a^i{}_k v_2{}^k = \sum_k a^i{}_j a^{\mathrm{T}k}{}_i v_1{}^j v_2{}^k = \sum_k \delta^k{}_j v_1{}^j v_2{}^k$$

$$= \sum_k v_1{}^k v_2{}^k$$

と計算できる。内積はスカラーである。 ∎

5.2 ミンコフスキー時空と4元ベクトル，スカラー

ミンコフスキー時空では，時間と空間を合わせて事象の座標を与えることが，初めて可能になる。事象の座標とは，(ct, x, y, z) である。その結果，特殊相対性理論の世界では，ニュートンの力学で出てくる3次元のベクトルではなく，時間を加えた4次元のベクトルを考える必要がある。

まず，位置ベクトルを定義しよう。通常の3次元のベクトルに，時間成分を加え，

$$x^0 = ct, \quad x^1 = x, \quad x^2 = y, \quad x^3 = z \tag{5.12}$$

と定義した4次元のベクトルを，4元位置ベクトルと呼ぶ。なお，次元を合わせるために，x^0 は t でなく，ct と定義されている。

次に，この4元位置ベクトルが，ローレンツ変換のもとでどのように変換されるのか見ていこう。速度を x 軸方向に取った変換が，式 (4.37) 〜式 (4.38) で表される。y と z については変わらない。そこで時間，すなわち x^0 と速度の方向である x^1 についてだけ，改めてここに書くと

$$x'^0 = \gamma\left(x^0 - \frac{v}{c} x^1\right) \tag{5.13}$$

$$x'^1 = \gamma\left(x^1 - \frac{v}{c} x^0\right) \tag{5.14}$$

となる。この関係を行列で書くと，3次元のベクトルの場合と同様に，

$$x'^\mu = \sum_{\nu=0}^{3} L^\mu{}_\nu x^\nu \equiv L^\mu{}_\nu x^\nu \tag{5.15}$$

と表すことができる。ただし，

$$(L^\mu{}_\nu) \equiv \begin{pmatrix} \gamma & -\gamma(v/c) & 0 & 0 \\ -\gamma(v/c) & \gamma & 0 & 0 \\ 0 & 0 & 1 & 0 \\ 0 & 0 & 0 & 1 \end{pmatrix} \tag{5.16}$$

である。ここで，アインシュタインの規約を用いた。ν がダミーの添え字である。なお，時間成分を入れ，0から3までを成分として持つ場合について，本書ではギリシア文字を用いる。

ここでは，ローレンツ変換を x 方向に速度を取った場合のみに限定している。しかし，一般のローレンツ変換では，速度はどの方向であってもかまわない。また，3次元の回転も含む。先に見たように，回転に対する共変性は，物理法則に含まれているからである。回転を含まない速度だけの変換をブーストと呼び，これまで，x 方向のブーストを考えてきた。以下では，ローレンツ変換を一般化して表し，必要に応じ，x 方向のブーストを考えることとする。

さて，位置ベクトルの変換性がわかったので，次は，微小距離について調べてみよう。4元位置ベクトルの微小変分を $x^\mu \to x^\mu + \mathrm{d}x^\mu$ と表す。すると，不変間隔は，式 (4.5) にあるように

$$\mathrm{d}s^2 = -(\mathrm{d}x^0)^2 + (\mathrm{d}x^1)^2 + (\mathrm{d}x^2)^2 + (\mathrm{d}x^3)^2 \tag{5.17}$$

と表される。$\mathrm{d}s^2$ は，もちろんこれまで見てきたように，ローレンツ変換に対して不変である。この微小量で表された不変間隔は，2つの事象の間の4次元での微小距離を与えている。ここで，

$$(\eta_{\mu\nu}) \equiv \begin{pmatrix} -1 & 0 & 0 & 0 \\ 0 & 1 & 0 & 0 \\ 0 & 0 & 1 & 0 \\ 0 & 0 & 0 & 1 \end{pmatrix} \tag{5.18}$$

という行列を導入する。すると

$$\mathrm{d}s^2 = \eta_{\mu\nu} \mathrm{d}x^\mu \mathrm{d}x^\nu \tag{5.19}$$

と表すことができる。この $\eta_{\mu\nu}$ のことを，距離を決める基本要素であるこ

とから，**メトリック**（計量）と呼ぶ．ミンコフスキー時空では，このような対角化された簡単な形になる．これをミンコフスキー・メトリックと呼ぶ．しかし，一般相対性理論になると，メトリックは一般に，場所や時間の関数となり，複雑な形を取ることを予告しておく．

不変間隔がローレンツ変換に対して変わらないことから，ローレンツ変換を表す行列 ($L^\mu{}_\nu$) が満たす関係式を求めよう．ローレンツ変換により，微小変化 dx^μ は，$dx'^\mu = L^\mu{}_\nu dx^\nu$ と変換される．不変間隔は

$$ds^2 = \eta_{\mu\nu} dx'^\mu dx'^\nu = \eta_{\mu\nu}(L^\mu{}_\kappa dx^\kappa)(L^\nu{}_\lambda dx^\lambda) = \eta_{\mu\nu} L^\mu{}_\kappa L^\nu{}_\lambda dx^\kappa dx^\lambda \quad (5.20)$$

となる．一方，式 (5.19) においてダミーの足を付け替えることで，$ds^2 = \eta_{\mu\nu} dx^\mu dx^\nu = \eta_{\kappa\lambda} dx^\kappa dx^\lambda$ を得る．式 (5.20) より結局，$\eta_{\mu\nu} L^\mu{}_\kappa L^\nu{}_\lambda dx^\kappa dx^\lambda = \eta_{\kappa\lambda} dx^\kappa dx^\lambda$ となる．このことから，

$$\eta_{\mu\nu} L^\mu{}_\kappa L^\nu{}_\lambda = \eta_{\kappa\lambda} \quad (5.21)$$

の関係を得る．

一般に，ローレンツ変換で 4 元位置ベクトルと同様の変換を受ける量，(V^0, V^1, V^2, V^3) を 4 元（ローレンツ）ベクトルと呼ぶ．すなわち，4 元ベクトル V^μ は，ローレンツ変換によって，

$$V'^0 = \gamma\left(V^0 - \frac{v}{c} V^1\right) \quad (5.22)$$

$$V'^1 = \gamma\left(V^1 - \frac{v}{c} V^0\right) \quad (5.23)$$

$$V'^2 = V^2 \quad (5.24)$$

$$V'^3 = V^3 \quad (5.25)$$

と変換される．先の行列の表記を用いると，

$$V'^\mu = L^\mu{}_\nu V^\nu \quad (5.26)$$

である．

一方，ローレンツ変換によって不変な量をスカラーと呼ぶ．例えば，ベクトルの 2 乗，つまり自分自身との内積は

$$\eta_{\mu\nu} V^\mu V^\nu = -(V^0)^2 + (V^1)^2 + (V^2)^2 + (V^3)^2 \quad (5.27)$$

と表される．これはローレンツ変換に対して不変なので（例題 5.2 参照），スカラーである．

例題5.2 **4元ベクトルの内積**

4元ベクトル V^μ と W^μ の内積がスカラーであることを示せ。

解 V^μ と W^μ をローレンツ変換し，内積を取ると

$$\eta_{\mu\nu} V'^\mu W'^\nu = \eta_{\mu\nu} L^\mu{}_\kappa V^\kappa L^\nu{}_\lambda W^\lambda = \eta_{\mu\nu} L^\mu{}_\kappa L^\nu{}_\lambda V^\kappa W^\lambda \tag{5.28}$$

となる。ここで，式 (5.21) より，$\eta_{\mu\nu} L^\mu{}_\kappa L^\nu{}_\lambda = \eta_{\kappa\lambda}$ なので，代入して

$$\eta_{\mu\nu} V'^\mu W'^\nu = \eta_{\kappa\lambda} V^\kappa W^\lambda \tag{5.29}$$

を得る。これは，ローレンツ変換に対して不変であることを表している。よって，内積はスカラーである。■

内積を取るたびに，毎回メトリックを書くのも面倒と思われるかもしれない。そこで，共変ベクトルというものを定義する。なお，これまで出てきたベクトルのことを反変ベクトルと呼ぶことにする。共変ベクトルは反変ベクトルに対して，時間の成分だけが逆符号になるように定義しておく。つまり，

$$(V_0, V_1, V_2, V_3) = (-V^0, V^1, V^2, V^3) \tag{5.30}$$

である。区別をするために，添え字を上付きから下付きに変えた。すると内積 (5.27) は，$V_\mu V^\mu = V_0 V^0 + V_1 V^1 + V_2 V^2 + V_3 V^3$ と書かれるようになる。マイナスが現れなくなるのだ。共変ベクトルは，メトリックを使って表すと

$$V_\mu = \eta_{\mu\nu} V^\nu \tag{5.31}$$

である。つまり，共変ベクトルは反変ベクトルから生成でき，またメトリックは，添え字を上から下に下げる働きがあるのである。

$\eta_{\mu\nu}$ の逆行列を用いれば，今度は，共変ベクトルから反変ベクトルへの変換が可能となる。逆行列とは，積を取ると単位行列になるものだ。それを $\eta^{\mu\nu}$ と表せば，$\eta^{\mu\kappa} \eta_{\kappa\lambda} = \delta^\mu{}_\lambda$ である。これは明らかに，対角行列 $(\eta^{\mu\nu}) = (-1, 1, 1, 1)$ であり（対角成分以外は 0 なので省いた），$\eta_{\mu\nu}$ と一致する。

共変ベクトルのローレンツ変換に対する変換則は，いったん反変ベクトルに直してローレンツ変換の式を代入することで，

$$V'_\mu = \eta_{\mu\nu} V'^\nu = \eta_{\mu\nu} L^\nu{}_\lambda V^\lambda = \eta_{\mu\nu} L^\nu{}_\lambda \eta^{\lambda\kappa} V_\kappa$$
$$\equiv \bar{L}^\kappa{}_\mu V_\kappa \tag{5.32}$$

の関係が得られる。このことより，共変ベクトルのローレンツ変換を与える行列は

$$\overline{L}^{\kappa}{}_{\mu} \equiv \eta_{\mu\nu} L^{\nu}{}_{\lambda} \eta^{\lambda\kappa} \tag{5.33}$$

と表されることがわかる。実は，この $\overline{L}^{\kappa}{}_{\mu}$ は，ローレンツ変換を与える行列の逆行列となっている（章末問題 5.2）。すなわち，

$$V^{\mu} = \overline{L}^{\mu}{}_{\nu} V'^{\nu} \tag{5.34}$$

である。なお，x 方向のブーストを考えると，この逆変換は，もとのローレンツ変換で，慣性系の間の相対速度 v を $-v$ に入れ替える操作に相当することが予想される。慣性系 S から見た S' の速度が v なら，S' から見た S の速度は $-v$ だからである。つまりこの場合，$\overline{L}^{\mu}{}_{\nu}(v) = L^{\mu}{}_{\nu}(-v)$ となる。このことも章末問題 5.2 で確認する。

まとめよう。反変ベクトル V^{μ} のローレンツ変換を表す行列を $(L^{\mu}{}_{\nu})$ と表す。その逆行列は $(\overline{L}^{\mu}{}_{\nu})$ で表され，これは共変ベクトル V_{μ} のローレンツ変換も与える。両者の行列の関係は，式 (5.33) で与えられるが，ローレンツ変換が x 方向のブーストであれば，慣性系の間の x 方向の相対速度の符号の入れ替えで表される。

例5.2　**共変ベクトルの例**

反変ベクトルでの微分 $\partial/\partial x^{\mu}$ は，共変ベクトルである。実際にこの微分を，あるスカラー関数 u に対して取った結果をローレンツ変換してみよう。すると

$$\frac{\partial u}{\partial x'^{\mu}} = \frac{\partial x^{\nu}}{\partial x'^{\mu}} \frac{\partial u}{\partial x^{\nu}}$$

である。ここで，式 (5.34) は位置ベクトル x^{μ} （の微小量 ∂x^{μ}）に対しても成り立つので，

$$\frac{\partial x^{\nu}}{\partial x'^{\mu}} = \overline{L}^{\nu}{}_{\mu}$$

を得る。結局

$$\frac{\partial u}{\partial x'^{\mu}} = \overline{L}^{\nu}{}_{\mu} \frac{\partial u}{\partial x^{\nu}} \tag{5.35}$$

となる。これはまさに，共変ベクトルのローレンツ変換に対する変換性を持っている。　□

ベクトルやスカラーを一般化した概念が，テンソルだ。添え字の数をランク（階）と呼ぶ。スカラーはランク 0 のテンソルであり，反変ベクトル

と共変ベクトルは各々ランク1の反変テンソル，共変テンソルである。一般にランクnのテンソルとは，n個のベクトルの積と同じローレンツ変換に対する変換性を持つものをいう。例えば，$T^{\mu\nu}$は$V^\mu W^\nu$という2つの反変ベクトルの積と同じ変換性を持つ。

特殊相対性理論では，ローレンツ変換に対して，運動方程式が，同じランクのテンソル（例えばベクトル）で書かれる，ということを要請する。このことをローレンツ共変であるという。ローレンツ共変であれば，ローレンツ変換をしても，方程式が同じ形を保つのだ。これこそ，特殊相対性原理である。例えば，特殊相対性理論に基づく力学の運動方程式は，4元ベクトルで書かれる必要がある。

例題5.3 波動方程式のローレンツ変換

2.1節の例題2.1では，光速度cで伝播する波を表す波動方程式

$$\left(\sum_{i=1}^{3}\frac{\partial^2}{\partial x_i^2} - \frac{1}{c^2}\frac{\partial^2}{\partial t^2}\right)u = 0$$

が，ガリレイ変換に対して不変でないことを示した。ここで，この方程式が，ローレンツ変換に対して不変であることを示せ。

解 ベクトルの表記に従って波動方程式を書き直す。微分は共変ベクトルであるので，2階微分はその内積を用いて

$$\eta^{\mu\nu}\frac{\partial}{\partial x^\mu}\frac{\partial}{\partial x^\nu}u = 0 \tag{5.36}$$

と表される。これが波動方程式である。左辺をローレンツ変換すると，

$$\begin{aligned}\eta^{\mu\nu}\frac{\partial}{\partial x'^\mu}\frac{\partial}{\partial x'^\nu}u &= \eta^{\mu\nu}\left(\overline{L}^\lambda{}_\mu\frac{\partial}{\partial x^\lambda}\right)\left(\overline{L}^\kappa{}_\nu\frac{\partial}{\partial x^\kappa}\right)u \\ &= \eta^{\mu\nu}\overline{L}^\lambda{}_\mu\overline{L}^\kappa{}_\nu\frac{\partial}{\partial x^\lambda}\frac{\partial}{\partial x^\kappa}u\end{aligned} \tag{5.37}$$

である。すなわち，$\eta^{\mu\nu}\overline{L}^\lambda{}_\mu\overline{L}^\kappa{}_\nu$を変形し，メトリックの逆行列$\eta^{\lambda\kappa}$になることを示せば，波動方程式がローレンツ変換に対して不変であることがわかる。ここで，不変間隔がローレンツ変換によって変わらないことを用いる。式(5.34)より，

$$\begin{aligned}ds^2 &= \eta_{\mu\nu}dx'^\mu dx'^\nu = dx'^\mu dx'_\mu = \eta^{\mu\nu}dx'_\mu dx'_\nu \\ &= \eta^{\mu\nu}\left(\overline{L}^\lambda{}_\mu dx_\lambda\right)\left(\overline{L}^\kappa{}_\nu dx_\kappa\right) = \eta^{\mu\nu}\overline{L}^\lambda{}_\mu\overline{L}^\kappa{}_\nu dx_\lambda dx_\kappa \\ &= \eta^{\lambda\kappa}dx_\lambda dx_\kappa\end{aligned}$$

である。このことから，
$$\eta^{\mu\nu}\overline{L}^\lambda{}_\mu \overline{L}^\kappa{}_\nu = \eta^{\lambda\kappa} \tag{5.38}$$
の関係を得る。つまり，式 (5.37) より，波動方程式がローレンツ変換に対して不変に保たれることがわかる。**光速度で伝播する波，すなわち光はローレンツ変換に対して不変なのである。**　■

例5.3　4元速度

3 次元の速度 $v^i = \mathrm{d}x^i/\mathrm{d}t$ から 4 次元のベクトルを作る。まず，単に 0 成分を考慮して，$\mathrm{d}x^\mu/\mathrm{d}t$ とするのが最も単純な 4 次元への拡張であろう。しかし，この定義だと，慣性系 S から S' へのローレンツ変換によって，分子の $\mathrm{d}x^\mu$ だけでなく，分母にある $\mathrm{d}t$ も変換されてしまう。その結果，以前見た速度の変換公式 (4.55) 〜 (4.57) が得られることになるが，これは，4 元ベクトルのローレンツ変換とは一致しない。つまり，$\mathrm{d}x^\mu/\mathrm{d}t$ はローレンツ変換に対して共変ではなく，4 元ベクトルではない。

一方，固有時間は，4.3 節で見たように，ローレンツ変換に対して不変である。そこで，4 元ベクトルである x^μ を，座標時間 t の代わりに固有時間 τ で微分すれば，4 元ベクトルとなる。この速度を 4 元速度と呼び，
$$u^\mu \equiv \frac{\mathrm{d}x^\mu}{\mathrm{d}\tau} \tag{5.39}$$
で定義される。ここで
$$\mathrm{d}\tau = \mathrm{d}t\sqrt{1 - (v/c)^2} = \mathrm{d}t/\gamma \tag{5.40}$$
なので，成分で書けば
$$u^0 = \frac{\mathrm{d}x^0}{\mathrm{d}\tau} = \frac{\mathrm{d}(ct)}{\mathrm{d}(t/\gamma)} = \gamma c \tag{5.41}$$
$$u^i = \frac{\mathrm{d}x^i}{\mathrm{d}\tau} = \frac{\mathrm{d}x^i}{\mathrm{d}(t/\gamma)} = \gamma v^i \tag{5.42}$$
である。

固有時間とは，時計が静止している慣性系で測られる時間である。ある慣性系に乗った観測者が，運動する物体を見ると，速度 v^i はその座標系での位置 x^i を，その座標系での時間 t で微分することで得られる。ただ，この v^i は 4 次元でのベクトルの 3 次元部分にはなれない。そこで，物体が止まって見える慣性系（つまり質点に乗った慣性系）での時間微分に置

き換えたのが，4元速度，というわけである。　　　　　　　　　　　□

10分補講　**反変ベクトルと共変ベクトルの名称**

ある慣性系 S を取る。このとき，時間方向の4元単位ベクトルを ε_0，空間方向の単位ベクトルを ε_i とすれば，各々，$\varepsilon_0 = (1,\ 0,\ 0,\ 0)$，$\varepsilon_1 = (0,\ 1,\ 0,\ 0)$，$\varepsilon_2 = (0,\ 0,\ 1,\ 0)$，$\varepsilon_3 = (0,\ 0,\ 0,\ 1)$ である。反変ベクトル $\boldsymbol{x}$ (成分は x^μ) は，この単位ベクトルを用いて，

$$\boldsymbol{x} = x^0 \varepsilon_0 + x^1 \varepsilon_1 + x^2 \varepsilon_2 + x^3 \varepsilon_3 \tag{5.43}$$

と表される[1]。次に，別の慣性系 S' に移る。ローレンツ変換によって反変ベクトル $\boldsymbol{x}$ 自身は変化しない。その座標値が変化するのである。座標値はローレンツ変換によって $x'^\mu = L^\mu{}_\nu x^\nu$ と表される。一方で，基本ベクトルも新たな慣性系では別な形となるであろう。それを ε_0' や ε_i' と表す。すると $\boldsymbol{x}$ は，S' では

$$\begin{aligned}\boldsymbol{x} &= x'^0 \varepsilon_0' + x'^1 \varepsilon_1' + x'^2 \varepsilon_2' + x'^3 \varepsilon_3' \\ &= L^0{}_\mu x^\mu \varepsilon_0' + L^1{}_\mu x^\mu \varepsilon_1' + L^2{}_\mu x^\mu \varepsilon_2' + L^3{}_\mu x^\mu \varepsilon_3' \\ &= x^0 (L^0{}_0 \varepsilon_0' + L^1{}_0 \varepsilon_1' + L^2{}_0 \varepsilon_2' + L^3{}_0 \varepsilon_3') \\ &\quad + x^1 (L^0{}_1 \varepsilon_0' + L^1{}_1 \varepsilon_1' + L^2{}_1 \varepsilon_2' + L^3{}_1 \varepsilon_3') \\ &\quad + x^2 (L^0{}_2 \varepsilon_0' + L^1{}_2 \varepsilon_1' + L^2{}_2 \varepsilon_2' + L^3{}_2 \varepsilon_3') \\ &\quad + x^3 (L^0{}_3 \varepsilon_0' + L^1{}_3 \varepsilon_1' + L^2{}_3 \varepsilon_2' + L^3{}_3 \varepsilon_3')\end{aligned}$$

である。この式と，先の S での式 (5.43) を見比べると，基本ベクトルは，

$$\varepsilon_\mu = L^\nu{}_\mu \varepsilon_\nu' \tag{5.44}$$

と変換されることがわかる。この関係を ε_ν' について解き直す。$L^\nu{}_\mu$ の逆行列 $\overline{L}^\nu{}_\mu$ を用いればただちに

$$\varepsilon_\mu' = \overline{L}^\nu{}_\mu \varepsilon_\nu \tag{5.45}$$

を得る。これはまさに共変ベクトルのローレンツ変換となっている。

---

[1] 本書では，これまで $\vec{x}$ のように矢印を用いて表したときは3次元のベクトルと表してきた。以後，$\boldsymbol{x}$ と太字で表したときには4次元のベクトルと約束する。

ε_ν は共変ベクトルなのだ。

そもそも，単位ベクトルの方こそ基準となるものである，と考えるのが自然であろう。そこで，まず単位ベクトルと同じ変換性を持つ量を「共変」と呼ぶことにする。すると，それとは逆の（逆行列の関係にある）変換をする位置ベクトルなどは，反対だから，反変ベクトル，と呼ぶのが適当である。これが共変，反変の由来だ。粗っぽく言うと，ローレンツ変換によって，単位ベクトルが変わった分の，ちょうど逆数分が座標値の伸び縮みとして現れる。そこで,反変,というわけである。

5.3　運動方程式

特殊相対性理論の効果は，慣性系の間の相対速度が光の速度に近づくと明確に現れるようになる。このことは，逆にある慣性系で見た物体（粒子）の運動の速度 v が，光速度 c に比べて十分に小さければ，その運動は，ニュートンの運動方程式で記述できることを意味する。ニュートンの運動方程式からのずれの程度は，v/c で表される。

すなわち，ある瞬間に物体が静止している慣性系であれば，物体の運動はニュートンの運動方程式で記述されるはずである。物体が止まって見えるこの慣性系 $\overline{S}$ での時間は，まさに固有時間 τ だ。このとき，$\overline{S}$ での物体の 3 次元座標を $\overline{x}^i$ とする。また物体に働く力を $\overline{f}^i$ と表す。すると，ニュートンの運動方程式は

$$\overline{f}^i = m \frac{\mathrm{d}^2 \overline{x}^i}{\mathrm{d}\tau^2} \tag{5.46}$$

で表される。

次に，運動方程式を 4 次元に拡張する。まず，式 (5.46) の右辺を 4 次元化する。第 0 成分については，この慣性系では座標時間が固有時間なので，$\overline{x}^0 = c\tau$ である。そこで，単純に右辺を $m(\mathrm{d}^2 \overline{x}^\mu/\mathrm{d}\tau^2)$ と 4 次元化する。このとき，固有速度 $\overline{u}^\mu$ を用いて，

$$m\frac{\mathrm{d}^2\overline{x}^\mu}{\mathrm{d}\tau^2} = m\frac{\mathrm{d}\overline{u}^\mu}{\mathrm{d}\tau} \tag{5.47}$$

と表すことができる。固有速度は 4 元ベクトルであるので，その固有時間での微分もまた，4 元ベクトルとなる。つまり，運動方程式の右辺を 4 元ベクトルで表すことができた。

次に，左辺の力の 0 成分について考えてみる。右辺の第 0 成分は，

$$m\frac{\mathrm{d}^2\overline{x}^0}{\mathrm{d}\tau^2} = m\frac{c\mathrm{d}^2\tau}{\mathrm{d}\tau^2} = 0 \tag{5.48}$$

である。そこで $\overline{f}^0 = 0$ とおけば，運動方程式を 4 元ベクトルとして，

$$\overline{f}^\mu = m\frac{\mathrm{d}^2\overline{x}^\mu}{\mathrm{d}\tau^2} \tag{5.49}$$

と表すことができる。この $\overline{f}^\mu = (0, \overline{f}^i)$ を 4 元力と呼ぶ。

以上は，物体が静止している慣性系 $\overline{S}$ での運動方程式であった。これをローレンツ変換することで，任意の慣性系での運動方程式を得ることができる。$\overline{S}$ から慣性系 S へのローレンツ変換を $L^\mu{}_\nu$ とすると，

$$f^\mu = L^\mu{}_\nu \overline{f}^\nu \tag{5.50}$$

$$\frac{\mathrm{d}^2 x^\mu}{\mathrm{d}\tau^2} = L^\mu{}_\nu \frac{\mathrm{d}^2 \overline{x}^\nu}{\mathrm{d}\tau^2} \tag{5.51}$$

であり，4 元の運動方程式は

$$f^\mu = m\frac{\mathrm{d}^2 x^\mu}{\mathrm{d}\tau^2} \tag{5.52}$$

となる。もともと，$\overline{f}^0 = 0$ なので，力の独立な成分は $\overline{S}$ では 3 つであった。つまり，運動方程式も独立なものは 3 つということになる。この事情は，ローレンツ変換した後でも変わらない。4 元力や運動方程式は，独立な成分としては，やはり 3 つなのだ。

さてここで，$\overline{S}$ で静止している物体が，速度 v で x 軸方向に移動して見える慣性系 S を考える。つまり S に対して，$\overline{S}$ は速度 v で x 軸方向に移動している。x 方向のブーストである。この場合，S から $\overline{S}$ へのローレンツ変換は，式 (5.16) の行列で表される。$\overline{S}$ から S へのローレンツ変換は，

この行列の逆，つまり，速度を $-v$ に置き換えたものとなる。

例題5.4 f^μ の独立な成分

f^μ の 4 つの成分すべてが独立ではない。$\overline{S}$ で静止している物体が，速度 v で x 軸方向に移動して見える慣性系を S とする。S での 4 元力の独立でない成分の間の関係を求めよ。

解 ローレンツ変換の 0 成分と 1 成分を具体的に書き下してみる。$\overline{S}$ から S へのローレンツ変換は，式 (5.16) で速度の符号を入れ替えた，$L^\mu{}_\nu(-v)$ で与えられる。また，$\overline{f}^0 = 0$ である。以上より，具体的に $\overline{f}^\mu \to f^\mu$ のローレンツ変換を 0 成分と 1 成分について書き下すと，

$$f^0 = \gamma \overline{f}^0 + \gamma(v/c)\overline{f}^1 = \gamma(v/c)\overline{f}^1 \tag{5.53}$$
$$f^1 = \gamma(v/c)\overline{f}^0 + \gamma \overline{f}^1 = \gamma \overline{f}^1 \tag{5.54}$$

となる。上記 2 式から $\overline{f}^1$ を消去すると

$$f^0 = (v/c)f^1 \tag{5.55}$$

が得られる。x 方向のブーストを考えると，4 元力の 0 成分は 1 成分で書かれる。■

5.4　4 元運動量とエネルギー・質量の等価性

4 次元の運動量，すなわち 4 元運動量は，4 元速度を用いて

$$p^\mu = mu^\mu = m\frac{\mathrm{d}x^\mu}{\mathrm{d}\tau} \tag{5.56}$$

と定義するのが自然だ。4 元運動量を用いて，運動方程式は

$$f^\mu = \frac{\mathrm{d}p^\mu}{\mathrm{d}\tau} \tag{5.57}$$

と表される。

ここで，4 元運動量の 4 つの成分はすべてが独立ではない。4 元力の独立な成分が 3 つであるのに対応し，4 元運動量の独立成分も 3 つなのである。

このことは，4 元速度の 4 つの成分が独立ではないことが原因となっている。4 元速度の大きさの 2 乗，つまり自分自身との内積を考えてみよう。

$$u^\mu u_\mu = \eta_{\mu\nu} u^\mu u^\nu = -(\gamma c)^2 + \sum_i (\gamma v^i)^2$$
$$= -\gamma^2 c^2 (1 - (v/c)^2) = -c^2 \tag{5.58}$$

を得る。ただし，ここで 4 元速度の成分を表す式 (5.41) と式 (5.42) を用いた。この関係を満足させるために，独立な成分が 1 つ減って 3 つになるのである。

このことから，運動量にも
$$p^\mu p_\mu = \eta_{\mu\nu} p^\mu p^\nu = -m^2 c^2 \tag{5.59}$$
の関係が成り立つことがすぐにわかる。

また，式 (5.41) と式 (5.42) を用いれば，
$$p^0 = mu^0 = m\gamma c \tag{5.60}$$
$$p^i = mu^i = m\gamma v^i \tag{5.61}$$

と 4 元運動量を 3 次元の速度 v^i で表すことができる。3 次元のベクトルの表記を用いれば，式 (5.61) は，$\vec{p} = m\gamma \vec{v}$ と書くことができる。この式は，光速に近づくと，運動量が無限大に近づいていくことを意味している。ここで，$m\gamma$ を運動している物体の持つ質量，と考えることも可能である。その質量を $\widetilde{m} \equiv m\gamma$ とすれば，運動量は $p^i = \widetilde{m} v^i$ と，ニュートン力学の場合と同じ形で表される。質量が速度に応じて変化すると考えると，光速に近づくと物体の質量は無限大へと増加していって，光速度まで加速することができない，と解釈できる。$\widetilde{m}$ と区別をするために，m を静止質量と呼ぶこともある。

さて，4 元速度と 4 元力との間にも，1 つの関係式を導くことができる。互いの内積を取ると，
$$\eta_{\mu\nu} u^\mu f^\nu = \eta_{\mu\nu} u^\mu m \frac{\mathrm{d}u^\nu}{\mathrm{d}\tau} = \frac{1}{2} \eta_{\mu\nu} m \frac{\mathrm{d}(u^\mu u^\nu)}{\mathrm{d}\tau} \tag{5.62}$$

となる。ちょうど，ニュートン力学の場合のエネルギー積分と同様の変形である。ここで，式 (5.58) を用いれば，
$$\eta_{\mu\nu} u^\mu f^\nu = \frac{1}{2} m \frac{\mathrm{d}(\eta_{\mu\nu} u^\mu u^\nu)}{\mathrm{d}\tau} = \frac{1}{2} m \frac{\mathrm{d}(-c^2)}{\mathrm{d}\tau} = 0 \tag{5.63}$$

を得る。慣性系によらず，この関係式を 4 元力は満足しているので，成分

の自由度が3つなのである。

　さて，固有時間で書かれた運動方程式を，観測者が乗っている慣性系での時間 t で書き直してみよう。このことによって，ベクトルとしての性質は失われるが，ニュートン方程式との関係がより明快なものとなる。

　まず，固有時間と慣性系の時間との間の関係が

$$d\tau = dt/\gamma \tag{5.64}$$

であることを思い出そう。この関係を用いると

$$\frac{dp^\mu}{d\tau} = \frac{dp^\mu}{dt}\frac{dt}{d\tau} = \gamma\frac{dp^\mu}{dt} \tag{5.65}$$

を得る。つまり運動方程式は，

$$f^\mu = \gamma\frac{dp^\mu}{dt} \tag{5.66}$$

と書かれる。ここで，3次元成分について，

$$F^i \equiv f^i/\gamma \tag{5.67}$$

という力 F^i を定義すると，$F^i = dp^i/dt$ と書かれる。この F^i こそ，運動量の時間変化，すなわちニュートンの運動方程式に現れる力である。

　では，$F^\mu \equiv f^\mu/\gamma = dp^\mu/dt$ と定義したときの，力の0成分はどのような量であろうか。このとき，式 (5.63) より，

$$\eta_{\mu\nu}u^\mu F^\nu = 0 \tag{5.68}$$

を得る。この関係式を成分で表示する。$u^0 = \gamma c$，$u^i = \gamma v^i$ より，

$$-\gamma c F^0 + \sum_i \gamma v^i F^i = 0 \tag{5.69}$$

である。つまり，

$$F^0 = \frac{1}{c}\sum_i v^i F^i = \frac{1}{c}\vec{v}\cdot\vec{F} \tag{5.70}$$

を得る。ここで，$\vec{v}$，$\vec{F}$ は3次元での速度ベクトルと力ベクトルである。

　外力 $\vec{F}$ がする仕事の増分が $dW = \vec{F}\cdot d\vec{x}$ であることを思い出すと，

$$\vec{v}\cdot\vec{F} = \frac{d\vec{x}}{dt}\cdot\vec{F} = \frac{dW}{dt} \tag{5.71}$$

を得る。外力がする仕事の増分は，エネルギー E の増分 dE/dt である。

つまり、$\vec{v}\cdot\vec{F} = cF^0$ はエネルギーの増分であったのだ。ここで、$F^0 = dp^0/dt$ なので、結局

$$cF^0 = c\frac{dp^0}{dt} = \frac{dW}{dt} = \frac{dE}{dt} \tag{5.72}$$

である。すなわち、cp^0 こそエネルギーだったのだ。結局、エネルギー E は式 (5.60) を用いれば

$$E \equiv cp^0 = m\gamma c^2 \tag{5.73}$$

と表される。4元運動量をまとめると

$$(p^\mu) = (E/c,\ m\gamma v^i) = (m\gamma c,\ m\gamma v^i) \tag{5.74}$$

である。

エネルギー E は、速度 $v = 0$ であれば、$\gamma = 1$ なので、

$$E = mc^2 \tag{5.75}$$

という値を持ち、これを**静止エネルギー**と呼ぶ。これこそが、あまりに有名な、**質量とエネルギーの等価性**を与える関係式である。

例5.4 エネルギーと運動量、速度の間の関係

エネルギーと運動量の関係は、式 (5.59) から、

$$\frac{E^2}{c^2} = (p^0)^2 = \vec{p}^{\,2} + m^2c^2 \tag{5.76}$$

である。さらに、エネルギー E と3次元の運動量ベクトル $\vec{p}$、3次元の速度ベクトル $\vec{v}$ の間の関係は、

$$\frac{\vec{p}c}{E} = \frac{m\gamma\vec{v}c}{m\gamma c^2} = \frac{\vec{v}}{c} \tag{5.77}$$

となる。　　　　　　　　　　　　　　　　　　　　　　　　　　　□

例題5.5 エネルギー E と運動エネルギーの関係

質量 m の物体のエネルギーが E のとき、運動エネルギー K はどのように表されるか。また、物体の速度が光速度に比べ十分小さいときには、この運動エネルギーがニュートン力学の運動エネルギーと一致することを示せ。

解 エネルギー E は、静止質量エネルギーと運動エネルギーの和である。すなわち、$E = mc^2 + K$ と書かれる。また、$E = m\gamma c^2$ なので、

である。

$$K = E - mc^2 = m(\gamma - 1)c^2 \tag{5.78}$$

速度が光速度よりも十分小さいということは，v/c が 1 に比べ十分小さいということである。その仮定の下，γ を展開すると，

$$\gamma = \frac{1}{\sqrt{1-(v/c)^2}} = 1 + \frac{1}{2}\left(\frac{v}{c}\right)^2 + \frac{3}{8}\left(\frac{v}{c}\right)^4 + \cdots \tag{5.79}$$

である。展開の 2 項目まで取れば，

$$K = m(\gamma - 1)c^2 \simeq m\left[\frac{1}{2}\left(\frac{v}{c}\right)^2\right]c^2 = \frac{1}{2}mv^2 \tag{5.80}$$

となり，ニュートン力学の運動エネルギーと一致することがわかる。■

5.5　光子

ここまで見てきた物体の運動量とエネルギーは，式 (5.60)，式 (5.61)，式 (5.73) から明らかなように，速度が c に等しくなると発散する。γ が発散するからだ。これは，質量が 0 でない物体は光速には到達できないことを意味する。光速になるまで加速するには，無限大のエネルギーを与えなければならない。

しかし，一方で，質量 0 の粒子であれば，運動量やエネルギーを有限の値として定義できる。そのような粒子の例として，光（特にその粒子性に着目したときの呼び名である光子）が挙げられる。式 (5.76) から，3 次元の運動量の大きさを $p \equiv |\vec{p}|$ とすると，質量 0 の粒子では，

$$\frac{E}{c} = p \tag{5.81}$$

である。この関係を式 (5.77) に代入すると，粒子の速度 v が光速度 c に等しくなることがわかる。質量 0 の粒子の速度は光速度なのである。

量子論によれば，光子のエネルギーは，その振動数 ν に比例し，その比例係数がプランク定数 $h = 6.62606896(33) \times 10^{-34}$ J·s である。ただしカッコは，最後の 2 桁に ± 33 の誤差が含まれていることを表す。プランク定数を用いて光子のエネルギーは

$$E = h\nu \tag{5.82}$$

と書かれる。これより，光子の運動量は

$$p = \frac{h\nu}{c} \tag{5.83}$$

となることがわかる。

以上より，x 軸正方向に進行する光子の 4 元運動量は

$$(p^0, p^1, p^2, p^3) = (h\nu/c, h\nu/c, 0, 0) \tag{5.84}$$

と表される。

章末問題

5.1 ローレンツ変換によって，2 つのベクトル V^μ と W^μ の内積が不変に保たれることを，ローレンツ変換の成分を具体的に用いて示せ。

5.2 (1) ローレンツ変換を表す行列は $(L^\mu{}_\nu)$ である。これを用いて，ローレンツ変換の逆変換を与える行列を表せ。

(2) ローレンツ変換が $x(x^1)$ 方向のブーストで与えられるとき，逆変換を具体的に行列で書き表せ。

5.3 3 次元の力 $\vec{F}$（成分 F^i）を，3 次元の加速度 $\vec{a}$（成分 $a^i = \mathrm{d}^2 x^i/\mathrm{d}t^2$）と 3 次元の速度 $\vec{v}$（成分 $v^i = \mathrm{d}x^i/\mathrm{d}t$）を用いて表せ。また，力の向きが速度と垂直な場合と，平行な場合に，具体的にどのように表されるか求めよ。ただし，F^i は $F^i = \mathrm{d}p^i/\mathrm{d}t$ と 3 次元の運動量 $p^i \equiv m\mathrm{d}x^i/\mathrm{d}\tau = m\gamma \mathrm{d}x^i/\mathrm{d}t$ で書かれることを用いよ。

第6章

ミクロの世界では，特殊相対性理論の効果があらわな形で現れる．核分裂や核融合では，質量の減少分が，エネルギーに変換される．また，原子や素粒子の衝突，崩壊といった現象では，4元運動量が全体として保存する．

粒子の運動

6.1　エネルギー・運動量保存則

　最も基本的な物理法則であるエネルギーと運動量の保存則は，特殊相対性理論においても当然成立する．もちろん外力が働けば，与えられた力積だけ運動量も変化するが，ここでは外力は考えないものとする．

　エネルギーの保存とは，E が系全体としては変わらず一定であること，運動量の保存は $\vec{p}$ が保たれることである．このことは，そのまま4元運動量 $(p^0, p^1, p^2, p^3) = (E/c, p^1, p^2, p^3)$ が保存することに他ならない．これをエネルギー・運動量保存則と呼ぶ．

　以下では，特殊相対性理論の効果が顕著に現れる現象について，具体的に見ていく．顕著に現れる場合とは，系に与えられるエネルギーが，そこで運動をしている物体の静止質量エネルギーに近いか，同等，またはそれ以上となるような状況である．このような状況で，初めて物体の速度 v が光速度 c に近づく．

　日常生活で，特殊相対性理論の効果を直接目にすることはまずないといってよいだろう．それはなぜなのだろうか．ここで，物体の質量の典型的な値として1 kg を取る．対応する静止エネルギーは，$E = mc^2 = 1\,\text{kg} \times (3 \times 10^8\,\text{m/s})^2 = 9 \times 10^{16}\,\text{J}$ という莫大な値になる．1世帯が消費する

エネルギーは，年間約 4.5×10^{10} J であるという（EDMC/エネルギー・経済統計要覧 (2006 年版) 参照）。1 kg の静止エネルギーは，その 200 万倍，つまり 200 万世帯の消費エネルギーを 1 年間まかなうことができるのである。これは，私たちが日常生活で目にするような物質（マクロな物質と呼ぶ）に対して，静止エネルギーに相当するようなエネルギーを与える状況はまず起こりえない，ということを意味している。マクロな物質を光の速度近くまで加速するには，あまりに多量のエネルギーが必要なのである。

しかし，原子や原子核，さらに電子などといったミクロの物質では，状況は異なる。例えば，電子の質量は 9.1×10^{-31} kg である。電子の静止エネルギーは 8.2×10^{-14} J となる。ごくわずかなエネルギーで，ほぼ光の速度まで加速させることが可能なのである。物質を構成する基本要素が主役となるミクロの世界では，特殊相対性理論が日常的に現れてくるのだ。

6.2 原子核の結合エネルギー

光の速度の近くまで加速された粒子の運動について調べる前に，ここで粒子がどうやってそのような大きなエネルギーを獲得できるのかについて見ていこう。鍵は，静止エネルギーである。

ミクロの世界の主役である原子核は，陽子と中性子によって構成されている。両者を総称して核子と呼ぶ。原子核の質量は，陽子の数にその質量をかけた値と，中性子の数にその質量をかけた値とを加えることで得られる。しかし，厳密にはこの関係は成り立っていない。結合することで，よりエネルギー（ポテンシャル）の低い状態になるからである。逆に考えると，結合している原子核を陽子と中性子にバラバラにするためには，エネルギーを外から加えてやる必要がある。このエネルギーのことを結合エネルギーと呼ぶ。結合していると，バラバラでいるよりもエネルギーが低いのだから，質量とエネルギーの等価性により，その分だけ質量も軽くなる。これを質量欠損と呼ぶ。

陽子の質量は，最新の値[1]によれば，$m_\mathrm{p} = 1.672621637(83) \times 10^{-27}$ kg

---

1) CODATA：http://physics.nist.gov/cuu/Constants/ を参照。よく引用される Particle Data Group の値もこれに基づく。

である。ただしカッコは，最後の 2 桁に ± 83 の誤差が含まれているという意味である。このように，質量を kg で表すと値があまりに小さい。そこで，しばしば他の単位系を用いる。

まず，原子質量単位 u（厳密には統一原子質量単位，unified atomic mass unit）が挙げられる。^{12}C（炭素 12）1 個の 1/12 の重さを単位にしている。^{12}C は陽子 6 個，中性子 6 個で構成されているので，結合エネルギーの分を除けば，1u は陽子と中性子の質量の平均値に等しい。ここで，アボガドロ数 N_A の定義が，12 g となる ^{12}C の数であることを思い出そう。$N_A = 6.02214179(30) \times 10^{23}\,\mathrm{mol}^{-1}$ なので，結局

$$1\mathrm{u} = \frac{12/N_A}{12}\mathrm{g} = \frac{1}{N_A}\mathrm{g} = 1.660538782(83) \times 10^{-27}\,\mathrm{kg} \quad (6.1)$$

を得る。このアボガドロ数の測定に含まれる誤差が，将来さらに小さくなれば，質量の定義として原子の質量を基準にすることができる。これは第 2 章 10 分補講で述べた通りである。

質量の定義の他の方法として，エネルギーで表すものがある。電子 1 個を 1 ボルトで加速することで得られるエネルギーを，1 電子ボルトと呼び，1 eV と表す。電子の電荷は $1.602176487(40) \times 10^{-19}$ C であるから，1 eV = $1.602176487(40) \times 10^{-19}$ J である。このエネルギーと等価な質量を $1\,\mathrm{eV}/c^2$ と表す。ここで光速度を代入すると，

$$1\,\mathrm{eV}/c^2 = 1.782661758(44) \times 10^{-36}\,\mathrm{kg} \quad (6.2)$$

である。ここでも電子の電荷の決定に含まれる誤差のために，質量の定義に誤差が生じている。

さて，1 eV の 100 万倍を 1 MeV と呼ぶ。1 MeV = 10^6 eV である。すると，原子質量単位との間に

$$1\,\mathrm{u} = 931.494028(23)\ \mathrm{MeV}/c^2 \quad (6.3)$$

の関係を得る。なお，これ以降は煩雑になるので誤差分は表記しないことにし，8 桁までを表記する。

これらの単位を用いて，陽子の質量は

$$m_\mathrm{p} = 1.6726216 \times 10^{-27}\,\mathrm{kg} = 1.0072765\,\mathrm{u} = 938.27201\,\mathrm{MeV}/c^2 \quad (6.4)$$

と表すことができる。

中性子の質量は，

$$m_\mathrm{n} = 1.6749272 \times 10^{-27}\,\mathrm{kg} = 1.0086649\,\mathrm{u} = 939.56535\,\mathrm{MeV}/c^2 \quad (6.5)$$
である。陽子よりもごくわずかに重いことがわかる。

水素原子の原子核には陽子が1個含まれる。陽子の数は元素の種類を決める。同じ元素であっても，中性子の数の異なる同位体を区別するために，以下では，元素記号の左側の下に陽子の数，上に陽子と中性子を加えた数(質量数)を書くことにする。例えば，通常の水素原子では${}^1_1\mathrm{H}$である。一方，陽子と中性子が1個ずつ結びついたものが重水素 (Dと書くこともある) であり，${}^2_1\mathrm{H}$と表される。重水素の質量は原子質量単位で表すと
$$m({}^2_1\mathrm{H}) = 2.0135532\,\mathrm{u} \quad (6.6)$$
である。一方，陽子と中性子の質量を加えると
$$m(\mathrm{p}) + m(\mathrm{n}) = 2.0159414\,\mathrm{u} \quad (6.7)$$
となる。重水素は，陽子，中性子としてバラバラでいるよりも結合することで
$$\Delta m = m(\mathrm{p}) + m(\mathrm{n}) - m({}^2_1\mathrm{H}) = 0.0023882\,\mathrm{u} \quad (6.8)$$
だけ質量が軽くなっている。この質量の減少，すなわち質量欠損が結合エネルギーに対応している。なお，引き算を行った結果，有効数字の桁落ちが起き，5桁で表している。結局，結合エネルギーは，
$$E = \Delta m c^2 = 2.2246\,\mathrm{MeV} = 3.5642 \times 10^{-13}\,\mathrm{J} \quad (6.9)$$
となる。重水素は核子 (陽子と中性子の総称) 2個によって構成されているから，核子1個あたりの平均の結合エネルギーは，$1.1123\,\mathrm{MeV}$である。

核子1個あたりの平均結合エネルギーの大きさを，質量数 (核子数) に対して表示したのが図6.1である。平均結合エネルギーが大きければ大きいほど，その原子核の核子は互いに強固に結びついていて，安定であるといえる。この図から，まず原子番号が小さいうちは，核子数が増加すると急激に結合エネルギーが大きくなっていくことがわかる。また，全体としての傾向以外にも，${}^4\mathrm{He}$や${}^{12}\mathrm{C}$，${}^{16}\mathrm{O}$などは，前後の原子核に比べて特に安定であることも見て取れる。一方，質量数 (核子数) がほぼ60のあたりをピークに, 平均結合エネルギーは減少に転じる。ちょうど鉄やコバルト，ニッケルあたりに対応する。鉄族金属と呼ばれるこれらの元素が最も安定なのである。

つまり，小さい原子核は，結合すると1個1個の核子の結合エネルギー

第6章 粒子の運動

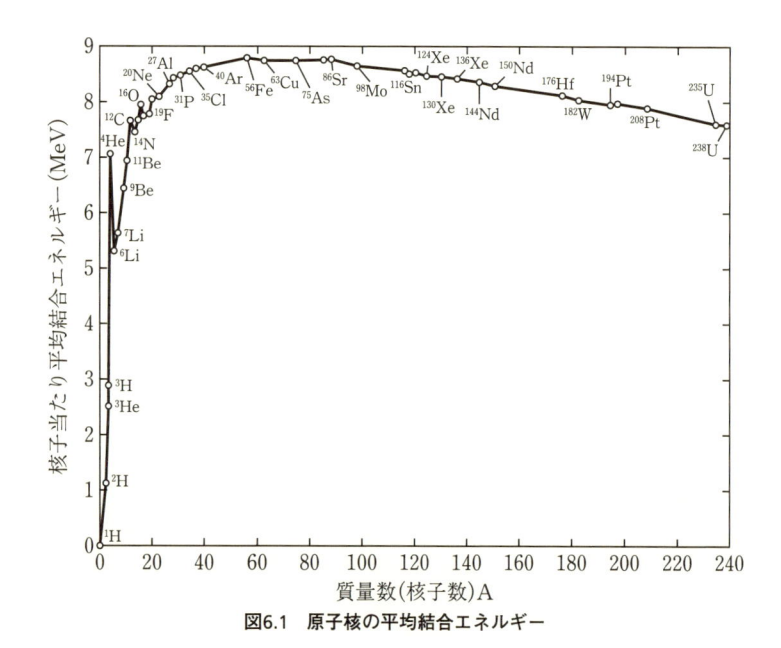

図6.1 原子核の平均結合エネルギー

が大きくなって，より安定な状態となるとともに，結合エネルギー分の質量欠損を生じる。結果，質量欠損分に光速度の2乗をかけたエネルギー (つまり結合エネルギー分) が，原子核の運動エネルギーや光子の放射として外部に持ち出されることになる。

これとは逆に，大きい原子核は，分裂すると核子当たりの結合エネルギーが増加する。結果として質量が軽くなり，エネルギーが放出される。

例6.1　核融合反応

軽い原子核が結合してエネルギーが放出される現象を，核融合反応という。例えば，将来のエネルギー源として期待されているものとして，重水素 (^{2}H) と三重水素 (^{3}H) が結合し，^{4}He を作り中性子を出す反応，

$$^2\text{H} + {}^3\text{H} \rightarrow {}^4\text{He} + \text{n} \tag{6.10}$$

が挙げられる。ここで，重水素，三重水素，^{4}He，中性子の質量は各々 2.0135532 u, 3.0155007 u, 4.0015062 u, 1.0086649 u である。反応の前後での質量の差は，

$$\Delta m = 0.0188829 \text{ u} = 17.5892 \text{ MeV}/c^2 \tag{6.11}$$

であるので，結局 17.59 MeV のエネルギーを得ることがわかる．例題 6.1 で見るように，このエネルギーはヘリウムと中性子に対して，その質量の逆比で配分される．つまり，ヘリウムが 3.52MeV，中性子が 14.07MeV の運動エネルギーを得ることになる．

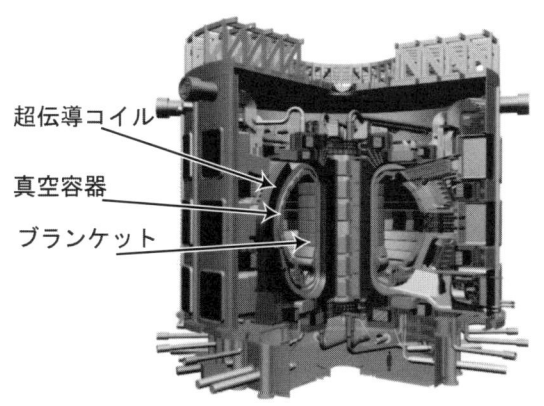

図 6.2 国際熱核融合実験炉 ITER (イーター)
真空容器中でプラズマ状態を実現し，核融合反応を起こす
(http://www.naka.jaea.go.jp/ITER/index.html より転載)．

　以上の反応を連続的にコントロールして行い，エネルギーを熱として取り出すのが，核融合炉である．現在考えられているトカマク型核融合では，磁場によってプラズマ状態にある重水素や三重水素を閉じこめ，衝突させる．その結果できたヘリウムは電荷を持っているため，磁力線に巻き付きながら運動し，プラズマを加熱することに使われる．一方，中性子は電荷を持たないために，磁場を通り抜け，容器壁の手前に設置されたブランケットと呼ばれる機器によって止められる．中性子の運動エネルギーは，ブランケットを暖める熱エネルギーに変換され，この熱によって水を沸騰させ，タービンを回して発電する，という仕組みである．

　核融合は，プラズマの閉じこめの問題や，中性子による炉壁の損傷の問題，また，プラズマ状態を維持して閉じこめておくのに必要なエネルギーに比べて，今のところ得られるエネルギーの方が小さいことなどから，いまだ実用化には至っていない．しかし，将来のエネルギー問題を解決する

切り札として期待されている。

例6.2　核分裂反応

　大きい原子核が分裂することでエネルギーを放出する過程を，核分裂と呼ぶ。核分裂は，原子炉としてすでに実用化されている。原子力発電である。日本の電力の 30% は，すでに原子力発電によるものとなっている。代表的な核分裂過程は，ウラン 235（^{235}U）の崩壊である。自然界には ^{238}U に対して 0.7% ほどしか存在していないこの同位体は，自然に崩壊が進み，70 万年ほどで元の半分の量になる。一方，^{235}U に遅い中性子を吸収させることで，非常に不安定な状態を作り出すことができる。その結果，70 万年も待たずとも，ただちに 2 つの原子核と，いくつかの中性子に分裂する。具体的な崩壊についてはさまざまな反応が知られているが，例えば，

$$^{235}_{92}U + n \rightarrow ^{236}_{92}U \rightarrow ^{140}_{54}Xe + ^{94}_{38}Sr + 2n \tag{6.12}$$

が挙げられる。この他にも，バリウムとクリプトンに壊れる反応などがある。一般に，質量数が 130 から 140 ぐらいの大きめの原子と，90 から 100 ぐらいの若干小さめの原子に分かれることが多い。このときに放出されるエネルギーは，図 6.1 から明らかなように，核子 1 個あたり約 1 MeV である。結合エネルギーの増加分が，放出されるからである。つまり，核子が 235 個ある ^{235}U では，およそ 200 MeV のエネルギーが放出されることとなる。

　1 つの核分裂反応の結果，新たに中性子が複数個生まれる。その中性子が再び周囲の ^{235}U に吸収されれば，さらなる分裂を引き起こす。このようにして，連鎖的に反応が進行していく。制御棒に中性子を吸収させることで中性子の数を適宜間引き，反応が暴走しないようにコントロールするのが原子炉である。制御棒の出し入れで反応を制御するのだ。また，新たに生まれる中性子は高速である。効率よくウランに吸収させるためには，減速させる必要がある。そこで，原子炉では水などを減速材として用いる。通常の水を用いるものを軽水炉，重水（水を構成する水素が重水素であるもの）を用いる場合には重水炉と呼ぶ。エネルギーの取り出しもまた，水によることが多い。冷却水と呼び，核分裂によって得られた熱を外部に運び，タービンを回すことで電気へと変換させる役割を担う。なお，核分裂が暴走的に進む典型が原子爆弾である。

10分補講　自然界に存在する核融合と核分裂

核融合反応として，原爆を引き金にして暴走させたものが水爆だ。残念ながら，人類はいまだ核融合反応を制御することには成功していない。しかし，自然界には，核融合反応が時間をかけて進行している場所がある。太陽を始めとする恒星である。恒星は非常に重いため，自分自身の重力でプラズマを閉じこめておける。そのため，爆発することなく，徐々に核融合反応を進行させることができるのだ。太陽のように，長い期間安定して輝いている状態にある星を主系列星と呼ぶ。主系列星では，主に2種類の核融合反応が進行している。

1つ目が，ppチェイン（pp鎖，pp反応，陽子 − 陽子反応）と呼ばれるものである。陽子（^{1}H）と陽子が結びついて，最終的に^{4}Heまで進行する反応だ。4個の陽子から，1つの^{4}Heと，2個の陽電子（電子の反粒子：電子と同じ質量で電荷が逆），さらに2個のニュートリノと2個のガンマ線（高エネルギー光子）が作り出される。ニュートリノとして持ち出されたエネルギーは，星から持ち去られてしまうが，ここで作られたガンマ線が星を熱し，輝かす。太陽のような比較的軽く温度の低い星では，この反応が主に働いている。

ppチェインを詳しく見ていこう。まず，陽子と陽子が結びつき重水素^{2}Hを作り出す。

$$^1\text{H} + {}^1\text{H} \rightarrow {}^2\text{H} + e^+ + \nu \tag{6.13}$$

という反応である。e^+は陽電子，νはニュートリノを表す。このとき，0.42 MeVのエネルギーが放出される。また，陽電子はすぐに周囲の電子と反応してガンマ線となり，エネルギーを1.02 MeV放出する（電子と陽電子の質量0.511 MeV/c^2の2倍に対応）。次に，

$$^2\text{H} + {}^1\text{H} \rightarrow {}^3\text{He} + \gamma \tag{6.14}$$

が起きる。ここでγはガンマ線を表す。このときに放出されるエネルギーは，5.49 MeVである。この先は3通りの道があるが，最も

よく起こる反応（ppI）は，
$$^3\text{He} + {}^3\text{He} \rightarrow {}^4\text{He} + 2\,{}^1\text{H} \qquad (6.15)$$
である。このときに放出されるエネルギーは，12.86 MeV である。なお，この反応を起こすためには，^{3}He が 2 個必要となる。つまりこれまでの反応が 2 倍必要である。

　結局，全体では，陽子 6 個で ^{4}He を 1 個作り，2 個の陽子，2 個の陽電子，2 個のニュートリノ，そして 2 個のガンマ線を出していることがわかる。陽子は出入りを勘定すると，結局 4 個が使われたことになる。また，^{4}He を 1 個作る過程で放出されたエネルギーは，$2 \times (0.42 + 1.02 + 5.49) + 12.86 = 26.7$ MeV である。

　太陽より重い星の中では，CNO サイクルと呼ばれる他の核融合反応が進行している。^{12}C に陽子が結びつき ^{13}N になり，それが反ベータ崩壊（次節参照）して ^{13}C になり，これに陽子が結びつき ^{14}N になり，さらに陽子が結びつき ^{15}O になり，反ベータ崩壊で ^{15}N となり，陽子が結びつき，同時に ^{4}He を放出し，^{12}C に戻る，というサイクルである。全体として，1 サイクルの間に，陽子（^{1}H）4 個から，^{4}He を 1 個作り，その際に，ガンマ線を 3 個，陽電子を 2 個，ニュートリノを 2 個放出する。

　このように，核融合反応は自然界に存在する。それでは核分裂反応はどうだろうか。地球の内部には莫大な熱が発生している。それがマントル対流などを生み出し，大陸を移動させ，また火山のマグマの熱となっている。この熱は，半分は地球が誕生した際に蓄えたものであるが，残りの半分は，地球内部に含まれているウランやトリウム，カリウムなどの放射性元素の崩壊，つまり核分裂反応によって生じていると考えられている。これまでは，なかなか崩壊の直接的な証拠は得られてこなかった。しかし 2005 年，神岡鉱山で行われている東北大学のカムランド実験によって，核分裂反応が確かに起こっているという証拠が見つけられたのだ。カムランドは，核分裂に伴う反ニュートリノ（ニュートリノの反粒子）を捕らえることに成功したのである。その結果は，予想されていた熱量を説明するのにちょうど十分な数であった。地球内部では確かに核分裂反応によ

って，熱が発生しているのだ。

また，これとは別に，アフリカのガボン共和国にあるオクロという土地で，17億年前に，自然の原子炉が存在していた証拠が見つかっている。さまざまな条件が重なって，^{235}U が核分裂反応を起こしたのだ。連鎖反応は，約 100 万年もの間，続いていたと考えられている。

6.3 粒子の崩壊

核分裂反応で見てきたように，原子核によっては安定に存在することができず，2 つの比較的大きな原子核に分裂したり，粒子を放出して壊れたりしてしまうものがある。軽い原子核の場合には，安定なものに比べて中性子の数が少なかったり多かったりすると壊れる。また，非常に重い原子核の場合には，そもそも安定な元素が存在しない場合がある。

陽子 2 個，中性子 2 個のヘリウム原子核を放出するのが，アルファ崩壊である。放出される $^4_2$He の原子核をアルファ粒子とも呼ぶ。例えば，$^{238}_{92}$U（ウラン 238，陽子が 92 個，中性子が 146 個）がアルファ粒子を出して，$^{234}_{90}$Th（タリウム 234，陽子が 90 個，中性子が 144 個）に壊れる反応が挙げられる。この崩壊は自然に生じるが，元のウランの量が半分になるのに 44.6 億年かかることが知られている。この，放射性元素の量が半分になるまでの時間を半減期と呼ぶ。

崩壊によって，電子が飛び出ることもある。これをベータ崩壊と呼ぶ。また，電子の反粒子（質量やスピンと呼ばれる内部角運動量が同じで電荷が逆の粒子）である陽電子が出ることもあり，こちらを反ベータ崩壊と呼ぶ。ベータ崩壊は，中性子が陽子，電子，そして反ニュートリノに壊れる反応が元となっている。この反応が原子核の中で起きれば，中性子が 1 つ減って陽子になるので，原子番号が 1 つ大きくなり，別な元素に変わることになる。

ベータ崩壊の例としては，$^{14}_{6}$C（炭素 14，陽子が 6 個，中性子が 8 個）の $^{14}_{7}$N（窒素 14，陽子が 7 個，中性子が 7 個）への崩壊がある。この崩壊による炭素 14 の半減期は 5730 年である。遺跡などに残された建築素材であ

る木材に，通常の炭素である $^{12}_{6}$C（炭素12）に比べ，炭素14がどれだけ含まれているかを調べることで，年代を測定する方法がある。植物は，生きている間は，空気中の炭素を二酸化炭素から吸収する。空気中の炭素は時代にあまりよらず，ほぼ一定の炭素12と14の割合を示す。しかし，いったん植物が死ぬと，炭素14のみが壊れていくために，炭素12の割合が多くなっていく。この割合を使って年代を決定することができるのである。

反ベータ崩壊（β^+崩壊）は，陽子が中性子と陽電子，ニュートリノに壊れる過程である。例えば，$^{22}_{11}$Na（ナトリウム22，陽子が11個，中性子が11個）が，$^{22}_{10}$Ne（ネオン22，陽子が10個，中性子が12個）に壊れる反応が挙げられる。

非常に高いエネルギーを持った光（光子）を放出する場合もある。このような光子をガンマ線と呼び，この現象はガンマ崩壊と名付けられている。ガンマ崩壊では，陽子や中性子はその数を変えず，原子核に蓄えられたエネルギーがガンマ線として放出される。

ここで，粒子の崩壊の過程を力学的に調べてみる。アルファ崩壊や核分裂のように，1つの原子核が2つに割れる場合を考える。もともと静止していた質量Mの粒子が，質量m_aとm_bの粒子aとbに崩壊したとする。静止していたのであるから，この慣性系では，元の粒子の4元運動量は，

$$(Mc, 0, 0, 0) \tag{6.16}$$

である。一方，崩壊後のaとbのエネルギーをE_a, E_b，運動量を$\vec{p}_a$, $\vec{p}_b$とする。このとき，エネルギー・運動量保存則は，

$$Mc = \frac{E_a}{c} + \frac{E_b}{c} \tag{6.17}$$

$$0 = \vec{p}_a + \vec{p}_b \tag{6.18}$$

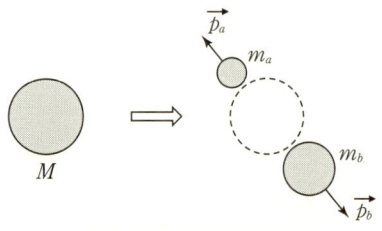

図6.3　質量Mの粒子の崩壊

と表される。

さらに，エネルギーと運動量の間には

$$\left(\frac{E_a}{c}\right)^2 = \vec{p}_a{}^2 + m_a{}^2 c^2 \tag{6.19}$$

$$\left(\frac{E_b}{c}\right)^2 = \vec{p}_b{}^2 + m_b{}^2 c^2 \tag{6.20}$$

の関係がある（式 (5.76) 参照）。以上の 4 式から，E_a, E_b, $\vec{p}_a$, $\vec{p}_b$ を求めることができる。

実際にエネルギーや運動量を求める前に，崩壊の起きる条件について考察する。崩壊して壊れた 2 つの粒子が，静止せず運動する場合には，$|\vec{p}_a| > 0$ かつ $|\vec{p}_b| > 0$ である。すると，式 (6.19)，式 (6.20) からただちに，$E_a > m_a c^2$ かつ $E_b > m_b c^2$ を得る。この関係をエネルギー保存則 (6.17) に代入すると

$$M > m_a + m_b \tag{6.21}$$

が求まる。これが崩壊が起きる条件である。崩壊の前後での質量の減少分 $\Delta M = M - m_a - m_b$ が，崩壊後の粒子に与えられる運動エネルギーと運動量になるのだ。

では，崩壊後の運動量とエネルギーを求めよう。式 (6.18) より，$\vec{p}_b = -\vec{p}_a$ であることがただちにわかる。式 (6.19) と (6.20) から運動量を消去すると，

$$\left(\frac{E_a}{c}\right)^2 - \left(\frac{E_b}{c}\right)^2 = m_a{}^2 c^2 - m_b{}^2 c^2 \tag{6.22}$$

を得る。左辺を因数分解すると，$(E_a/c - E_b/c)(E_a/c + E_b/c)$ であり，式 (6.17) をこの因数分解の第 2 項に代入することで，結局

$$\frac{E_a}{c} - \frac{E_b}{c} = \frac{m_a{}^2 - m_b{}^2}{M} c \tag{6.23}$$

となる。この式と式 (6.17) からただちに，

$$E_a = \frac{1}{2} \frac{M^2 + m_a{}^2 - m_b{}^2}{M} c^2 \tag{6.24}$$

$$E_b = \frac{1}{2} \frac{M^2 - m_a{}^2 + m_b{}^2}{M} c^2 \tag{6.25}$$

が求まる。

ここで，各々の獲得する運動エネルギー K_a, K_b について見ていこう。運動エネルギーは，エネルギーから静止エネルギーを引くことで得られる。すなわち $K_a \equiv E_a - m_a c^2$ であり，K_b についても同様である。上式に代入し，まとめると，

$$K_a = \frac{1}{2} \frac{(M - m_a - m_b)(M - m_a + m_b)}{M} c^2 \tag{6.26}$$

$$K_b = \frac{1}{2} \frac{(M - m_a - m_b)(M + m_a - m_b)}{M} c^2 \tag{6.27}$$

となる。運動エネルギーの比を取ると，

$$\frac{K_a}{K_b} = \frac{M - m_a + m_b}{M + m_a - m_b} \tag{6.28}$$

を得る。この比に従って，崩壊の前後での質量欠損分，つまり $(M - m_a - m_b)c^2$ のエネルギーが配分されるのである。

次に，運動量は式 (6.18) と式 (6.19) から，

$$\begin{aligned}
p \equiv |\vec{p}_a| = |\vec{p}_b| &= \left[\left(\frac{E_a}{c}\right)^2 - m_a^2 c^2 \right]^{1/2} \\
&= \frac{c}{2M} \left[(M^2 + m_a^2 - m_b^2)^2 - 4 m_a^2 M^2 \right]^{1/2} \\
&= \frac{c}{2M} \left[(M + m_a + m_b)(M + m_a - m_b) \right. \\
&\quad \left. \times (M - m_a + m_b)(M - m_a - m_b) \right]^{1/2} \tag{6.29}
\end{aligned}$$

と求まる。

例題6.1 運動エネルギーの配分と運動量の値：運動エネルギーが小さい場合

崩壊で得られる運動エネルギーが，静止エネルギーに比べ十分に小さい場合を考え，運動エネルギーの配分の割合と運動量の値を求めよ。ただし，運動量は，質量欠損分によって与えられたエネルギー $\Delta E \equiv (M - m_a - m_b)c^2$ と，崩壊後の質量 m_a, m_b を用いて表せ。

解 条件より，$M \simeq m_a + m_b$ なので，$M - m_a + m_b \simeq (m_a + m_b) - m_a + m_b = 2m_b$，また同様に $M + m_a - m_b \simeq 2m_a$ となる。式 (6.28) に代入すると，

$$K_a / K_b \simeq m_b / m_a \tag{6.30}$$

を得る。つまり，質量の逆比に運動エネルギーが配分される。これは，ニュートン力学の結果と一致する。

また，運動量についても上記の近似関係を用いれば，

$$p \simeq \frac{c}{2(m_a + m_b)} \left[2(m_a + m_b)(2m_a)(2m_b)(\Delta E/c^2) \right]^{1/2}$$
$$= \sqrt{\frac{2m_a m_b}{m_a + m_b} \Delta E}$$

を得る。こちらも，ニュートン力学の結果と一致する。 ■

6.4 粒子の衝突

粒子と粒子が衝突する場合について考える。ここでは，弾性衝突ではなく，粒子の衝突によって別種の粒子を作り出す状況を考える。これは，物質の究極を探る素粒子物理学において，実際に行われている実験手法である。加速器と呼ばれる装置は，超伝導磁石によって，荷電粒子 (例えば陽子と陽子，または，電子とその反粒子である陽電子) を極めて高速に加速し，衝突させる。加速によって粒子が獲得したエネルギーを，衝突によって新たな粒子の静止エネルギーに変換することで，自然界には存在しない重く寿命の短い粒子を生み出すことができるのだ。

ここで，質量が各々 m_a と m_b である 2 つの粒子，a と b を衝突させる。このとき，実験室で観測する座標系での a と b の運動量を $\vec{p}_a, \vec{p}_b$ としよう。実際の実験での設定には，一方の粒子を静止させ，他方を高速に加速して衝突させるという方法がある。また，それとは異なり，両方をほぼ同じ大きさの運動量で正面衝突させる実験も行われている。

一般に，実験室に固定された慣性系を実験室系，系全体の運動量が 0 となる慣性系を重心系 (または質量中心系，運動量中心系) と呼ぶ。実験室で見て，同じ大きさの運動量同士でぶつけた場合には，実験室系が重心系と一致する。

まず，実験室で，静止している b に a を衝突させる場合について考える。a が入射してくるときのエネルギーを E_a，運動量を $\vec{p}_a$ とする。b は静止しているので，エネルギー $E_b = m_b c^2$，運動量 $\vec{p}_b = 0$ である。次に，衝

突によって，a と b が一体となって質量 M，エネルギー E，運動量 $\vec{p}$ という状態になったと考える。質量 M が，衝突で作ることのできる新たな粒子の質量の最大値を与える。衝突後に 2 つ以上に分かれると，1 つ 1 つがこの質量を超えることはありえないからである。

このとき，衝突の前後での 4 元運動量の保存は

$$\frac{E}{c} = \frac{E_a}{c} + m_b c \tag{6.31}$$

$$\vec{p} = \vec{p}_a \tag{6.32}$$

である。エネルギーと運動量の関係は，

$$\left(\frac{E_a}{c}\right)^2 = \vec{p}_a{}^2 + m_a{}^2 c^2 \tag{6.33}$$

$$\left(\frac{E}{c}\right)^2 = \vec{p}^{\,2} + M^2 c^2 \tag{6.34}$$

で与えられる。

以上の式から，M を，入射してきた a のエネルギー E_a で表してみよう。まず，式 (6.32) より運動量が等しいことから，式 (6.33) と式 (6.34) の差を取ると

$$M^2 c^2 = \left(\frac{E}{c}\right)^2 - \left(\frac{E_a}{c}\right)^2 + m_a{}^2 c^2 \tag{6.35}$$

を得る。これに式 (6.31) を代入すると，

$$M^2 = m_a{}^2 + m_b{}^2 + \frac{2 m_b E_a}{c^2} \tag{6.36}$$

となる。

次に，入射した a が持っていた運動エネルギー K_a を用いて M を表す。$K_a \equiv E_a - m_a c^2$ なので，式 (6.36) に代入して

$$M^2 = m_a{}^2 + m_b{}^2 + \frac{2 m_b (K_a + m_a c^2)}{c^2}$$

$$= (m_a + m_b)^2 + \frac{2 m_b K_a}{c^2} \tag{6.37}$$

となる。この式が，入射粒子に与えられた運動エネルギーに対する，新たにできる粒子の質量の上限を与える。

実験で新たな (衝突させる粒子よりもはるかに) 重い粒子を作り出すためには，元の粒子の静止エネルギーを超えた大きな運動エネルギーを与

える必要がある。運動エネルギーが十分に静止エネルギーより大きいときには，式 (6.37) は，

$$M \simeq \frac{\sqrt{2m_b K_a}}{c} \propto \sqrt{K_a} \tag{6.38}$$

という関係を与える。この結果は，一方の粒子を固定し，1 つの粒子だけを加速した方法の効率の悪さを表している。加えたエネルギーの平方根でしか，新たな粒子の静止質量が増加しないからである。入射粒子 a のエネルギーを 100 倍増やしても，新粒子として観測できる可能性のある粒子質量は 10 倍にしかならない。

次に，a と b を同じ大きさの運動量で正面衝突させる実験を考える。このとき，衝突後にできた質量 M の粒子は静止する。すると，衝突の前後での 4 元運動量の保存は

$$\frac{E}{c} = \frac{E_a}{c} + \frac{E_b}{c} \tag{6.39}$$

$$0 = \vec{p}_a + \vec{p}_b \tag{6.40}$$

で表される。衝突後のエネルギーと運動量の関係は

$$\left(\frac{E}{c}\right)^2 = M^2 c^2 \tag{6.41}$$

である。衝突前の a と b の運動エネルギーを K_a, K_b とすると，$K_a = E_a - m_a c^2$, $K_b = E_b - m_b c^2$ だから，

$$M^2 c^2 = \left(\frac{E}{c}\right)^2 = \left(\frac{E_a + E_b}{c}\right)^2 = \left(\frac{K_a + K_b}{c} + m_a c + m_b c\right)^2 \tag{6.42}$$

を得る。ここで，運動エネルギーが静止質量エネルギーよりも十分に大きければ，

$$M \simeq \frac{K_a + K_b}{c^2} \tag{6.43}$$

と表される。先ほどの実験と異なり，この場合には与えた運動エネルギーに比例して，新たな粒子の静止質量に対応する M が増加する。明らかにこの方法の方が効率がよい。そこで，現在では新たな素粒子を探索する実験のほとんどがこちらの方式を採用している。

例題6.2 **加速器実験の有効エネルギー**

2010 年現在，世界最大のエネルギー加速器実験は，スイスとフランス

の国境で稼働している LHC 実験である。陽子を 7 TeV (1 TeV = 10^{12} eV) のエネルギーまで加速させ，正面衝突させる。この実験で得られる最大の静止エネルギーを求めよ。次に，7 TeV のエネルギーの陽子を，静止している陽子（水素ターゲット）にぶつける実験を考える。こちらの場合に得られる最大の静止エネルギーはいくらになるか求めよ。

解 入射してくる陽子は，どちらも 7 TeV のエネルギーを持っている。これは，陽子の静止エネルギー $m_p c^2 = 938$ MeV よりもはるかに大きい。そこで，式 (6.43) を用いて，$Mc^2 = K_a + K_b = 14$ TeV を得る。

一方，静止しているターゲットに当たる場合には，式 (6.38) が使える。代入すると，$Mc^2 = \sqrt{(2m_p c^2) K_a} = (2 \times 938\,\text{MeV} \times 7\,\text{TeV})^{1/2} = 0.115\,\text{TeV}$ を得る。片方が静止していると半分ではなく，わずか 0.8% になってしまうのだ。 ■

章末問題

6.1 本章の 10 分補講にあるように，太陽の内部では pp チェインと呼ばれる核融合反応が進行している。そこでは，4 個の陽子から，1 個の ^{4}He が作られ，2 個の陽電子，2 個のニュートリノ，2 個のガンマ線が出される。この反応で得られるエネルギーを MeV 単位で求めよ。ただし，陽子の質量は，$M_p = 938.27201$ MeV/c^2，^{4}He の質量は，$M_{\text{He}} = 4.0015062$ u とする。また，陽電子の質量は，$M_e = 0.51099891$ MeV/c^2 とし，ニュートリノとガンマ線の質量は無視する。また，最終的に得られるエネルギーには，陽電子 2 個が周りの電子（陽電子と同じ質量）2 個とぶつかってガンマ線となり，エネルギーに変換される分も含まれる。

6.2 6.3 節で見た粒子の崩壊で，崩壊後の粒子の 1 つ b が光子，つまり質量 0 の粒子だった場合に，粒子 a のエネルギー，運動エネルギー，そして，光子のエネルギー $h\nu$ を，もとの粒子の質量 M，崩壊後の粒子の質量 m_a を用いて表せ。

6.3 (1) 3.2 節の例題 3.1 で，宇宙から降り注いでくる陽子などの宇宙線が大気と衝突し，最終的には μ 粒子となって地上に到達することを

説明した。そこで考えた，光速度の 99.995% の速度を持った μ 粒子は，どれだけの運動エネルギーを持っているか。eV の単位で答えよ。ただし，μ 粒子の質量は $106\,\mathrm{MeV}/c^2$ である。

(2) 最初に大気と衝突したのは陽子であるとする。衝突により，1個の陽子はおよそ 10 億個の粒子を最終的に生み出し，それらが地上まで到達するとしよう。これらを空気シャワーと呼び，現実にシャワーを構成するのは，μ 粒子や電子，陽電子，光子，ニュートリノなどである。これらの粒子はさまざまなエネルギーを持つ。しかし，ここでは非常に単純な仮定としてエネルギーが等分配され，(1) で得られた μ 粒子のエネルギーと同じエネルギーを，10 億個の粒子がすべて持ったとする。このとき，最初の陽子のエネルギーの概算値を求めよ。

(3) このエネルギーと，加速器 LHC の最高エネルギーを比較せよ。ただし，比較は，衝突によって作ることのできる新たな粒子の質量の最大値で行う。また，陽子が最初に衝突する相手は，窒素 14 ($^{14}_{7}\mathrm{N}$) とし，核子 1 個の質量は (陽子・中性子とも)，$1000\,\mathrm{MeV}/c^2 = 1 \times 10^9\,\mathrm{eV}/c^2$ とせよ。

第 7 章　特殊相対性理論には，重力の働きが組み入れられていない。重力を入れるために，特殊相対性理論を拡張したのが，一般相対性理論であり，等価原理と一般相対性原理がその基礎となる原理である。

一般相対性理論

7.1　一般相対性理論への道

　特殊相対性理論を完成させたアインシュタインには，まだやり残したことがあった。特殊相対性理論には，重力をうまく入れることができなかったのである。

　質量 M と m の間に働く重力を距離の関数 r として表したのが，ニュートンの万有引力の法則，$F = GMm/r^2$ だ。ここで G は重力定数である。

　この式から明らかなように，万有引力の法則には，時間があらわな形で入ってきていない。このことは，重力という力が一瞬にして伝播することを意味している。しかし，特殊相対性理論の帰結として，力といえども光の速度を超えて伝播することはできないはずである。

　この問題は，電磁気学については，マイケル・ファラデー（1791～1867）によって，19 世紀にすでに解決されていた。ファラデーは「場」の概念を導入したのである。2 つの電荷の間に働く力であるクーロンの法則は，万有引力の法則とそっくりである。ここでも，電荷と電荷に直接力が働くと考えると，重力の場合と同じ問題をかかえることになる。しかし，ファラデーは，電荷の間に直接力が働くのではなく，力は何らかの媒体を介して伝播するものと考えたのである。ここで，電気力線や磁力線を思い出し

て欲しい。空間上の各点で，そこに置かれた電荷 a は，電気力線の方向に力を受ける。そこでは，電気力線を作った電荷が直接置かれた電荷に力を及ぼすのではない。繰り返すが，電荷 a は置かれた場所で，そこでの電気力線から力を受けるのである。電気的性質に関して，空間の構造が変えられてしまっていると考えるとわかりやすい。これを電場と呼ぶ。電気力線は，電荷の作り出す「電場」を可視化したものなのである。磁力線も同様に，磁極の作る場を表している。

まとめると，電荷が受ける力は，電場の作用によって，電荷の置かれた空間の各点各点で局所的に働くのである。また，場を作り出している電荷の状態が変わると，その変化は電場の変化として光の速度で伝播する。このように電磁気学では，場を導入したことで，力の働きが一瞬にして伝わる遠隔作用ではなく，近接作用として考えられるのである。本書では触れることができなかったが，このことから，電磁気学は特殊相対性理論と大変うまく折り合いがついている。電磁気学の基本方程式群であるマクスウェル方程式は，ローレンツ変換によってその形を変えず，共変なのである。また，そもそもアインシュタインが最初に書いた特殊相対性理論に関する論文の題名は，「動いている物体の電気力学」であった。

特殊相対性理論が発表された後，アインシュタインをはじめとして，ポアンカレやミンコフスキー，ゾンマーフェルトなど，当代一流の研究者たちが重力の遠隔作用の問題に取り組んだ。しかし，問題は容易には解決しなかった。

特殊相対性理論には，重力が入っていないこと以外にも，不完全な点があった。すべての慣性系が同等であり，物理学法則が同じ形になる，つまりローレンツ変換に対して共変であることが，特殊相対性理論の基本原理である。しかし，慣性系に対して加速度運動している系については，何も述べていないのである。

重力の問題と，加速度運動している系（加速度系）の問題は，実は密接に関係している。アインシュタインがそのことに気づいたとき，一般相対性理論へ至る道がひらけた。それこそが等価原理である。

例7.1　重力場理論の例

一般相対性理論以前に，電磁気の場合と同様，重力場という概念を導入

し，ローレンツ変換に対して不変な理論を作り上げたのが，グンナー・ノルドシュトロム（1881～1923）である．重力場の方程式として，ポアソン方程式から出発した彼の理論は，しかし，光が重力と相互作用をしないというものであった．つまり，光は重力場から影響を受けず，どれだけ重力の強い場所でも，曲げられることなく直進する．これは，後になってわかったことだが，観測事実に反する．また，当時問題とされていた，水星の近日点移動についても正しい答えを得ることはできなかった．水星は楕円軌道を描いて太陽の周りを回っている．ニュートン力学では，この楕円軌道は安定なはずである．しかし現実には，太陽に最も近づく点である近日点が，時間とともに移動するという現象が知られていたのである．新しい重力理論は，この観測事実を説明できるものでなければならなかった．残念ながら，ノルドシュトロムの理論は失敗したのだ．しかし，その理論にはアインシュタイン自身も大いに興味を持ったという．一般相対性理論への重要な道標の1つとして，記憶されることとなったのである．なお，ノルドシュトロムは，時間と空間の上に5番目の次元を導入することで，電磁場と重力場を統一的に理解しようとする試みまで展開している．これは後に，やはり電磁場と重力場の統一的な理解を目的に構築された，カルツァー-クライン理論の先駆けとも言えるものであった．　　　□

7.2　等価原理

　等価原理とは，重力の働きと，加速度運動する系での慣性力を区別することはできない，というものである．アインシュタイン自身は，このアイデアに，屋根から落ちる男の思考実験によって到達したといわれている．彼自身，「生涯最も幸福なアイデア」であったと後に語っている．
　屋根から落ちる男は，少なくともそのすぐ周辺には重力が存在していないと考える．つまり，重力に引かれて自由落下している男＝観測者にとっては，自分の置かれている状況が静止，ないしは等速直線運動と解釈できるのである．
　屋根から落ちるのは物騒なので，ここではエレベーターを用いた思考実験を行う．ビルのエレベーターに乗って，地面に対して静止している観測

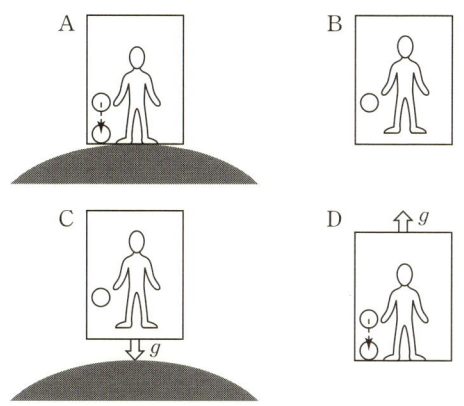

図7.1　エレベーターの思考実験

者は、もちろん下向きに重力を感じる(図 7.1)。この状態を A としよう。

次に、このエレベーターを、地球などの天体からの重力が及ばない宇宙空間に持って行く。慣性系である限り、すなわち静止、ないしは等速直線運動をしている限り、このエレベーターの中にいる人には、何の力も及ばない。いわゆる無重力状態になって、エレベーターの中に浮かぶことになる。これを状態 B とする。

力の働き方が全く異なるので、観測者は容易に状態 A と B を区別することができる。重力が働いている状況で静止している系と、重力がない慣性系は異なるのだ。例えば、エレベーターの中の観測者が、持っていたボールを手放してみる。状態 A では、観測者は下向きにボールが重力加速度で落下していくのを見るだろう。一方、状態 B では、ボールは観測者に対して全く動かない。明らかに、両者の状態では物理現象が異なる。

次に、ビルにあるエレベーターが下降する場合を考える。極端な状況として、自由に落ちるのと同じ加速度、つまり重力加速度と同じ加速度で下降するとしよう。この状況を C とする。すると、エレベーターの中の観測者は、もはや下向きの重力を感じなくなる。体が浮き、あたかも無重力状態にいるように感じるだろう。本当は重力が存在しているにもかかわらず、加速度によって、見かけ上、重力が打ち消されているのである。

この状態 C は、まさに、宇宙空間で重力が全く働いていない慣性系での観測者、つまり状態 B と同じであることがわかる。観測者は、自分が

BなのかCなのかを，エレベーターの中の状態からは区別できない．実際に，Cの状態にある観測者がボールを手放すと，そのボールは，観測者に対して止まったままである．もちろん両者は同じ重力加速度で落下しているのだが，相対加速度，相対速度は共に0で，一緒に運動を続ける．観測者からすると，BでもCでも，ボールが動かないことに変わりはない．同じ物理現象が生じるのだから，窓から外を見ない限り，両者を区別できないのだ．

一方，宇宙空間に置かれたエレベーターを，加速度運動させたらどうだろうか．ちょうど重力加速度と同じ大きさで加速した場合をDとする．この場合には，エレベーター内の観測者は，加速度の方向と逆向きに慣性力を受ける．その大きさは，まさに重力と等しい．電車が発車したときに，乗客は進行方向と逆向きに力を感じるのと同じである．

状態Dは，地上で重力が働いている場合であるAと区別できない．Dの状態にある観測者がボールを手放すと，ボールは，重力加速度で落下していくように見えるのだ．Aの観測者と全く同じ現象を観測することになる．

以上の思考実験から，観測者にとって重力の働きは，加速度する系に乗ったときに受ける慣性力と区別できない，ということがわかる．これが等価原理である．

等価原理はただちに，重力質量と慣性質量が等しくなるという結果を導く．重力質量とは，重力によって物体が引かれる力に比例する質量のことだ．質量mの物体が，質量Mの物体に引かれる重力，$F = GMm/r^2$に現れるmである．こちらをm_Gと表す．一方，慣性質量とは，ニュートンの運動方程式に現れる，力に比例し加速度に反比例する量である．すなわち，力をF，加速度をaとしたとき，$m = F/a$で表される質量を慣性質量と呼ぶ．こちらはm_iと表そう．

m_Gとm_iが，物体を構成する物質の性質によらず等しいということから，例えば地上では，物質によらず，重力が働いていれば同じ重力加速度で落下する，という結果を得る．運動方程式を書いてみよう．

$$F = m_i a = G \frac{M m_G}{R^2} \tag{7.1}$$

となる。ここで R は地球の半径である。もし，m_G/m_i が物質によらず一定（同じ値）であれば，重力加速度は $a = GM/R^2$ と書かれる。この結果が，物質の方の質量に依存しないので，あらゆる物質は同じ重力加速度で落下することになるのだ。

重力質量と慣性質量の比の値が，物質によって異なるとしよう。その場合には，地上での自由落下で，落下の加速度や速度が，物質によって異なることになる。重力加速度が $a = (m_G/m_i)GM/r^2$ と書かれ，m_G/m_i で与えられる係数が，物質ごとに変わるからである。例えば，羽は砲弾よりも遅く落ちる，というような現象が（真空中であっても）現実のものとなる。

このことは，等価原理と明らかに矛盾する。もし，重力質量と慣性質量が物質によって異なるならば，観測者は，自分が重力の働いている場所にいるかどうかを区別できるからである。先ほどのエレベーターの例に戻ろう。状態 B と C を考える。前と同様，観測者が物体を手放したとする。B では，観測者も物体も静止し続けるだろう。物体がどのような物質であったとしても，この関係は変わらない。どちらにも何の力も働いていないのだから。一方，C では状況が異なる。物体を手放すと，観測者と同じ m_G/m_i を持つ物質に限り，観測者に対して静止し続ける。しかし，物体を構成するのが観測者と異なった m_G/m_i の値を持つ物質であれば，動き出す。落っこちる加速度によって，重力加速度を見かけ上消していたのに，加速度の値が異なるので，完全には打ち消せなくなるのだ。

すなわち，もし重力質量と慣性質量が物質によって異なっていると，さまざまな物質について実験を繰り返すことで，観測者は自分が無重力の状態にいるのか（B），それとも重力は存在しているが，それを加速度で打ち消しているのか（C），を区別することができる。重力と加速度を区別できるのだから，等価原理と矛盾する。重力質量と慣性質量は，物質によらず，その比は一定でなければならない。ここで例えば，重力定数の値を適当にとることで，両者を一致させることは容易にできる。

例7.2　無重力状態と無重量状態

近年は，宇宙ステーションなどで宇宙飛行士が活動する映像を目にする機会が増えてきた。このとき，宇宙飛行士は，「無重力状態」ではなく，「無重量状態」にあるというのが正しい。気をつけてテレビを見ていると，確

かにアナウンサーがそう言っているのに気づく。宇宙ステーションは，高度およそ 300 km～400 km の所を飛んでいる。そこでの重力の強さは，地表に比べて 10% 程度弱くなっているに過ぎない。決して無重力ではないのだ。宇宙ステーションの中で，宇宙飛行士が重力を感じないで浮かんでいるのは，重力と慣性力である遠心力がつり合って，見かけ上，重力を打ち消しているからである。　□

例題7.1　重力の存在の感知

等価原理が正しければ，重力の存在は感知しようがないのだろうか。Aの状況にある観測者が，そこでは確かに重力が働いている，という証拠を得るためにはどのような実験を行えばよいか，考えよ（ヒント：エレベーターが非常に長い，または横に幅広ければ，より容易に示すことができる）。

解　同じボールを，同じ高さ，しかし左右に隔たった 2 点から，同時に落とす現象を見る。すると，ボールは地球の中心の方向に向かって重力を受けるので，真っ直ぐ下ではなく，ごくわずかだが，どちらも観測者のいる場所に近づくように運動する。このような現象は D では生じない。

また，同じボールを非常に高い場所から落とす場合と，低い場所から落とす場合を比べるのでもよい。高い場所の方が，ごくわずかだが地球から遠い。そのため重力が弱い。高いところから落とすと，低いところからに比べ，ゆっくり落ちるのである。　■

重力が感知できるかどうかは，屋根から落下する男の例のところで述べた「少なくともそのすぐ周辺には重力が存在していない」という条件が鍵となる。実は，注目している場所の周辺，すなわち局所的にのみ，重力は加速度によって消すことが可能なのである。

7.3　一般相対性原理

等価原理は，重力の働いている慣性系と，重力のない加速度系を区別できない，ということを主張している。この状況を，慣性系の間だけをローレンツ変換という座標変換によって結ぶ特殊相対性理論で説明することは不可能である。重力を取り扱うためには，慣性系と加速度系の間の座標変換を考えなければならない。

そこでアインシュタインは，特殊相対性理論の基本原理となった(特殊)相対性原理を拡張することにした．特殊相対性理論での相対性原理は，異なった慣性系でも同じ物理法則が成り立つ，というものであった．それを，**「すべての物理法則は，どのような座標系を基準にとっても，同じ形で表される」**という形に拡張したのである．これを一般相対性原理と呼ぶ．

　同じことを，数学的に表現したのが，一般共変性である．それは，**「すべての物理法則は，任意の座標変換に対して，共変な形式で書き表される」**というテンソル解析の言葉を用いて表される．これについては後で詳しく述べる．特殊相対性理論での相対性原理は，任意の座標変換の代わりに，ローレンツ変換であった．

　一般相対性原理と等価原理を組み合わせることによって初めて，重力の働いている系や加速度系での運動を記述できるようになる．速度が遅く，ニュートン力学が成り立っている場合について考えてみよう．先のエレベーター実験の状態Bを例に取る．Bでは，重力の働いていないところにエレベーターが置いてあった．ここで，観測者と物体が，エレベーターに対して静止しているとする．観測者が見るのは，浮かんで止まっている物体である．次に，エレベーターを適当な加速度で動かし始める．すると，観測者には，物体がエレベーターに対して加速度運動を始め，動き出したように見える．このままでは，ニュートンの運動方程式が成り立たない．力が働かずに物体が動き出してしまうからである．座標系によって，運動方程式が変わってしまうことになるため，一般相対性原理が成り立たないのである．

　ここで等価原理を用いる．すると，物体には，エレベーターの加速度に応じた重力が働くと考えられる．結局，重力を受けて動き出す，というニュートン方程式で物体の運動は記述できる．このことによって一般相対性原理が成立するのである．

章末問題

7.1　ニュートン重力理論にも，場の方程式は存在する．それは，重力ポテンシャル ϕ と，物質密度 ρ の間に成り立つポアソン方程式，

$\triangle \phi(x) = 4\pi G \rho(x)$ だ。ここで，$\triangle \equiv \partial^2/\partial x^2 + \partial^2/\partial y^2 + \partial^2/\partial z^2$ である。この方程式が力の瞬間的な伝達を許すことを確認し，真空中で光速度で伝播するように変更せよ。

7.2 エレベーターの思考実験で，状況 C を考える。地球の表面近くで観測者と共に重力加速度で落下するエレベーターの中で，物体の運動を考える。エレベーター内で観測者の頭上 1 m の所にある質量 1 kg の物体は，観測者からはどのような力を受けているように見えるか。また，その加速度はどれだけか。ただし，地球を質量が $M_E = 5.97 \times 10^{24}$ kg，半径 $R_E = 6400$ km の球体とし，重力定数は $G = 6.67 \times 10^{-11}$ m^3/kg/s^2 とせよ。

第 8 章

等価原理を用いれば，重力固有の効果を直感的に知ることが可能となる。重力が働いている系での現象を，自由落下する局所慣性系から観測することで，特殊相対性理論に基づいて説明することができるからである。

一般相対性理論の効果

　等価原理によれば，重力の存在と加速度系は局所的には区別できない。逆にいえば，重力が存在しない無限遠方から自由落下してくる観測者には，慣性力の作用によって，重力が働かない。この観測者から，重力が働いている場所で静止している系での現象がどのように見えるのかを，ローレンツ変換を用いて表すと，重力固有の効果を求めることができる。ここでは，一般相対性理論をきちんと定式化して力学法則を導く前に，等価原理をもとに重力の効果を示す。なお，自由落下するエレベーターのように局所的に重力が働かない系のことを，局所ローレンツ系と呼ぶ。

8.1　重力による時間の延び

　重力が存在していると，存在しない場合に比べ，時間がゆっくりと流れる。時間が延びる（遅れる）のである。

　例として，地表での時計の進み方を，重力の働いていない無限遠方での時計の進み方と比較してみる。無限遠方での時間幅を Δt_∞，地表での時間幅を Δt_1 としよう。

　ここで，エレベーターを無限遠方から自由落下させることを考える。このとき，無限遠方でのエレベーターの速度は 0 と取る。エレベーター内部

での時間幅を Δt_{ff} としよう。添え字の ff は free fall（自由落下）を表している。無限遠方では速度が 0 であるから，$\Delta t_{\mathrm{ff}} = \Delta t_\infty$ である。

このままエレベーターが落下して地表に到達したとき，エレベーターが地表に対して持つ速度を v とする。ここで，エレベーター内部は（見かけ上）重力が働いていないので，局所ローレンツ系である。つまり，特殊相対性理論が使える。このとき，エレベーター内部から見ると，地表に固定された時計は速さ v で進んでいる。そこで，その時計が刻む地表での時間幅 Δt_1 を，エレベーター内部の観測者は延びて観測することになる。その延びは，式 (3.12) にあるように

$$\Delta t_{\mathrm{ff}} = \gamma \Delta t_1 \tag{8.1}$$

である。

一方，エレベーターはずっと重力の働いていない状態を保っている。そこでの時計の進み方は常に一定である。つまりエレベーターの時間幅は，無限遠方での時間幅を保持しているので，

$$\Delta t_\infty = \Delta t_{\mathrm{ff}} = \gamma \Delta t_1 = \frac{1}{\sqrt{1-(v/c)^2}} \Delta t_1 \tag{8.2}$$

となり，結局，$\Delta t_\infty > \Delta t_1$ を得る。これは，重力の働いている地表での時間の幅を無限遠方で測定すると延びる，ということを意味している。ちょうど，2 章で宇宙線中の μ 粒子の寿命が延びたのと同様な効果である。つまり，重力の働いている地表の方が，無限遠方よりも時計の進み方が遅いのである。

例8.1　地表での時間の延び

無限遠方で静止していた観測者が，地表に到達したときに到達する速度 v は，ニュートン方程式を用いて

$$\frac{1}{2}mv^2 = G\frac{mM}{R} \tag{8.3}$$

と表される。右辺は，無限遠方を基準に取ったときの地表の重力ポテンシャルの絶対値に，観測者の質量 m をかけたものである。ただし，このようなニュートン力学の式は，v が光速度よりも十分に小さいときにのみ成り立つことに注意されたい。ここで M は地球の質量，R は地球の半径である。これによって得られる観測者の速度 v は，地表からロケットを地球

の重力圏の外 (無限遠方) まで打ち上げるのに必要な速度，いわゆる第 2 宇宙速度に等しく，$v = 11.18$ km/s である。この値は，光速度に比べてはるかに小さい。確かにニュートン力学を用いてもかまわないのである。このとき，$\gamma = 1/\sqrt{1-(v/c)^2} = 1 + 6.9 \times 10^{-9}$ であるので，特殊相対性理論の効果は，1 億分の 1 程度で入ってくることになる。

この関係を用いると，地表での時間の延び (遅れ) は，

$$\Delta t_\infty = \gamma \Delta t_1 = (1 + 6.9 \times 10^{-9}) \Delta t_1 \tag{8.4}$$

となる。地表での時計が 1 秒を刻むのを，重力のない無限遠方に置いた時計を用いて測定すると，$1 + 6.9 \times 10^{-9}$ 秒かかる。地表の時計の針の方が，ゆっくりと動くのだ。つまり，地表では 1 秒当たりにして，6.9×10^{-9} 秒だけ時計の進み方が重力によって遅れることになる。 □

ここまでは，無限遠方を基準にしていたが，必ずしもその必要はない。一般に，重力ポテンシャルの値が ϕ_A である場所 A と，ϕ_B の場所 B を考える。ここでは，$\phi_A > \phi_B$ とする。つまり，A に比べて B の方が低い場所にいることとする。A から B へ落下すると，速度は

$$\frac{1}{2}v^2 = \phi_A - \phi_B \tag{8.5}$$

と表される。時間幅の関係は

$$\Delta t_A = \gamma \Delta t_B = \frac{1}{\sqrt{1-(v/c)^2}} \Delta t_B = \frac{1}{\sqrt{1-2(\phi_A - \phi_B)/c^2}} \Delta t_B$$
$$\simeq \left(1 + \frac{(\phi_A - \phi_B)}{c^2}\right) \Delta t_B \tag{8.6}$$

となる。ただし，v/c が 1 に比べて極めて小さいという近似を用いた。以上の結果は，重力ポテンシャルの影響で，$1 + (\phi_A - \phi_B)/c^2$ 倍だけ時間が延びることを意味する。

例題8.1 地表と高度 H での時計の進み方の違い

地表と高度 H の点での時間の進み方の違いを求めよ。ただし，地球の半径を R とする。

解 地表での時間の刻みを Δt_R，高度 H での刻みを Δt_H とする。地表と高度 H での重力ポテンシャルは各々，$-GM/R$ と $-GM/(R+H)$ である。これを式 (8.6) に代入すれば，

第 8 章　一般相対性理論の効果

$$\Delta t_H = \left(1 + \frac{-GM}{(R+H)c^2} - \frac{-GM}{Rc^2}\right)\Delta t_R = \left(1 + \frac{GM}{c^2}\left(\frac{1}{R} - \frac{1}{R+H}\right)\right)\Delta t_R$$
$$\simeq \left(1 + \frac{GM}{c^2}\frac{H}{R^2}\right)\Delta t_R = \left(1 + \frac{Hg}{c^2}\right)\Delta t_R \tag{8.7}$$

となる。ただし、近似は $R \gg H$ と仮定した場合に成り立ち、また、g は地表での重力加速度 9.81 m/s^2 である。　■

8.2　重力による赤方偏移

　光の波長や振動数も、重力の効果によって変更される。光源が地上に置かれている場合に、その光を重力が働いていない無限遠方で観測するとどうなるか調べてみよう。

　地表での波長を λ_1、振動数を ν_1 とすると、$\nu_1 = c/\lambda_1$ の関係がある。地上での光源が Δt_1 の間に放出する波の数を N と置けば、$N = \nu_1 \Delta t_1$ である。時間の延びの場合と同様に、重力を感じない自由落下する観測者にとって、この時間は $\Delta t_\text{ff} = \gamma \Delta t_1$ と延びる。自由落下する観測者の時間幅は、無限遠方での観測者の時間幅 Δt_∞ に一致する。光源が発する N 個の光を、無限遠方では、Δt_∞ の幅で受け取る。すると、そこでの振動数 ν_∞ は、

$$\nu_\infty = \frac{N}{\Delta t_\infty} = \frac{N}{\gamma \Delta t_1} = \frac{1}{\gamma}\nu_1 \tag{8.8}$$

となる。地表に比べて、無限遠方では振動数が小さくなるのだ。波長は振動数の逆数に比例するので、長くなる。つまり赤くなるのである。地表での光を無限遠方まで持って行くと、赤方偏移することを意味する。逆に、無限遠方での振動数に比べて、地表の振動数は大きい。無限遠方から地表に向かって光を打ち込めば、青くなる、つまり青方偏移するのだ。

　次に振動数の減少について、重力ポテンシャルを使って書き直そう。地表での値を $\phi_1 = -GM/R$ とする。すると、無限遠方から自由落下してきたときの速度は、式 (8.5) より $v = \sqrt{-2\phi_1}$ と表される。このことから

$$\nu_\infty = \frac{1}{\gamma}\nu_1 = \sqrt{1 - (v/c)^2}\,\nu_1 \simeq \left(1 - \frac{1}{2}\left(\frac{v}{c}\right)^2\right)\nu_1$$
$$= \left(1 + \frac{\phi_1}{c^2}\right)\nu_1 \tag{8.9}$$

となる。

この関係式は，光子のエネルギー保存則として読み直すことが可能である。光子のエネルギーは，地表と無限遠方で各々 $h\nu_1$ と $h\nu_\infty$ と表される。ここで，h はプランク定数である。位置エネルギーについては，無限遠方で 0 としてあり，地表では $m\phi_1$ である。ここで，質量 m が現れる。もちろん光子は質量を持たない。しかし，光子のエネルギーがその静止質量エネルギーと等しいと置くことで，地表での光子の「静止質量」を $h\nu_1 = mc^2$ と無理やり定義することにする。すると，$m = h\nu_1/c^2$ である。結局，地表から無限遠方に照射された光子のエネルギー保存則として

$$h\nu_\infty + 0 = h\nu_1 + m\phi_1 = h\nu_1 + \frac{h\nu_1}{c^2}\phi_1 \tag{8.10}$$

という関係を得る。これはまさに，式 (8.9) である。つまり，光子が重力の井戸から抜け出すために，自分自身のエネルギーを減らす。その結果，振動数が小さくなると考えられるのだ。

以上の振動数の変化は，時間の延びの場合と同様，無限遠方を基準とする必要はない。重力ポテンシャルの値が ϕ_A である場所 A と，ϕ_B の場所 B ($\phi_A > \phi_B$) を考え，B から A に向けて光を照射すると，

$$\nu_A = \left(1 - \frac{\phi_A - \phi_B}{c^2}\right)\nu_B \tag{8.11}$$

を得る。振動数の縮みの割合は，

$$\frac{\nu_A - \nu_B}{\nu_B} = -\frac{\phi_A - \phi_B}{c^2} \tag{8.12}$$

である。左辺は負であり，$\nu_A < \nu_B$ となる。また，これを波長 λ の伸びの割合 (赤方偏移) で表すと，$\lambda \propto 1/\nu$ より，

$$\frac{\lambda_A - \lambda_B}{\lambda_B} \simeq \frac{\lambda_A - \lambda_B}{\lambda_A} = \frac{\phi_A - \phi_B}{c^2} \tag{8.13}$$

を得る。ただし $1 \gg (\phi_A - \phi_B)/c^2$ と仮定した。

(例8.2) **重力による赤方偏移の測定**

一般相対性理論の検証実験として有名なものの 1 つに，1960 年に行われた，ロバート・パウンドとグレン・レブカによる重力赤方偏移の測定がある。実験は，ハーバード大学の建物のタワーで行われた。彼らは，ガンマ線を出す鉄 (^{57}Fe) のサンプルと，それを吸収するための別の ^{57}Fe のサ

ンプルを用意した．それぞれを，タワーの屋根の近くと地下室に置き，それを入れ替え，吸収が起きるか実験を行った．タワーの下から上までの距離は，22.6m（74インチ）であった．例えば，タワーの上に置いたサンプルから下に置かれたサンプルへとガンマ線を照射すると，振動数がその間変わらなければ，地下室の ^{57}Fe が，ガンマ線を完全に吸収するはずである．ここで，^{57}Fe 原子が出すガンマ線の振動数は非常に正確で，それとぴったり同じ振動数のみを別の ^{57}Fe が吸収できることが重要となる．これをメスバウアー効果という．さて，22.6 m の高さが引き起こす振動数の変化 $\Delta \nu$ は，式 (8.12) から

$$\frac{\Delta \nu}{\nu} = \frac{\phi_{屋根} - \phi_{地下}}{c^2} = \frac{GM}{c^2}\frac{H}{R^2} = \frac{Hg}{c^2} \tag{8.14}$$

と期待される．ここで式 (8.7) を用いた．また，$H = 22.6$ m である．地表での重力加速度 $g = 9.81$ m/s^2 と光速度 $c = 3.00 \times 10^8$ m/s を代入すれば，$\Delta \nu / \nu = 2.46 \times 10^{-15}$ を得る．一般相対性理論を信じれば，上から下にガンマ線を照射すると，振動数がこれだけの割合，大きくなるはずなのだ．これだけの振動数変化が起こると，もはや吸収が起きなくなる．そこで，パウンドとレブカは，ガンマ線を出す方のサンプルを上下に振動させ，ドップラー効果により，放射側の振動数を変化させる実験を行った．すると，ドップラー効果がちょうどぴったり，重力による振動数の変化を打ち消した瞬間だけ，吸収が起こることを見いだした．そのときのサンプルの速度から，重力による振動数の変化を求めたのである．期待通り，上から下へ打ち下ろしたときは振動数が大きくなり，下から上に打ち上げたときは振動数が小さくなった．両者の絶対値を加えて平均を取った値が (5.13 ± 0.51) × 10^{-15} であった．これは，重力による振動数変化の予測値（の 2 倍），4.92×10^{-15} と，非常によく一致したのである． □

8.3　重力による光の曲がり

　重力によって，質量がゼロと考えられている光の経路も曲げられる．太陽表面など重力の強い場所を通過するときに，光は重力によって屈折するのである．

ニュートン重力の場合についても，光を質量のある粒子と考えれば，その経路は重力によって曲げられる（12.2 節を参照）。少しでも質量があれば，その質量によらず決まる曲がり角を得るのである。しかし，質量が厳密にゼロであれば，重力の影響を受けないので曲がらないはずである。

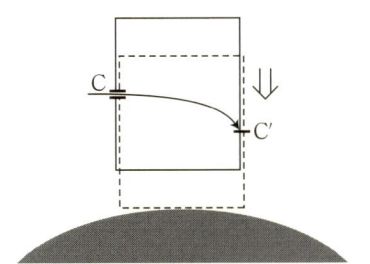

図8.1 エレベーターの思考実験を用いた光の曲がりの効果

一方，一般相対性理論では，たとえ質量がゼロであっても曲がる。このことは，等価原理によって定性的には示すことができる。ここで，光の伝播に対する地球の重力の影響を考えてみよう。無限遠方から自由に落下してくるエレベーターに乗った観測者を考える。このエレベーターには上下等距離の場所に空けられた穴 C がある。ちょうど地表にさしかかったときに，光が C を通過してエレベーター内部に入ってきたとしよう。エレベーター内部の観測者にとっては，等価原理により重力が存在しないのだから，光は直進する。やがて光は，C と反対側の，やはり上下等距離の場所，C′ に到達する。一方，地上にいる観測者にとっては，この間，エレベーターは落下を続ける。C を通過した光は，下向きに曲がりながら，C′ へ到達するように観測されるのだ。重力が存在していると，光の経路は曲げられるのである。

この曲がりの大きさがどれだけになるのかは，一般相対性理論の式に基づいて，きちんと評価する必要がある。残念ながら，この等価原理の考え方だけでは，正確な値は求められない。空間の曲がりの効果が入っていないからである。きちんとした計算結果は，ニュートンの場合の 2 倍になることが知られている（12.2 節を参照）。アインシュタイン自身，1911 年に一度はニュートンの場合と一致するという誤った答えを得ていた。その後 1915 年になって，一般相対性理論を完成させる際に，アインシュタイン

は自身の誤りに気づいたのである。

　重力による光の曲がりの効果は，水星の近日点移動と並んで，最初に検証された一般相対性理論の効果として名高い。一般相対性理論の発表から4年後，1919年5月29日に西アフリカのプリンシペ島で，日食の観測を行い，一般相対性理論の正しさを示したのが，アーサー・エディントン（1882～1944）だ。彼は，日食中に太陽の後方を通過するヒアデス星団の星の位置が，太陽の重力によってどれだけずれたかを測定したのである。その結果は，一般相対性理論の予想とピタリと一致するものだった。一部には，この観測の精度に対して疑義も出されているが，いずれにせよ，その後繰り返し観測され，一般相対性理論の予想と非常によい一致を示している。

章末問題

8.1 近年はカーナビが普及し，GPS（Global Positioning System）が日常生活に欠かせないものとなっている。携帯電話にも多く搭載されている。このGPSは，原子時計を搭載した人工衛星24～30機からなるシステムだ。これらの人工衛星からの電波を受けることで，受け手と各々の人工衛星の間の距離を決めることができる。人工衛星が電波を放った時刻と電波を受信した時刻の差に，光速度をかけることで，両者の距離が得られるからだ。3機の人工衛星があれば，3次元の位置は完全に決定できる。実際には，受け手は正確な時計を持っていないので，それを補正するために，4機以上必要となる。原子時計は非常に正確であるが，2つの理由で時間にズレを生じる。人工衛星の地表に対する速度に起因する特殊相対性理論の効果と，地表と人工衛星での重力差による一般相対性理論の効果である。これらの効果について以下の問に答えよ。なお，人工衛星の軌道高度は 2.02×10^4 km であり，そこでの周回速度は，3.87 km/s である。地球は質量 $M_E = 5.97 \times 10^{24}$ kg，半径 $R_E = 6400$ km の球体とし，重力定数は $G = 6.67 \times 10^{-11}$ m³/kg/s²，光速度は $c = 3.00 \times 10^5$ km/s である。

(1) 特殊相対性理論の効果により，地上の観測者に対して衛星の時間は1秒当たりどれだけ遅れるか。

(2) 一般相対性理論の効果により，衛星の時間は地表に対して1秒当たりどれだけ進むか。

(3) 両方の効果に気づかずに，時間を用いて距離を決定しようとすると，1秒当たり，どれだけの距離の誤差が生じるか。

8.2 天体の表面から放出された光が，無限遠方まで到達したときに生じる振動数（波長）変化が赤方偏移であった。8.2節での計算が，どれだけ重力が強くても成り立つと仮定したとき，無限遠方での振動数が0，つまり波長が無限大となる条件を求めよ。また，質量が太陽と同じ天体で，この条件を満たす天体の大きさを求めよ。ただし，太陽の質量は 1.99×10^{30} kg で，重力定数 $G = 6.67 \times 10^{-11}$ m^3/kg/s^2，光速度 $c = 3.00 \times 10^8$ m/s である。

第 9 章

ローレンツ変換に代わり，加速度系の間を結ぶのが一般座標変換だ。曲がった時空での座標系間の関係を与える一般座標変換に対しても，ベクトルやテンソルが定義できる。例えば，曲率テンソルは時空の曲がりを与える。

テンソル解析

　特殊相対性理論に現れるのは，慣性系同士を結ぶローレンツ変換であった。同じ時空上の点を，別な慣性系で表す働きを持つのがローレンツ変換である。その結果，特殊相対性理論の運動は，ミンコフスキー時空上で展開された。

　重力が働く場合でも，各点のごく近くだけであれば，ローレンツ変換で結ぶことができる。それを保証するのが等価原理だった。局所的には，ミンコフスキー時空で記述できるのである。しかし，一般には，重力があれば空間が曲がり，ユークリッド空間での曲線座標のような一般的な座標を用いる必要がある。慣性系の間のローレンツ変換の代わりに，そこでは一般座標の間の変換として一般座標変換が現れる。一般座標変換に対して，スカラー，ベクトル，テンソルが定義されるのである。このときの時空は，ミンコフスキーとは異なり，一般に，メトリックが時間や空間に依存することになる。

9.1 　　一般座標変換

　一般相対性理論は，時間と空間が作る 4 次元の時空の上に展開される。この 4 次元時空に座標を張ることを考えよう。

必ずしも 4 次元時空上のすべてではなく，ある部分を切り出し，そこに座標 $x^\mu(\mu = 0, 1, 2, 3)$ を張る．ここで，0 は時間，残りは空間を表す．このことによって 1 つの座標系が定まる．

次に，新たな座標系を考え，そこでの座標値を $\widetilde{x}^\mu$ とする．この新たな座標は，以前の座標の関数として表すことができ，それを一般座標変換と呼ぶ．

$$\widetilde{x}^\mu = f^\mu(x^0, x^1, x^2, x^3) \tag{9.1}$$

である．

新しい座標 $\widetilde{x}^\mu$ の全微分は，もとの座標 x^μ の全微分を用いて

$$\mathrm{d}\widetilde{x}^\mu = \sum_{\nu=0}^{3} \frac{\partial f^\mu}{\partial x^\nu} \mathrm{d}x^\nu = \sum_{\nu=0}^{3} \frac{\partial \widetilde{x}^\mu}{\partial x^\nu} \mathrm{d}x^\nu \equiv \frac{\partial \widetilde{x}^\mu}{\partial x^\nu} \mathrm{d}x^\nu \tag{9.2}$$

と表される．今後はここで示したように，特殊相対性理論のときと同様に，アインシュタインの規約を用いて，和の記号は省略する．

例9.1　2 次元空間の座標変換の例

2 次元空間を例に取ってみよう．地球全体 (2 次元球面) から，日本の近くを切り出してきて，平面で表すことを考える．球面を平面に表す方法には，さまざまな手法がある．図 9.1 では，メルカトル図法 (下) と，モルワイデ図法 (上) を例に取った．この 2 つの地図に，2 次元直交座標を導入する．原点は両者とも九州南端東方沖の同じ場所に取る．ここで例えば，東京はメルカトル図法の座標 $(x, y) = (2, 1)$ の点である．このとき，モ

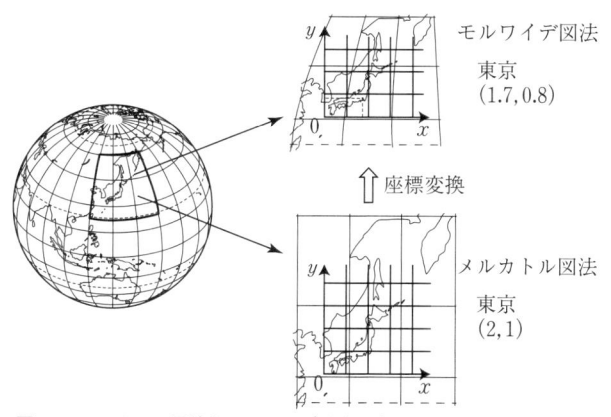

図9.1　メルカトル図法とモルワイデ図法で表した日本近郊と座標変換

ルワイデ図法での同じ座標値 $(2, 1)$ は,東京ではない太平洋上の点を表す。モルワイデ図法での東京は $(\tilde{x}, \tilde{y}) = (1.7, 0.8)$ である。ここで $(\tilde{x}, \tilde{y})$ と (x, y) の間の関係が座標変換である。 □

9.2　スカラー・ベクトル・テンソル

すべての物理量が,一般座標変換に対して同じ変換性を持っているわけではない。実際には,物理量ごとに,スカラー量やベクトル量などに分類することができる。各々,スカラーやベクトルという一般座標変換に対する変換性を持っている量である。

スカラーやベクトルは,5.2 節ではローレンツ変換に基づいて定義したが,ここでは,一般座標変換に対して定義される。

まず,スカラーについて定義しよう。同じ点 P において,一般座標変換によって値が変化しない量をスカラーと呼ぶ。すなわち,P 点の座標が 2 つの座標系によって x^μ と $\tilde{x}^\mu$ と書かれるとき,

$$\tilde{\phi}(\tilde{x}^\mu) = \phi(x^\mu) \tag{9.3}$$

となる ϕ がスカラーである。なお,座標上のどの点でも上記の関係が成り立っている場合をスカラー場と呼ぶ。

次にベクトルを定義する。反変ベクトル V^μ とは,点 P での一般座標変換によって

$$\tilde{V}^\mu = \frac{\partial \tilde{x}^\mu}{\partial x^\nu} V^\nu \tag{9.4}$$

という変換をする量である。

例9.2　曲線の接ベクトル

曲線 $x^\mu(u)$ の接ベクトル dx^μ/du はその名の通り,ベクトルである。このことを以下で証明する。ここで $x^\mu(u)$ とは,x^μ という座標の値が 1 つのパラメーター u によって指定されることを表している。パラメーター u を変化させていくと,それに応じて座標が決定され,軌跡,つまり曲線を描くことになる。座標 x^μ に対して,その変化を決めるパラメーター u で微分を取ると,接線,つまり接ベクトルが得られるのである。ベクトルであることを確認するために,接ベクトル dx^μ/du の一般座標変換を行う

と，
$$\frac{d\widetilde{x}^\mu}{du} = \left(\frac{\partial \widetilde{x}^\mu}{\partial x^\nu} dx^\nu\right)/du = \frac{\partial \widetilde{x}^\mu}{\partial x^\nu} \frac{dx^\nu}{du} \tag{9.5}$$
を得る。これはまさにベクトルの変換性を持っている。 □

ローレンツ変換の場合と同様に，一般座標変換に対して，反変ベクトル以外に共変ベクトルが定義される。共変ベクトルとは
$$\widetilde{V}_\mu = \frac{\partial x^\nu}{\partial \widetilde{x}^\mu} V_\nu \tag{9.6}$$
という変換をする量である。先の反変ベクトルとは，係数が逆数（逆行列）の関係にある。共変ベクトルの例として，スカラー場の微分 $\partial \phi/\partial x^\mu$ が挙げられる。この一般座標変換は，
$$\frac{\partial \widetilde{\phi}(\widetilde{x}^\lambda)}{\partial \widetilde{x}^\mu} = \frac{\partial x^\nu}{\partial \widetilde{x}^\mu} \frac{\partial \phi(x^\lambda)}{\partial x^\nu} \tag{9.7}$$
を得る。ここで，スカラー場なので $\widetilde{\phi}(\widetilde{x}^\lambda) = \phi(x^\lambda)$ の関係を用いた。確かに共変ベクトルとなっている。

反変ベクトルと共変ベクトルの積を取って，添え字について足し上げることで内積が定義できる。内積はスカラーになるので，座標変換に対して不変である。反変ベクトル V^μ と共変ベクトル W_μ の内積は，
$$V^\mu W_\mu \tag{9.8}$$
である。

ベクトルの一般化としてテンソルが定義できる。ランク n の反変テンソルとは，一般座標変換に対して n 個の反変ベクトルの積と同じ変換性を示すものをいう。つまり $T^{\mu\nu\cdots\kappa}$ は，$V^\mu W^\nu \cdots X^\kappa$ と同じ変換性を持つ。共変テンソルについても同様である。このことから，ベクトルはランク 1 のテンソルであることがわかる。また，反変ベクトルと共変ベクトルの混じった変換性を持つテンソルも定義でき，混合テンソルと呼ぶ。

例9.3 混合テンソル $\delta^\mu{}_\nu$

クロネッカーの $\delta^\mu{}_\nu$ は混合テンソルである。以前にも出てきたが，$\delta^\mu{}_\nu$ は，μ と ν が等しい場合には 1，それ以外は 0 となる関数である。この関数は，次のように座標の微分で表すことができる。
$$\delta^\mu{}_\nu = \frac{\partial x^\mu}{\partial x^\nu} = \frac{\partial \widetilde{x}^\mu}{\partial \widetilde{x}^\nu} \tag{9.9}$$

この関係から，

$$\delta^\mu{}_\nu = \frac{\partial \widetilde{x}^\mu}{\partial \widetilde{x}^\nu} = \frac{\partial \widetilde{x}^\mu}{\partial x^\lambda}\frac{\partial x^\lambda}{\partial \widetilde{x}^\nu} = \frac{\partial \widetilde{x}^\mu}{\partial x^\lambda}\frac{\partial x^\kappa}{\partial \widetilde{x}^\nu}\delta^\lambda{}_\kappa \tag{9.10}$$

を得る。確かにランク2の混合テンソルになっている。 □

例題9.1 内積の変換性

内積(9.8)式が，スカラーであることを示せ。

解 反変ベクトル V^μ と共変ベクトル W_μ を，各々一般座標変換すると，

$$\widetilde{V}^\mu = \frac{\partial \widetilde{x}^\mu}{\partial x^\nu} V^\nu$$

$$\widetilde{W}_\mu = \frac{\partial x^\nu}{\partial \widetilde{x}^\mu} W_\nu$$

である。変換後の内積を取ると，

$$\widetilde{V}^\mu \widetilde{W}_\mu = \frac{\partial \widetilde{x}^\mu}{\partial x^\nu}\frac{\partial x^\lambda}{\partial \widetilde{x}^\mu} V^\nu W_\lambda = \frac{\partial x^\lambda}{\partial x^\nu} V^\nu W_\lambda = \delta^\lambda{}_\nu V^\nu W_\lambda = V^\lambda W_\lambda$$

となり，もとの内積と一致するのでスカラーである。 ∎

9.3　微分

スカラー場の微分は，共変ベクトルであることをすでに示した。この微分をしばしば

$$\frac{\partial \phi}{\partial x^\mu} \equiv \partial_\mu \phi \equiv \phi_{,\mu} \tag{9.11}$$

と表すことがある。

次に，ベクトル場の微分について見ていこう。反変ベクトルを微分すると，

$$\partial_\nu V^\mu \equiv \frac{\partial V^\mu}{\partial x^\nu} \tag{9.12}$$

である。変換性を見るために，これを一般座標変換する。すると

$$\widetilde{\partial}_\nu \widetilde{V}^\mu \equiv \frac{\partial \widetilde{V}^\mu}{\partial \widetilde{x}^\nu} = \frac{\partial}{\partial \widetilde{x}^\nu}\left(\frac{\partial \widetilde{x}^\mu}{\partial x^\lambda} V^\lambda\right) = \frac{\partial x^\kappa}{\partial \widetilde{x}^\nu}\frac{\partial}{\partial x^\kappa}\left(\frac{\partial \widetilde{x}^\mu}{\partial x^\lambda} V^\lambda\right)$$

$$= \frac{\partial x^\kappa}{\partial \widetilde{x}^\nu}\frac{\partial \widetilde{x}^\mu}{\partial x^\lambda}\frac{\partial V^\lambda}{\partial x^\kappa} + \frac{\partial x^\kappa}{\partial \widetilde{x}^\nu}\frac{\partial^2 \widetilde{x}^\mu}{\partial x^\lambda \partial x^\kappa} V^\lambda$$

$$= \frac{\partial x^\kappa}{\partial \widetilde{x}^\nu} \frac{\partial \widetilde{x}^\mu}{\partial x^\lambda} \partial_\kappa V^\lambda + \frac{\partial x^\kappa}{\partial \widetilde{x}^\nu} \frac{\partial^2 \widetilde{x}^\mu}{\partial x^\lambda \partial x^\kappa} V^\lambda \tag{9.13}$$

を得る。右辺1項目は，混合テンソルの変換を示している。しかし，2項目として，余分なおつりが出てきていることに注意したい。ベクトル場の微分は，テンソルにはならないのである。

　幾何学的に，微分という操作は，近接するが異なる2点での関数の値の差を用いて定義される。ベクトルの場合には，異なる点でのベクトルの差なので，各々異なった変換則に従う結果，テンソルにならないのである。

　少し具体的に見ていこう。座標 x（添え字 μ は省略した）で表す点 P での反変ベクトルの値を $V^\mu(x)$ とし，微小量 δx だけ離れた点 Q での値を $V^\mu(x+\delta x)$ とする。微分は，$(V^\mu(x+\delta x) - V^\mu(x))/\delta x$ によって定義される。もちろん微小量 δx は 0 に近づけていくのであるが，それでも，$V^\mu(x+\delta x)$ と $V^\mu(x)$ は別の座標点である。そのためテンソルにならないのだ。

　一般相対性理論では，一般共変性から，すべての物理量はテンソルで書かれることが要求される。そこで，「同じ点」でのベクトルの値の差として，テンソルとしての変換性を持つ新たな微分を定義する必要がある。

　ここで，P 点で定義されているベクトルを，平行移動して Q 点へと移すことで同じ点での差となるように，新たな微分を定義する。平行移動を，
$$\overline{V}^\mu(x+\delta x) \equiv V^\mu(x) + \overline{\delta} V^\mu(x) \tag{9.14}$$
と表す。ここで，移動分 $\overline{\delta} V^\mu(x)$ は，δx が 0 であれば移動しないので 0 となるはずである。つまり，δx に比例する。また，ヌルベクトル $V^\mu = 0$ に対しては，平行移動したものもヌルになることから，V^μ にも比例する必要がある。つまり，$\overline{\delta} V^\mu(x) \propto V^\mu \delta x$ である。ベクトルの添え字と比例係数に注意すれば
$$\overline{\delta} V^\mu(x) \equiv -\Gamma^\mu_{\nu\lambda}(x) V^\nu(x) \delta x^\lambda \tag{9.15}$$
と一般に表すことができる。ここで，係数 $\Gamma^\mu_{\nu\lambda}(x)$ は接続と呼ばれる量である。

　すると，新たな微分は
$$\nabla_\nu V^\mu \equiv V^\mu{}_{;\nu} \equiv \lim_{\delta x^\nu \to 0} \frac{V^\mu(x+\delta x) - \overline{V}^\mu(x+\delta x)}{\delta x^\nu}$$

$$= \lim_{\delta x^\nu \to 0} \frac{V^\mu(x+\delta x) - V^\mu(x) - \bar{\delta} V^\mu(x)}{\delta x^\nu}$$
$$= \partial_\nu V^\mu + \Gamma^\mu_{\lambda\nu} V^\lambda \tag{9.16}$$

と表される。この微分 ∇_ν を共変微分と呼ぶ。

共変微分がテンソルであるためには，接続の変換性が

$$\widetilde{\Gamma}^\mu_{\nu\lambda} = \frac{\partial \widetilde{x}^\mu}{\partial x^\kappa} \frac{\partial x^\tau}{\partial \widetilde{x}^\nu} \frac{\partial x^\eta}{\partial \widetilde{x}^\lambda} \Gamma^\kappa_{\tau\eta} + \frac{\partial \widetilde{x}^\mu}{\partial x^\kappa} \frac{\partial^2 x^\kappa}{\partial \widetilde{x}^\nu \partial \widetilde{x}^\lambda} \tag{9.17}$$

でなければならない（章末問題 9.1 参照）。このことからわかるように，接続自身はテンソルではない。

なお，式 (9.14) と式 (9.15) から，平行移動は，

$$\overline{V^\mu}(x+\delta x) = V^\mu(x) - \Gamma^\mu_{\nu\lambda}(x) V^\nu(x) \delta x^\lambda \tag{9.18}$$

である。

次に，反変ベクトル以外に対する共変微分についてまとめておく。まず，スカラーの共変微分は通常の微分に置き換えられる。すなわち，$\nabla_\mu \phi = \partial_\mu \phi$ である。

共変ベクトルの共変微分は，やはり通常の微分に対する一般座標変換で出てくるおつりを消すために，

$$\nabla_\nu V_\mu \equiv V_{\mu;\nu} \equiv \partial_\nu V_\mu - \Gamma^\lambda_{\mu\nu} V_\lambda \tag{9.19}$$

と定義される。

ランク2以上のテンソルの共変微分は，以上の定義を拡張することで得られる。例えば，$T^{\mu\nu}{}_\lambda$ という混合テンソルについて共変微分 ∇_η を取ると，まず $\partial_\eta T^{\mu\nu}{}_\lambda$ という項が出てくる。上についている μ の足については反変ベクトルの共変微分のルールより，$\Gamma^\mu_{\kappa\eta} T^{\kappa\nu}{}_\lambda$ が必要となる。同様に ν の足については，$\Gamma^\nu_{\kappa\eta} T^{\mu\kappa}{}_\lambda$ が出てくる。最後に，下についている λ の足については，共変ベクトルの共変微分のルールから，$-\Gamma^\kappa_{\lambda\eta} T^{\mu\nu}{}_\kappa$ が必要である。結局，

$$\nabla_\eta T^{\mu\nu}{}_\lambda = \partial_\eta T^{\mu\nu}{}_\lambda + \Gamma^\mu_{\kappa\eta} T^{\kappa\nu}{}_\lambda + \Gamma^\nu_{\kappa\eta} T^{\mu\kappa}{}_\lambda - \Gamma^\kappa_{\lambda\eta} T^{\mu\nu}{}_\kappa \tag{9.20}$$

である。

以上の定義により，ライプニッツ則

$$\nabla_\lambda (V_\mu W^\nu) = (\nabla_\lambda V_\mu) W^\nu + V_\mu (\nabla_\lambda W^\nu) \tag{9.21}$$

が成り立つことがわかる。

例題9.2　ライプニッツ則の証明

共変微分のライプニッツ則，式 (9.21) が成り立つことを証明せよ。

解　$V_\mu W^\nu$ はランク 2 の混合テンソルである。そこで，混合テンソルの共変微分のルールである式 (9.20) から

$$\begin{aligned}\nabla_\lambda(V_\mu W^\nu) &= \partial_\lambda(V_\mu W^\nu) - \Gamma^\kappa_{\mu\lambda}V_\kappa W^\nu + \Gamma^\nu_{\kappa\lambda}V_\mu W^\kappa \\ &= (\partial_\lambda V_\mu - \Gamma^\kappa_{\mu\lambda}V_\kappa)W^\nu + V_\mu(\partial_\lambda W^\nu + \Gamma^\nu_{\kappa\lambda}W^\kappa) \\ &= (\nabla_\lambda V_\mu)W^\nu + V_\mu(\nabla_\lambda W^\nu)\end{aligned}$$

を得る。　■

9.4　曲率

ユークリッド幾何学では，ベクトルを平行移動しても，そのベクトルは向きを変えることなく，同じベクトルのままでいる。しかし，曲がった空間では事情は異なる。ここで，地球儀を考えてみよう。赤道に直交し，北を向いているベクトルを考える。このベクトルを，経線に沿ってそのまま北極まで平行移動した場合（図 9.2 で①→②→③）と，いったん赤道上に沿って別な経度の場所まで平行移動させてから北極まで平行移動した場合（同じく①→①'→②'→③'）を比べる。図 9.2 を見れば明らかなように，両者は一致しない。一方，これが平らな 2 次元面であれば，一致する。

このことから，空間の曲がりは，ベクトルが別な経路をたどって平行移動をしたときの違いによって定量化できることがわかる。

ベクトル $V^\mu(x)$ を，$x \to x + \mathrm{d}x \to x + \mathrm{d}x + \delta x$ と平行移動させた場

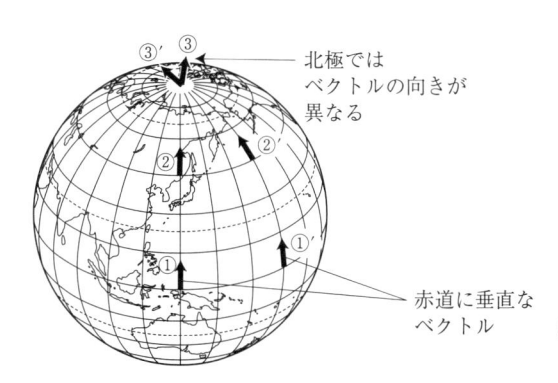

図9.2　球面上の経路の異なる平行移動

合と, $x \to x+\delta x \to x+\delta x+\mathrm{d}x$ と平行移動させた場合を比較してみよう。
　前者の場合には，式 (9.18) より，まず
$$\overline{V^\mu}(x+\mathrm{d}x) = V^\mu(x) - \Gamma^\mu_{\nu\lambda}(x)V^\nu(x)\mathrm{d}x^\lambda \tag{9.22}$$
であり，続いて
$$\overline{V^\mu}((x+\mathrm{d}x)+\delta x) = \overline{V^\mu}(x+\mathrm{d}x) - \Gamma^\mu_{\nu\lambda}(x+\mathrm{d}x)\overline{V^\nu}(x+\mathrm{d}x)\delta x^\lambda \tag{9.23}$$
である。テイラー展開より，$\Gamma^\mu_{\nu\lambda}(x+\mathrm{d}x) = \Gamma^\mu_{\nu\lambda}(x) + \partial_\kappa \Gamma^\mu_{\nu\lambda}(x)\mathrm{d}x^\kappa$ であることに注意して，また，右辺に式 (9.22) を代入すると
$$\begin{aligned}\overline{V^\mu}(x+\mathrm{d}x+\delta x) &= V^\mu(x) - \Gamma^\mu_{\nu\lambda}(x)V^\nu(x)\mathrm{d}x^\lambda \\ &\quad - (\Gamma^\mu_{\nu\lambda}(x) + \partial_\kappa \Gamma^\mu_{\nu\lambda}(x)\mathrm{d}x^\kappa) \\ &\quad \times (V^\nu(x) - \Gamma^\nu_{\tau\eta}(x)V^\tau(x)\mathrm{d}x^\eta)\delta x^\lambda \\ &= V^\mu - \Gamma^\mu_{\nu\lambda}V^\nu \mathrm{d}x^\lambda - \Gamma^\mu_{\nu\lambda}V^\nu \delta x^\lambda \\ &\quad - \partial_\kappa \Gamma^\mu_{\nu\lambda}V^\nu \mathrm{d}x^\kappa \delta x^\lambda + \Gamma^\mu_{\nu\lambda}\Gamma^\nu_{\tau\eta}V^\tau \mathrm{d}x^\eta \delta x^\lambda\end{aligned} \tag{9.24}$$
を得る。ただし，$\mathrm{d}x^2\delta x$ に比例する項は，高次の微小量なので無視した。
　次に，$x \to x+\delta x \to x+\delta x+\mathrm{d}x$ の平行移動であるが，式 (9.24) で，$\mathrm{d}x$ と δx を入れ替えることで求まる。結局 2 つの平行移動の差は
$$\begin{aligned}\overline{V^\mu}&(x+\mathrm{d}x+\delta x) - \overline{V^\mu}(x+\delta x+\mathrm{d}x) \\ &= (-\partial_\kappa \Gamma^\mu_{\nu\lambda}V^\nu \mathrm{d}x^\kappa \delta x^\lambda + \Gamma^\mu_{\nu\lambda}\Gamma^\nu_{\tau\eta}V^\tau \mathrm{d}x^\eta \delta x^\lambda) \\ &\quad - (-\partial_\kappa \Gamma^\mu_{\nu\lambda}V^\nu \delta x^\kappa \mathrm{d}x^\lambda + \Gamma^\mu_{\nu\lambda}\Gamma^\nu_{\tau\eta}V^\tau \delta x^\eta \mathrm{d}x^\lambda) \\ &= (\partial_\lambda \Gamma^\mu_{\nu\kappa} - \partial_\kappa \Gamma^\mu_{\nu\lambda} \\ &\quad + \Gamma^\mu_{\eta\lambda}\Gamma^\eta_{\nu\kappa} - \Gamma^\mu_{\eta\kappa}\Gamma^\eta_{\nu\lambda})V^\nu \delta x^\lambda \mathrm{d}x^\kappa\end{aligned} \tag{9.25}$$
となる。計算の過程で，ダミーの足の付け替えを行った。この差を表す係数をリーマン曲率テンソルと呼び
$$R^\mu{}_{\nu\lambda\kappa} = \partial_\lambda \Gamma^\mu_{\nu\kappa} - \partial_\kappa \Gamma^\mu_{\nu\lambda} + \Gamma^\mu_{\eta\lambda}\Gamma^\eta_{\nu\kappa} - \Gamma^\mu_{\eta\kappa}\Gamma^\eta_{\nu\lambda} \tag{9.26}$$
である。リーマン曲率テンソルこそ，空間（時空）の曲がりを表す指標となる。空間が曲がっていなければ（平坦であれば），リーマン曲率テンソルは恒等的に 0 となる。

9.5　メトリック

2 点間の距離やベクトルの長さを定義するために導入するランク 2 の対

9.5 メトリック

称共変テンソルが，メトリック（計量）$g_{\mu\nu}(x)$ である。対称とは，添え字の μ と ν を入れ替えても値を変えないことを意味する。

x^μ と $x^\mu + \mathrm{d}x^\mu$ の距離 $\mathrm{d}s$ は，$\mathrm{d}s^2 = g_{\mu\nu}(x)\mathrm{d}x^\mu \mathrm{d}x^\nu$ で求められる。この距離は，4次元時空ではもちろん不変間隔である。距離（不変間隔）は座標変換に対して不変なスカラー量となる。

なお，特殊相対性理論の場合は，ミンコフスキー・メトリック $\eta_{\mu\nu}$ であり，x^μ の関数ではなかった。

一般の反変ベクトル V^μ の長さ V も，同様に $V^2 = g_{\mu\nu}V^\mu V^\nu$ によって得られる。また，2つの反変ベクトル V^μ と W^μ の内積は $g_{\mu\nu}V^\mu W^\nu$ であり，内積の値が 0 であれば 2 つのベクトルは直交している。

内積の式から明らかなように，$g_{\mu\nu}$ は，反変ベクトルを共変ベクトルに変える役割を果たす。すなわち，$V_\mu = g_{\mu\nu}V^\nu$ である。一般に，テンソルの上についている添え字をメトリックによって下げることができるのである。

$g_{\mu\nu}$ の逆となる反変テンソル $g^{\mu\nu}$ は，$g_{\mu\nu}g^{\nu\lambda} = \delta^\lambda{}_\mu$ によって定義できる。先ほどの場合とは逆に，$g^{\mu\nu}$ は共変ベクトルを反変ベクトルに変える役割を果たす。

メトリックを用いて接続 $\Gamma^\mu_{\nu\lambda}$ を表すことも可能である。平行移動しても，ベクトルの長さは変わらないことから

$$g_{\mu\nu}(x)V^\mu(x)V^\nu(x) = g_{\mu\nu}(x+\mathrm{d}x)\overline{V}^\mu(x+\mathrm{d}x)\overline{V}^\nu(x+\mathrm{d}x) \quad (9.27)$$

である。ここで，$g_{\mu\nu}(x+\mathrm{d}x) = g_{\mu\nu}(x) + \partial_\lambda g_{\mu\nu}(x)\mathrm{d}x^\lambda$ であることと，式 (9.18) を用いて，右辺を変形していくことで，

$$(\partial_\lambda g_{\mu\nu} - g_{\mu\kappa}\Gamma^\kappa_{\nu\lambda} - g_{\kappa\nu}\Gamma^\kappa_{\mu\lambda})V^\mu V^\nu \mathrm{d}x^\lambda = 0 \quad (9.28)$$

を得る。この関係が常に成り立つためには，

$$\partial_\lambda g_{\mu\nu} - g_{\mu\kappa}\Gamma^\kappa_{\nu\lambda} - g_{\kappa\nu}\Gamma^\kappa_{\mu\lambda} = 0 \quad (9.29)$$

でなければならない。これは，メトリックの共変微分になっている。

$$\nabla_\lambda g_{\mu\nu} = 0 \quad (9.30)$$

なのである。

さて，この式を $\Gamma^\mu_{\nu\lambda}$ について解けば，接続をメトリックで表すことができる。そこで，式 (9.29) に，同じく式 (9.29) の ν と λ を入れ替えた式を加え，同様に μ と λ を入れ替えた式を引くことで，

$$\partial_\lambda g_{\mu\nu} + \partial_\nu g_{\mu\lambda} - \partial_\mu g_{\lambda\nu} - 2g_{\mu\kappa}\Gamma^{\kappa}_{\nu\lambda} = 0 \tag{9.31}$$

を得る。ただし、ここで接続 $\Gamma^{\mu}_{\nu\lambda}$ は、ν と λ に対して対称、すなわち

$$\Gamma^{\mu}_{\nu\lambda} = \Gamma^{\mu}_{\lambda\nu} \tag{9.32}$$

であることを用いた。対称性は、以下のようにして示すことができる。$\Gamma^{\lambda}_{\mu\nu} - \Gamma^{\lambda}_{\nu\mu}$ は、式 (9.17) の右辺第 2 項が打ち消しあうことから、テンソルである。ここで、座標変換によって、局所的にミンコフスキー時空が取れるとする。そこではベクトルの平行移動は経路によらず一致するので、接続は 0、つまり $\Gamma^{\lambda}_{\mu\nu} - \Gamma^{\lambda}_{\nu\mu} = 0$ を満足する。このことから、テンソルの変換性を思い出せば、任意の座標系でも、$\Gamma^{\lambda}_{\mu\nu} - \Gamma^{\lambda}_{\nu\mu} = 0$ である。結局、等価原理に基づき、局所的にミンコフスキー時空が取れるなら、$\Gamma^{\lambda}_{\mu\nu} = \Gamma^{\lambda}_{\nu\mu}$ である。

さて、(9.31) 式にメトリックの逆行列をかけて、変形することで、結局

$$\Gamma^{\mu}_{\nu\lambda} = \frac{1}{2} g^{\mu\kappa}(\partial_\lambda g_{\kappa\nu} + \partial_\nu g_{\kappa\lambda} - \partial_\kappa g_{\lambda\nu}) \tag{9.33}$$

が求まる。このようにメトリックから導かれる接続のことを、特にクリストッフェル記号と呼ぶ。いったんメトリックが具体的に与えられれば、クリストッフェル記号はメトリックの 1 階微分から求められるのだ。

次に、リーマン曲率テンソルについて見ていこう。クリストッフェル記号はメトリックの 1 階微分であった。一方、式 (9.26) から明らかなように、リーマン曲率テンソルはクリストッフェル記号の 1 階微分を含む。そのため、リーマン曲率テンソルにはメトリックの 2 階微分が現れてくる。

リーマン曲率テンソルには、いくつかの対称性がある。まず式 (9.26) から直ちに

$$R^{\mu}{}_{\nu\lambda\kappa} = -R^{\mu}{}_{\nu\kappa\lambda} \tag{9.34}$$

という後ろの 2 つの足についての反対称性が導かれる。また、クリストッフェル記号の対称性からは

$$R^{\mu}{}_{\nu\lambda\kappa} + R^{\mu}{}_{\kappa\nu\lambda} + R^{\mu}{}_{\lambda\kappa\nu} = 0 \tag{9.35}$$

という関係が得られる。

さらに、上の足をメトリックによって下げることで定義される共変なリーマン曲率テンソル $R_{\mu\nu\lambda\kappa} = g_{\mu\tau}R^{\tau}{}_{\nu\lambda\kappa}$ は、

$$R_{\mu\nu\lambda\kappa} = \frac{1}{2}\left(\partial_\nu\partial_\lambda g_{\mu\kappa} + \partial_\mu\partial_\kappa g_{\nu\lambda} - \partial_\mu\partial_\lambda g_{\nu\kappa} - \partial_\nu\partial_\kappa g_{\mu\lambda}\right)$$
$$+ g_{\eta\tau}(\Gamma^\eta_{\mu\kappa}\Gamma^\tau_{\nu\lambda} - \Gamma^\eta_{\mu\lambda}\Gamma^\tau_{\nu\kappa}) \tag{9.36}$$

と表される。この関係式を用いると，
$$R_{\mu\nu\lambda\kappa} = R_{\lambda\kappa\mu\nu}, \quad R_{\mu\nu\lambda\kappa} = -R_{\nu\mu\lambda\kappa}, \quad R_{\mu\nu\lambda\kappa} = -R_{\mu\nu\kappa\lambda}$$
$$R_{\mu\nu\lambda\kappa} + R_{\mu\kappa\nu\lambda} + R_{\mu\lambda\kappa\nu} = 0 \tag{9.37}$$

であることがわかる。つまり，前の足 2 つの組，後ろの足 2 つの組各々は入れ替えに対して反対称，2 つの組ごとの入れ替えに対しては対称となるのである。以上の対称性から，リーマン曲率テンソルの独立な成分は，4 次元時空の場合には，4^4 個から 20 個まで減少する。

また，
$$\nabla_\lambda R_{\mu\nu\kappa\eta} + \nabla_\eta R_{\mu\nu\lambda\kappa} + \nabla_\kappa R_{\mu\nu\eta\lambda} = 0 \tag{9.38}$$

という共変微分の関係式も成立する。これをビアンキ恒等式と呼ぶ。

リーマン曲率テンソルの 2 つの足を足し上げる（縮約を取る）ことで，ランク 2 のテンソル
$$R_{\mu\nu} \equiv R^\kappa{}_{\mu\kappa\nu} = g^{\kappa\eta}R_{\eta\mu\kappa\nu} \tag{9.39}$$

を得る。これをリッチテンソルと呼ぶ。リッチテンソルは対称である。また，リッチテンソルの縮約を取ることで，スカラー曲率 $R \equiv R^\mu{}_\mu = g^{\mu\eta}R_{\eta\mu}$ が定義される。

ビアンキ恒等式の縮約を取ることでリッチテンソルと曲率テンソルの間に成り立つ恒等式
$$\nabla_\nu\left(R^{\mu\nu} - \frac{1}{2}g^{\mu\nu}R\right) = 0 \tag{9.40}$$

を得る。これを縮約したビアンキ恒等式と呼ぶ。ここで，縮約を取る際には，メトリックの共変微分は 0 であることを用いて，メトリックと共変微分の順序が入れ替えられることを用いる。例えば，ビアンキ恒等式の 1 項目の縮約は，$g^{\kappa\mu}\nabla_\lambda R_{\mu\nu\kappa\eta} = \nabla_\lambda(g^{\kappa\mu}R_{\mu\nu\kappa\eta}) = \nabla_\lambda R_{\nu\eta}$ となる。

9.6　測地線方程式

測地線とは，2 点を結ぶ最短距離となる経路のことである。

2点 P と Q の隔たりが空間的である場合についてまず考えていこう。距離 (不変間隔) は,

$$ds = \sqrt{g_{\mu\nu}dx^\mu dx^\nu} \tag{9.41}$$

を積分することで得られる。経路を表す曲線は 1 次元の量なので, 1 つのパラメーターによって座標の位置が決定される。そのパラメーターを u とすると, 距離は

$$s = \int_P^Q ds = \int_P^Q \frac{ds}{du}du = \int_P^Q \sqrt{g_{\mu\nu}\frac{dx^\mu}{du}\frac{dx^\nu}{du}}\,du \tag{9.42}$$

と表される。

この距離が最短となる条件は, 解析力学で出てくる最小作用の原理を用いればよい。念のために, 以下で最小作用の原理について解説する。積分の中を $L(x,\dot{x},u)$ と表す。ここで $\dot{x} \equiv dx/du$ である。$x(u)$ が s の最短を与えるとする。すると, $x(u) + \delta x(u)$ と変化させると, s は増加する。増分は

$$\delta s = \int_P^Q L(x+\delta x,\ \dot{x}+\delta\dot{x},\ u)du - \int_P^Q L(x,\ \dot{x},\ u)du \tag{9.43}$$

である。最短であるので, そこは極値になっている。つまり, δx という 1 次の展開の範囲では, この増分は 0 である。曲線のグラフで極値は 1 階微分が 0 となっているのと事情は同じである。そこで, 増分の式を展開して

$$\delta s = \int_P^Q \left(\frac{\partial L}{\partial x}\delta x + \frac{\partial L}{\partial \dot{x}}\delta\dot{x}\right)du = \int_P^Q \left(\frac{\partial L}{\partial x} - \frac{d}{du}\frac{\partial L}{\partial \dot{x}}\right)\delta x\,du = 0 \tag{9.44}$$

を得る。ただし, 2 項目について $\delta\dot{x} = d\delta x/du$ を用い, また部分積分を実行し, 表面項を落とした。結局, 最短になる条件は

$$\frac{d}{du}\frac{\partial L}{\partial \dot{x}} - \frac{\partial L}{\partial x} = 0 \tag{9.45}$$

を満たすことである。この式をオイラー - ラグランジュ方程式と呼ぶ。では, 最短距離の条件を具体的に求めていこう。ただし, 今

$$L = \sqrt{g_{\mu\nu}\frac{dx^\mu}{du}\frac{dx^\nu}{du}} \tag{9.46}$$

であるので, このままオイラー - ラグランジュ方程式を求めると, 平方根がたくさん出てきて煩雑になる。そこでオイラー - ラグランジュ方程式を

9.6 測地線方程式

L^2 の式に書き直す。$2L$ をオイラー - ラグランジュ方程式にかけると,

$$2L\left(\frac{\mathrm{d}}{\mathrm{d}u}\frac{\partial L}{\partial \dot{x}} - \frac{\partial L}{\partial x}\right) = 0 \tag{9.47}$$

となるので,これを書き直して

$$\frac{\mathrm{d}}{\mathrm{d}u}\frac{\partial L^2}{\partial \dot{x}} - \frac{\partial L^2}{\partial x} = 2\frac{\partial L}{\partial \dot{x}}\frac{\mathrm{d}L}{\mathrm{d}u} \tag{9.48}$$

を得る。座標を表す μ の足を復活させて,左辺は

$$\begin{aligned}
\frac{\mathrm{d}}{\mathrm{d}u}\frac{\partial L^2}{\partial \dot{x}^\mu} - \frac{\partial L^2}{\partial x^\mu} &= \frac{\mathrm{d}}{\mathrm{d}u}\left(\frac{\partial}{\partial \dot{x}^\mu}(g_{\nu\lambda}\dot{x}^\nu\dot{x}^\lambda)\right) - \frac{\partial}{\partial x^\mu}(g_{\nu\lambda}\dot{x}^\nu\dot{x}^\lambda) \\
&= \frac{\mathrm{d}}{\mathrm{d}u}(2g_{\mu\nu}\dot{x}^\nu) - (\partial_\mu g_{\nu\lambda})\dot{x}^\nu\dot{x}^\lambda \\
&= 2g_{\mu\nu}\ddot{x}^\nu + 2(\partial_\lambda g_{\mu\nu})\dot{x}^\nu\dot{x}^\lambda - (\partial_\mu g_{\nu\lambda})\dot{x}^\nu\dot{x}^\lambda \\
&= 2g_{\mu\nu}\ddot{x}^\nu + 2\dot{x}^\nu\dot{x}^\lambda\left(\frac{1}{2}(\partial_\lambda g_{\mu\nu} + \partial_\nu g_{\mu\lambda} - \partial_\mu g_{\lambda\nu})\right)
\end{aligned}$$

となる。なお,ここで2つめから3つめの等号に移る際に,

$$\frac{\mathrm{d}g_{\mu\nu}}{\mathrm{d}u} = \frac{\partial g_{\mu\nu}}{\partial x^\lambda}\frac{\mathrm{d}x^\lambda}{\mathrm{d}u} = (\partial_\lambda g_{\mu\nu})\dot{x}^\lambda$$

の変形を用いた。さて,さらに μ の足を上に上げる操作をほどこし,式 (9.33) を用いると,結局,式 (9.48) の左辺は $2(\ddot{x}^\mu + \Gamma^\mu_{\nu\lambda}\dot{x}^\nu\dot{x}^\lambda)$ とまとめることができる。

一方,式 (9.48) の右辺は,$\mathrm{d}L/\mathrm{d}u = \mathrm{d}(\mathrm{d}s/\mathrm{d}u)/\mathrm{d}u = \ddot{s}$ に比例することがすぐわかる。

ここで,曲線を表すパラメーター u として,s を取ることにする。すると,右辺は自分自身で2階微分を取ることになるので,$\ddot{s} = 0$ でありゼロとなる。結局最短距離を表す式として

$$\ddot{x}^\mu + \Gamma^\mu_{\nu\lambda}\dot{x}^\nu\dot{x}^\lambda = 0 \tag{9.49}$$

を得る。これを測地線方程式と呼ぶ。

今は,2点が空間的に隔たっていたので微分は不変間隔 s であったが,時間的であれば固有時間 τ での微分に置き換わる。まとめよう。測地線方程式は,事象が空間的,時間的な場合に,各々

$$\frac{\mathrm{d}^2 x^\mu}{\mathrm{d}s^2} + \Gamma^\mu_{\nu\lambda}\frac{\mathrm{d}x^\nu}{\mathrm{d}s}\frac{\mathrm{d}x^\lambda}{\mathrm{d}s} = 0 \quad (\text{空間的}) \tag{9.50}$$

第 9 章　テンソル解析

$$\frac{\mathrm{d}^2 x^\mu}{\mathrm{d}\tau^2} + \Gamma^\mu_{\nu\lambda}\frac{\mathrm{d}x^\nu}{\mathrm{d}\tau}\frac{\mathrm{d}x^\lambda}{\mathrm{d}\tau} = 0 \quad (\text{時間的}) \tag{9.51}$$

となる。

　次に，光（一般に質量 0 の粒子）の場合について見ていこう。光については，時間的な場合と同じ計算は行えない。ヌルなので，$\mathrm{d}s = 0$ だからである。そこで，光の伝播の方向を表す波動ベクトル（または波数ベクトル）$k^\mu \equiv \mathrm{d}x^\mu/\mathrm{d}\lambda$ を考える。空間部分は，$\vec{k} = (k^1, k^2, k^3)$ と書かれる。このベクトルの大きさが波数 $k \equiv |\vec{k}|$ であり，方向が光の進行方向となる。λ は光の経路を与える曲線のパラメーターで，これまで u と書いてきたものと同じである。k^μ は光の経路に対する接ベクトルを与える。

　ここで以前の例題 2.1 を思い出してみよう。波動方程式の解が，光の進行波を与える。それは，$u = A\exp(ik(\sum_i e_i x_i - ct))$ と書かれた。ここで，$k^i \equiv ke_i$ であり，また $kc \equiv \omega$ と置けば，解は $u = A\exp\left(i(\vec{k}\cdot\vec{x} - \omega t)\right)$ と表される。ω は角振動数であり，振動数 ν とは $\omega = 2\pi\nu$ の関係を持つ。この波動方程式の解は，まさに $\vec{k}$ 方向に進行する平面波を表している。また，4 元波動ベクトルを，$(k^\mu) \equiv (\omega/c, \vec{k})$ と定義すれば，解は $u = A\exp(i\eta_{\mu\nu}k^\mu x^\nu)$ とローレンツ変換に共変な形で表すことができる。このとき，定義から $k^\mu k_\mu = -(\omega/c)^2 + k^2 = 0$ なので，4 元波動ベクトルはヌルベクトルである。特殊相対性理論では，この波動ベクトルが，光の経路に沿って変化することはない。さもないと，光が曲がったり，振動数が変わったりしてしまうからである（これも最小作用の原理と関係があり，幾何光学の分野ではフェルマーの定理と呼ぶ）。このことから，$\delta k^\mu = (\partial k^\mu/\partial x^\nu)\delta x^\nu = 0$，つまり $\partial_\nu k^\mu = 0$ を得る。これを重力場がある場合に拡張すると，$\nabla_\nu k^\mu = 0$，つまり

$$\frac{\partial k^\mu}{\partial x^\nu} + \Gamma^\mu_{\kappa\nu}k^\kappa = 0 \tag{9.52}$$

である。この式に $\partial x^\nu/\partial \lambda$ をかけると

$$\frac{\mathrm{d}k^\mu}{\mathrm{d}\lambda} + \Gamma^\mu_{\kappa\nu}k^\kappa k^\nu = 0 \tag{9.53}$$

を得る。ここで，$\partial x^\nu/\partial\lambda = k^\nu$ を用いた。逆にこの関係を用いることで，

$$\frac{\mathrm{d}^2 x^\mu}{\mathrm{d}\lambda^2} + \Gamma^\mu_{\kappa\nu} \frac{\mathrm{d}x^\kappa}{\mathrm{d}\lambda} \frac{\mathrm{d}x^\nu}{\mathrm{d}\lambda} = 0 \quad (\text{ヌル}) \tag{9.54}$$

と，測地線方程式を得る．ただしここで，

$$k^\mu k_\mu = g_{\mu\nu} k^\mu k^\nu = g_{\mu\nu} \frac{\mathrm{d}x^\mu}{\mathrm{d}\lambda} \frac{\mathrm{d}x^\nu}{\mathrm{d}\lambda} = 0 \tag{9.55}$$

を同時に満足しなければならない．この測地線方程式が，重力場中の光の経路を与え，また λ も決定する．λ をアフィンパラメーターと呼ぶ．

　結局，**重力場が存在する場合に，質点や光が重力の影響を受けてどのような経路を取るのかを表す式が，測地線の方程式**だ．重力以外に力を受けないときには，質点や光は最短距離を進むからである．最短距離とは，重力場が存在していない場合であれば，直線である．重力場が存在しているときには，測地線に沿って運動するのである．

　測地線方程式によって，重力場中の物質の運動が求められるのであれば，これで一般相対性理論は完成されたといえるのだろうか．実は，**測地線方程式は，「与えられた重力場中のテスト粒子の運動」を記述する**ものに過ぎない．テスト粒子，というのは，この粒子自身が作り出す重力が，周囲の重力場に与える影響は無視する，というものである．

　一般相対性理論の最終的に目指すゴールは，テスト粒子の運動ではなく，物質の存在によって，重力場がどのように作り上げられ，その中で物質がどのように運動をするのか，に答えてくれるものでなければならない．そのために考え出されたのがアインシュタイン方程式である．

10分補講　測地線方程式を用いたクリストッフェル記号の計算

　測地線方程式には，質点や光の経路を決めるという物理的な意味以外にも，0 でないクリストッフェル記号を容易に計算できる，という御利益がある．一般相対性理論で対象とする時空は通常，高い対称性を持ったものである（さもなければ解けない）．その場合には，クリストッフェル記号の成分の多くは 0 となる．測地線方程式を用いれば，計算を行った結果ではなく，最初から見通しよく 0 でない成分だけを取り出せ

るので，計算の大幅な軽減をもたらしてくれるのである。

このことを，2次元球面を例に見ていこう。2次元球面とは，3次元球の表面である。3次元空間の不変間隔は極座標を用いれば

$$ds^2 = dr^2 + r^2(d\theta^2 + \sin^2\theta d\phi^2)$$

と表される。3次元球とは，$r = a$ と一定の値を取る場合である。そのとき

$$ds^2 = a^2(d\theta^2 + \sin^2\theta d\phi^2) \tag{9.56}$$

である。この2次元の座標を $(x^1, x^2) = (\theta, \phi)$ とすると，メトリックは

$$(g_{ij}) = \begin{pmatrix} a^2 & 0 \\ 0 & a^2\sin^2\theta \end{pmatrix} \tag{9.57}$$

で表される。

ここで，測地線方程式の導出を思い出そう。一般にアフィンパラメーターで書く。$\widetilde{L} \equiv L^2 = g_{\mu\nu}(dx^\mu/d\lambda)(dx^\nu/d\lambda)$ と置いたとき，オイラー–ラグランジュ方程式

$$\frac{d}{d\lambda}\frac{\partial \widetilde{L}}{\partial \dot{x}^\mu} - \frac{\partial \widetilde{L}}{\partial x^\mu} = 0 \tag{9.58}$$

から，

$$\frac{d^2 x^\mu}{d\lambda^2} + \Gamma^\mu_{\nu\lambda}\frac{dx^\nu}{d\lambda}\frac{dx^\lambda}{d\lambda} = 0 \tag{9.59}$$

を得た。これを逆手に取る。まずオイラー–ラグランジュ方程式を成分ごとに求めると，その独立な方程式が与える係数から，0でない $\Gamma^\mu_{\nu\lambda}$ が得られるのである。

具体的にやってみよう。2次元球面の場合には，

$$\widetilde{L} = g_{ij}\frac{dx^i}{d\lambda}\frac{dx^j}{d\lambda} = a^2\frac{dx^1}{d\lambda}\frac{dx^1}{d\lambda} + a^2\sin^2\theta\frac{dx^2}{d\lambda}\frac{dx^2}{d\lambda}$$
$$= a^2\dot{\theta}^2 + a^2\sin^2\theta\dot{\phi}^2$$

なので，オイラー–ラグランジュ方程式は

$$\frac{d}{d\lambda}(a^2\dot{\theta}) - a^2\sin\theta\cos\theta\dot{\phi}^2 = 0$$

$$\frac{d}{d\lambda}(a^2\sin^2\theta\dot{\phi}) = 0$$

の 2 式となる。2 階微分の形に書き直すと
$$\ddot{\theta} - \sin\theta\cos\theta\,\dot{\phi}^2 = 0 \tag{9.60}$$
$$\ddot{\phi} + \frac{2}{\tan\theta}\dot{\theta}\dot{\phi} = 0 \tag{9.61}$$
である。一方，式 (9.59) を成分ごとに書くと，
$$\ddot{\theta} + \Gamma^1_{11}\dot{\theta}^2 + 2\Gamma^1_{12}\dot{\theta}\dot{\phi} + \Gamma^1_{22}\dot{\phi}^2 = 0 \tag{9.62}$$
$$\ddot{\phi} + \Gamma^2_{11}\dot{\theta}^2 + 2\Gamma^2_{12}\dot{\theta}\dot{\phi} + \Gamma^2_{22}\dot{\phi}^2 = 0 \tag{9.63}$$
である。ここで $\Gamma^i_{12} = \Gamma^i_{21}$ の関係を使った。式 (9.60) と式 (9.62) を比較すると，
$$\Gamma^1_{22} = -\sin\theta\cos\theta \tag{9.64}$$
であることがわかる。また，式 (9.61) と式 (9.63) からは
$$\Gamma^2_{12} = \Gamma^2_{21} = \frac{1}{\tan\theta} \tag{9.65}$$
が得られる。それ以外の Γ^i_{jk}，すわなち Γ^1_{11}，$\Gamma^1_{12} = \Gamma^1_{21}$，$\Gamma^2_{11}$，$\Gamma^2_{22}$ は 0 である。

章末問題

9.1 共変微分がテンソルであるためには，接続の変換性が
$$\widetilde{\Gamma}^{\mu}_{\nu\lambda} = \frac{\partial \widetilde{x}^{\mu}}{\partial x^{\kappa}}\frac{\partial x^{\tau}}{\partial \widetilde{x}^{\nu}}\frac{\partial x^{\eta}}{\partial \widetilde{x}^{\lambda}}\Gamma^{\kappa}_{\tau\eta} + \frac{\partial \widetilde{x}^{\mu}}{\partial x^{\kappa}}\frac{\partial^2 x^{\kappa}}{\partial \widetilde{x}^{\nu}\partial \widetilde{x}^{\lambda}}$$
でなければならないことを示せ。

9.2 式 (9.36) を導出し，式 (9.37) の $R_{\mu\nu\lambda\kappa} = R_{\lambda\kappa\mu\nu}$ という関係が成り立つことを示せ。

9.3 10 分補講で例に取った 2 次元球面のリーマン曲率テンソル，リッチテンソル，スカラー曲率を求めよ。ただし，2 次元の場合には，リーマン曲率テンソルは独立な成分は 1 個しかない。ここでは R_{1212} を求めよ。なお，ここで 2 次元の座標を $(x^1, x^2) = (\theta, \phi)$ とする。

第10章

一般相対性理論の基礎方程式が，アインシュタイン方程式である。それは，一般座標変換に対して共変なテンソル形式で書かれ，物体の及ぼす重力により時空の曲がりが決定されるという場の方程式となっている。

アインシュタイン方程式

　重力を取り入れた一般相対性理論の物理法則は，一般共変性を満たすために，一般座標変換に対して共変な形で書かれていなければならない。重力の働きを表す基本法則は，テンソルで書かれる必要があるのだ。また，重力の働きは，遠隔作用ではなく，近接作用として表されなければならない。そのためには，場の方程式として定式化する必要がある。また一方で，重力が弱く，質点の速度が光速度に比べ十分に遅い場合には，場の方程式はニュートン重力理論の結果と一致しなければならない。以上のような条件を満たす場の方程式こそ，一般相対性理論の基礎方程式であるアインシュタイン方程式である。

10.1　場の方程式

　特殊相対性理論は，平坦な4次元時空に展開されていた。そこでのメトリック $g_{\mu\nu}$ は，一般に，対称で4つの固有値のうちの1つが負で，3つが正というものである。負が時間に対応している。特に，5.2節で紹介したのが $\eta_{\mu\nu} = (-1, 1, 1, 1)$ という対角なミンコフスキー・メトリックである。このとき，不変間隔は

$$ds^2 = \eta_{\mu\nu} dx^\mu dx^\nu = -c^2 dt^2 + dx^2 + dy^2 + dz^2 \qquad (10.1)$$

と表される。メトリックが定数であるから，その1階微分や2階微分で書かれるリーマン曲率テンソルは，至る所で0となる。

　特殊相対性理論の重要な帰結は，ローレンツ変換に対して物理法則は共変な形で書けるというものであった。これは，異なった慣性系同士で同じ物理法則が成り立つということを意味する。

　一般相対性理論は，一般共変性によって特殊相対性理論の考えを拡げた。一般共変性とは，7.3節で述べたように，すべての物理法則は，任意の座標変換に対して共変な形で書き表される，というものであった。このことは，一般相対性理論の基本法則はテンソルで書かれなければならない，ということを意味している。

　また，メトリック $g_{\mu\nu}$ は一般には場所の関数であり，リーマン曲率テンソルも0にはならない。ただし，対称で4つの固有値のうちの1つが負で，3つが正であることが，4次元時空を表すための必要条件である。

　ここで等価原理を思い出そう。等価原理とは，重力の働きと加速度運動する系での慣性力は区別できない，というものであった。別な表現として，自由落下することで，重力の影響を消すことができる，といってもよい。このことを数学的に表現すると，適当な座標変換によって，局所的に重力の影響をなくし，メトリックを $\eta_{\mu\nu}$ にすることが常にできる，ということになる。例題10.1で見るように，数学的に証明することも可能である。重力が存在するにもかかわらず，平坦な場合のミンコフスキー時空を得ることができるのだ。局所的に平坦なこの時空のことを，等価原理のところで触れたように，局所ローレンツ系と呼ぶ。しかし，このことはあくまでも「局所的」に可能だということを忘れてはならない。重力が存在している場合には，至る所を $\eta_{\mu\nu}$ で覆うことはできないのである。

　さて，一般相対性理論での最も基本となる式とはどのようなものだろうか。

　まず，一般共変性より，テンソルで書かれていなければならない。

　次に，その形であるが，ニュートンの運動方程式のような，与えられた重力場中での粒子の運動を記述する，というものでは不十分だ。粒子自身が重力場を生み出すからである。運動方程式に対応する式はすでに与えてある。測地線の方程式である。

式の構成は、物質が存在することで、重力場を作り出す、というものでなければならない。そこで参考となるのが、ポアソン方程式である。重力ポテンシャルを $\phi(x)$ とし、物質の密度分布を $\rho(x)$ としたとき、

$$\triangle \phi(x) = 4\pi G \rho(x) \tag{10.2}$$

と書かれる。ここで、$\triangle \equiv \partial_x^2 + \partial_y^2 + \partial_z^2$ である。ポアソン方程式はまさに、物質の分布が重力を生み出す、という形になっている。そこでポアソン方程式を4元化し、共変な形にすればよい、ということになる。

また、最終的な方程式は、重力が弱く、また特殊相対性理論も効かないような状況下では、ニュートン力学とよい一致を示す必要もある。そのときには、ニュートン力学は実験を正しく説明できるからである。

例題10.1 局所ローレンツ系が取れることの証明

対称で固有値のうち1つが負、3つが正のメトリック $g_{\mu\nu}$ は、適当な座標変換により、局所的にはミンコフスキー・メトリック $\eta_{\mu\nu}$ に変換できることを示せ。また、$g_{\mu\nu}$ は局所的には、クリストッフェル記号の値が0となるメトリック $\bar{g}_{\mu\nu}$ に座標変換できることを示せ。この2つの事実を組み合わせることで、局所ローレンツ系を取れることがわかる。

解 まず、$g_{\mu\nu}$ は対称なので、線形代数の定理より適当な直交行列 $(T^\mu{}_\nu)$ を用いて、$\tilde{g}_{\mu\nu} = T^\lambda{}_\mu g_{\lambda\eta} T^\eta{}_\nu$ によって対角化できる。ここで $(\tilde{g}_{\mu\nu}) = (g_0, g_1, g_2, g_3)$ と表すと、g_0 だけが負で、残りは正である。このとき、

$$(U^\mu{}_\nu) = (1/\sqrt{-g_0},\ 1/\sqrt{g_1},\ 1/\sqrt{g_2},\ 1/\sqrt{g_3})$$

という対角行列を導入すると、$U^\kappa{}_\mu \tilde{g}_{\kappa\tau} U^\tau{}_\nu = U^\kappa{}_\mu T^\lambda{}_\kappa g_{\lambda\eta} T^\eta{}_\tau U^\tau{}_\nu = \eta_{\mu\nu}$ を得る。つまり、座標変換 $x^\mu = T^\mu{}_\tau U^\tau{}_\nu x'^\nu$ を施せば、

$$g'_{\mu\nu} = \frac{\partial x^\lambda}{\partial x'^\mu} \frac{\partial x^\eta}{\partial x'^\nu} g_{\lambda\eta} = T^\lambda{}_\tau U^\tau{}_\mu T^\eta{}_\kappa U^\kappa{}_\nu g_{\lambda\eta} = U^\tau{}_\mu T^\lambda{}_\tau g_{\lambda\eta} T^\eta{}_\kappa U^\kappa{}_\nu = \eta_{\mu\nu}$$

となる。座標変換により、任意の $g_{\mu\nu}$ を $\eta_{\mu\nu}$ にすることができた。

次に、$g_{\mu\nu}$ を局所的には、クリストッフェル記号の値が0となるメトリック $\bar{g}_{\mu\nu}$ に座標変換できることを示す。局所的、ということなので、どこか時空上の1点を取る必要がある。ここでは原点 $x = 0$ を考え、そこでのメトリックを $g_{\mu\nu}(0)$ と表す。すると、原点から δx だけ離れた点では、

$$g_{\mu\nu}(\delta x) = g_{\mu\nu}(0) + \partial_\eta g_{\mu\nu} \delta x^\eta$$

である。ここで座標変換とその逆変換

$$\delta \overline{x}^\eta = \delta x^\eta + \frac{1}{2}\Gamma^\eta_{\tau\kappa}\delta x^\tau \delta x^\kappa$$

$$\delta x^\eta = \delta \overline{x}^\eta - \frac{1}{2}\Gamma^\eta_{\tau\kappa}\delta \overline{x}^\tau \delta \overline{x}^\kappa$$

を考える。2 次の微小量までで成り立つ関係である。すると，

$$\frac{\delta x^\eta}{\delta \overline{x}^\lambda} = \delta^\eta_\lambda - \Gamma^\eta_{\lambda\kappa}\delta \overline{x}^\kappa$$

の関係を得る。以上の結果を用いると，メトリックの座標変換は

$$\begin{aligned}\overline{g}_{\mu\nu}(\delta\overline{x}) &= \frac{\delta x^\lambda}{\delta \overline{x}^\mu}\frac{\delta x^\kappa}{\delta \overline{x}^\nu} g_{\lambda\kappa}(\delta x) \\ &= (\delta^\lambda_\mu - \Gamma^\lambda_{\mu\tau}\delta\overline{x}^\tau)(\delta^\kappa_\nu - \Gamma^\kappa_{\nu\tau}\delta\overline{x}^\tau)(g_{\lambda\kappa}(0) + \partial_\tau g_{\lambda\kappa}\delta x^\tau) \\ &= g_{\mu\nu}(0) + (\partial_\tau g_{\mu\nu} - g_{\nu\lambda}\Gamma^\lambda_{\mu\tau} - g_{\mu\kappa}\Gamma^\kappa_{\nu\tau})\delta x^\tau + \mathrm{O}(\delta\overline{x}^2)\end{aligned}$$

と表される。ここで，$\partial_\tau g_{\mu\nu} - g_{\nu\lambda}\Gamma^\lambda_{\mu\tau} - g_{\mu\kappa}\Gamma^\kappa_{\nu\tau}$ はメトリックの共変微分になっていて 0 である (式 (9.29))。結局，$\overline{g}_{\mu\nu}(\delta\overline{x}) = g_{\mu\nu}(0) + O(\delta\overline{x}^2)$ である。一方，この関係式に $\delta\overline{x} = 0$ を代入すれば，$\overline{g}_{\mu\nu}(0) = g_{\mu\nu}(0)$ を得る。つまり，座標変換によって得られた $\overline{g}_{\mu\nu}$ は，

$$\overline{g}_{\mu\nu}(\delta\overline{x}) = \overline{g}_{\mu\nu}(0) + O(\delta\overline{x}^2)$$

となる。すなわち 2 次以上の微小量を無視する近似であれば，この座標系のメトリックは原点近傍で値を変えない。その結果，

$$\partial_\lambda \overline{g}_{\mu\nu}(0) = \lim_{\delta\overline{x}\to 0}(\overline{g}_{\mu\nu}(\delta\overline{x}) - \overline{g}_{\mu\nu}(0))/\delta\overline{x}^\lambda = 0$$

を得る。また，この微分で書かれる $\overline{\Gamma}^\mu_{\nu\lambda}(0)$ も 0 である。原点近傍で，クリストッフェル記号の値が 0 となる座標系が選べた。

この $\overline{g}_{\mu\nu}(\overline{x})$ に，さらに $\overline{x}^\mu = T^\mu_{\ \tau}U^\tau_{\ \nu}x^\nu$ による先の座標変換を施す。すると，$\eta_{\mu\nu}$ に一致させることができる。原点で，$\eta_{\mu\nu}$ の形のメトリックを持ち，クリストッフェル記号が 0 となる座標系，つまり局所ローレンツ系が得られたのである。 ∎

10.2　エネルギー・運動量テンソル

ポアソン方程式の右辺，物質密度に対応する項について考えていこう。特殊相対性理論では，質量とエネルギーは等価で，4 元運動量という形で書かれたことを思い出す。密度という質量と関係した量も，圧力という運

動量と関係した量と組み合わされて，4元化することが可能である。これをエネルギー・運動量テンソルと呼び，$T^{\mu\nu}$ と書く。流体の場合であれば，x^ν 一定の面を横切る4元運動量 p^μ の流れを表すものである。

流体の場合について，具体的に見ていこう。まず局所ローレンツ系を考える。また，流速が光速にくらべて小さく，ゆっくりと運動しているとする。このとき，$\gamma \simeq 1$ なので，4元速度は $u^\mu \equiv dx^\mu/d\tau = (c, v^i)$ と書かれる。式 (5.41) と式 (5.42) を参照されたい。4元運動量は $p^\mu = mu^\mu = (mc, mv^i)$ である。また，n を流体の数密度とすると，流れは nu^μ と書かれる。

まず，T^{00} は定義より，時間一定面を横切る運動量の0成分の流れである。時間一定面を横切る運動量の0成分は $p^0 = mc$，流れは，nu^0 と表せる。すなわち，$p^0 \times nu^0 = mnc^2$ となる。数密度に質量をかけたもの，つまり mn が密度 ρ である。結局 T^{00} はエネルギー密度 ρc^2 を表す。

次に T^{i0} は，時間一定面を横切る運動量の i 成分の流れなので，運動量の i 成分 $p^i = mv^i$，流れ nu^0 の積で表される。すなわち，$p^i \times nu^0 = cnp^i$ である。これは，単位体積当たりの総運動量，つまり運動量密度 (に光速度をかけたもの) だ。密度を用いて書き直すと，$cnp^i = cmnv^i = c\rho v^i$ である。T^{0i} も同じ形になるが，物理的意味はエネルギー流束である (章末問題 10.1 参照)。

最後に T^{ij} である。これは x^j 面を横切る運動量 p^i の流れなので，$p^i \times nv^j = mnv^iv^j = \rho v^iv^j$ である。次に，p^inv^j の物理的な意味を見ていく。$i=j$ の場合についてまず考える。流体を構成する粒子は，単位時間当たりに v^i だけ移動する。つまり nv^i は単位体積当たり，単位時間に粒子が面を通過した総数を表す。このことから，$p^i \times nv^i$ は運動量の単位時間での変化分の総量ということになる。運動量の変化が力積であり，単位時間・単位面積当たりなので，圧力になる。一方，$i \neq j$ の場合は応力を表す。

まとめよう。局所ローレンツ系で，エネルギー・運動量テンソルを行列で書けば，

$$(T^{\mu\nu}) = \rho \begin{pmatrix} c^2 & cv^1 & cv^2 & cv^3 \\ cv^1 & (v^1)^2 & v^1v^2 & v^1v^3 \\ cv^2 & v^1v^2 & (v^2)^2 & v^2v^3 \\ cv^3 & v^1v^3 & v^2v^3 & (v^3)^2 \end{pmatrix}$$

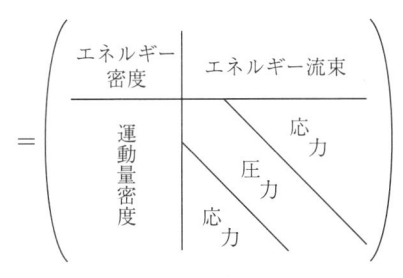

$$= \begin{pmatrix} \text{エネルギー密度} & \text{エネルギー流束} \\ \text{運動量密度} & \begin{matrix} & & \text{応力} \\ & \text{圧力} & \\ \text{応力} & & \end{matrix} \end{pmatrix}$$

である。なお，流体が静止している固有系（局所ローレンツ静止系）を取れば，運動量密度はそこでは0である。

例10.1　圧力0の流体

塵(ちり)のような圧力0の流体の場合には，局所ローレンツ静止系では，$\overline{T}^{\mu\nu} = (\rho c^2, 0, 0, 0)$ と表される。ここで一般の座標で書かれるものと区別するために，$\overline{T}^{\mu\nu}$ とオーバーラインを引いた。非対角成分はすべて0である。これを一般の座標のテンソルで表す。ここで，局所ローレンツ静止系では $u^\mu = (c, 0)$ であることに注意する。$u^0 u^0 = c^2$ であり，$u^i u^0$, $u^i u^j$ などはすべて0である。つまり，$\overline{T}^{\mu\nu} = \rho u^\mu u^\nu$ を得る。そこで，局所ローレンツ系静止系の場合と一致するテンソルを

$$T^{\mu\nu} = \rho u^\mu u^\nu \tag{10.3}$$

と表すことができる。　　　□

例10.2　完全流体

圧力を持つ完全流体の場合，局所ローレンツ静止系では $\overline{T}^{\mu\nu} = (\rho c^2, p, p, p)$ と表される。ここで p は圧力である。流体のある部分に与えられる圧力は，すべての方向で等しく，その働く面に対して垂直になる，というパスカルの法則が成り立つ。そのため，3成分とも同じ値となる。また，非対角成分はすべて0である。

これを一般の座標のテンソルで表す。まず密度の部分は，塵の場合と同様 $\rho u^\mu u^\nu$ と書かれるだろう。一方，圧力の部分は，局所ローレンツ静止系の場合に，$u^i = 0$ にもかかわらず空間部分が残っている。つまり，4元速度では組めないことが明らかである。そこで，他の簡単なテンソルを考えてみる。すぐに思いつくのがメトリック $g^{\mu\nu}$ だ。局所ローレンツ静止系の場合には，$g^{\mu\nu} = \eta^{\mu\nu} = (-1, 1, 1, 1)$ である。$pg^{\mu\nu}$ は局所ローレンツ

静止系で，$(-p, p, p, p)$ となるので，00 成分を除けばうまくいっている。そこで，00 成分を消すために，u^μ を用いる。局所ローレンツ静止系では，$u^\mu = (c, 0)$ なので，$pu^0 u^0 = pc^2$ を得る。これによって 00 成分が相殺できるので，$pu^\mu u^\nu/c^2 + pg^{\mu\nu}$ という組み合わせが，望ましい結果，つまり，局所ローレンツ静止系で $(0, p, p, p)$ を与えることがわかる。結局，密度と圧力の両方を合わせて，

$$T^{\mu\nu} = (\rho + p/c^2)u^\mu u^\nu + pg^{\mu\nu} \tag{10.4}$$

を得る。 □

次に，$T^{\mu\nu}$ について，エネルギーと運動量の保存がどのように書かれるか見ていこう。まず，局所ローレンツ系を取る。原点 $(0,0,0)$ から x, y, z 各方向に一辺 Δx の長さを持った微小な箱を考える。この箱の中でのエネルギーの単位時間当たりの増量は $\partial_0((\Delta x)^3 T^{00})$ である。一方，x 方向でのエネルギー流の出入りは，$(T^{0x}(0) - T^{0x}(\Delta x))(\Delta x)^2$ と表すことができる。ここで，原点に向かって箱の外から入ってくる流れが $T^{0x}(0)$，$x = \Delta x$ から出て行く流れが $T^{0x}(\Delta x)$ である。y, z 方向も同様の出入りがあるので，結局エネルギー保存則は，

$$\frac{\partial}{\partial x^0} T^{00} = \frac{1}{\Delta x} \sum_{i=1}^{3} \left(T^{0i}(0) - T^{0i}(\Delta x) \right) = -\frac{\partial}{\partial x^i} T^{0i} \tag{10.5}$$

となる。これは，$\partial_\mu T^{0\nu} = 0$ である。運動量保存則も同様に，$\partial_\mu T^{i\nu} = 0$ と表される。以上の局所ローレンツ系での保存則を，共変形式に拡張すると，

$$\boxed{\nabla_\nu T^{\mu\nu} = 0} \tag{10.6}$$

と書くことができる。

10.3　一般相対性理論の重力場方程式

ポアソン方程式の右辺，重力を生み出す物質密度に対応する共変な量として，エネルギー・運動量テンソルを定義した。エネルギー・運動量テンソルはランク 2 のテンソルである。

一方，ポアソン方程式の左辺は，重力場を表すものである。共変形式で書かれるためには，重力場もランク 2 のテンソルで表されなければならな

い。

メトリックとその微分で構成できるランク 2 のテンソルは，リッチテンソル $R^{\mu\nu}$ とメトリック $g^{\mu\nu}$ 自身である。そこで，重力場の方程式を，一般的に

$$R^{\mu\nu} + \alpha R g^{\mu\nu} + \Lambda g^{\mu\nu} = \kappa T^{\mu\nu} \tag{10.7}$$

と表すことができる。ここで α, Λ, κ は何らかの定数である。

次に定数を決めていこう。まず，真空 $T^{\mu\nu} = 0$ の場合を考える。重力源がないことから，$R^{\mu\nu} = 0$, $R = 0$ が期待される。すると Λ だけが残される。つまり，これは真空自身の持つエネルギーである。この項は，アインシュタインが宇宙を静止させておくために導入したもので，宇宙項とか宇宙定数と呼ばれる。宇宙全体の運動にのみ影響を与えるので，以後，$\Lambda = 0$ に置くこととする。

次に，α を決定する。$\nabla_\nu T^{\mu\nu} = 0$ という保存則が成り立つことから，

$$\nabla_\nu (R^{\mu\nu} + \alpha R g^{\mu\nu}) = 0 \tag{10.8}$$

でなければならない。この関係は $\Lambda \neq 0$ でも成り立つ。$\nabla_\nu g^{\mu\nu} = 0$ だからである。方程式の左辺，時空の曲がりに関係する項だけで，この関係式を常に満足する必要があるのだ。ここで，縮約されたビアンキの恒等式 (9.40) を思い出そう。$\alpha = -1/2$ と取ると，保存則から得られた式 (10.8) はビアンキ恒等式そのものとなる。常に成り立つことが保証されるのだ。結局，エネルギー・運動量保存則を満たすという条件から，

$$\alpha = -\frac{1}{2} \tag{10.9}$$

を得る。

最後に κ である。これは，重力場が弱い場合に，方程式がニュートンの重力理論と一致しなければならないことから決まる。

重力場が弱いときには，メトリックは，ミンコフスキー時空の $\eta_{\mu\nu}$ からわずかしか違っていないと考えられる。そこで

$$g_{\mu\nu} = \eta_{\mu\nu} + h_{\mu\nu} \tag{10.10}$$

と表す。$h_{\mu\nu}$ がミンコフスキー時空からのズレを表し，$|h_{\mu\nu}| \ll 1$ である。さらに，このメトリックは，時間的にゆっくりとしか変化していないものとする。すなわち近似的に $\partial_0 g_{\mu\nu} = 0$, つまり $\partial_0 h_{\mu\nu} = 0$ である。また，重

力場が弱いので光速度近くまでは加速できない。そこで $dx^i/d\tau \ll c$ を得る。以下では、微小量である $h_{\mu\nu}$ と $dx^i/d\tau$ の 2 次以上の項は無視する。

これからの手続きは、次の通りである。まず、弱い重力場中での質点の運動を測地線の方程式によって記述する。それがニュートン運動方程式と一致するということから、メトリックのズレ $h_{\mu\nu}$ と、重力ポテンシャルとの関係が求まる。それを重力場の方程式に代入することで、ポアソン方程式と比較し、κ を決める。

まず、質点の測地線方程式は

$$\frac{d^2 x^\mu}{d\tau^2} + \Gamma^\mu_{\nu\lambda} \frac{dx^\nu}{d\tau} \frac{dx^\lambda}{d\tau} = 0 \tag{10.11}$$

である。ここで、速度の 2 次は無視するのであるから、2 項目は $\nu = 0$, $\lambda = 0$ の場合だけを考えればよい。

クリストッフェル記号は、近似の範囲内では

$$\Gamma^\mu_{\nu\lambda} = \frac{1}{2} g^{\mu\kappa} (\partial_\lambda g_{\kappa\nu} + \partial_\nu g_{\kappa\lambda} - \partial_\kappa g_{\lambda\nu}) = \frac{1}{2} \eta^{\mu\kappa} (\partial_\lambda h_{\kappa\nu} + \partial_\nu h_{\kappa\lambda} - \partial_\kappa h_{\lambda\nu}) \tag{10.12}$$

と書かれる。$g^{\mu\kappa}$ にも $h^{\mu\kappa}$ が含まれるが、後ろのカッコ内の項（微分を取ると定数である $\eta_{\mu\nu}$ は消えて $h_{\mu\nu}$ だけが残る）と積を取ると 2 次の微小量となってしまうので、無視できる。

測地線方程式の 2 項目は、$\nu = 0$, $\lambda = 0$ の場合だけを考えればよいので、Γ^0_{00} と Γ^i_{00} について求める。まず、

$$\Gamma^0_{00} = \frac{1}{2} \eta^{0\kappa} (\partial_0 h_{\kappa 0} + \partial_0 h_{\kappa 0} - \partial_\kappa h_{00})$$

$$= \frac{1}{2} (-1) (\partial_0 h_{00} + \partial_0 h_{00} - \partial_0 h_{00})$$

$$= -\frac{1}{2} \partial_0 h_{00} = 0 \tag{10.13}$$

である。ゆっくり変化していることから、$\partial_0 h_{00} = 0$ であった。

次に、

$$\Gamma^i_{00} = \frac{1}{2} \eta^{i\kappa} (\partial_0 h_{\kappa 0} + \partial_0 h_{\kappa 0} - \partial_\kappa h_{00}) = -\frac{1}{2} \partial^i h_{00} \tag{10.14}$$

である。ここでもゆっくりと変化していることから $\partial_0 h_{\kappa 0} = 0$ を用いた。

以上より，測地線方程式は，

$$\frac{\mathrm{d}^2 x^0}{\mathrm{d}\tau^2} = 0 \tag{10.15}$$

$$\frac{\mathrm{d}^2 x^i}{\mathrm{d}\tau^2} - \frac{1}{2}\partial^i h_{00} \frac{\mathrm{d}x^0}{\mathrm{d}\tau}\frac{\mathrm{d}x^0}{\mathrm{d}\tau} = 0 \tag{10.16}$$

と表される。

式 (10.15) から直ちに $x^0 = c\tau$ を得る（比例定数は時間の原点のずらしなので無視した）。ほぼ静止しているので，座標時間が固有時間と等しくなっているのである。すると，式 (10.16) の τ 微分は，時間微分に置き換えられることになる。また，$\mathrm{d}x^0/\mathrm{d}\tau = c$ であることに注意すると，

$$\frac{\mathrm{d}^2 x^i}{\mathrm{d}t^2} = \frac{1}{2} c^2 \partial^i h_{00} \tag{10.17}$$

を得る。この式とニュートンの運動方程式

$$\frac{\mathrm{d}^2 x^i}{\mathrm{d}t^2} = -\partial^i \phi \tag{10.18}$$

を比較してみよう。ここで，ϕ は重力ポテンシャルであり，その空間微分が引力となり，加速度を引き起こすという式である。両者は

$$h_{00} = -\frac{2\phi}{c^2} \tag{10.19}$$

であれば，一致する。測地線の方程式がニュートンの運動方程式となるためには，メトリックの 00 成分が重力ポテンシャルと直接結びつけられている必要があるのである。

それではいよいよ，重力場の方程式にこれまでの関係を代入する。式 (10.7) のまま扱ってもよいのだが，計算の手間を省くために，少し書き換えておく。$g_{\nu\mu}$ で縮約を取る（トレースを取る）と，

$$g_{\nu\mu}\left(R^{\mu\nu} - \frac{1}{2} R g^{\mu\nu}\right) = R - \frac{1}{2} \times 4R = -R = \kappa T_\nu{}^\nu \tag{10.20}$$

である。この関係を元の式に代入することで

$$R^{\mu\nu} = \kappa\left(T^{\mu\nu} - \frac{1}{2} g^{\mu\nu} T_\eta{}^\eta\right) \tag{10.21}$$

を得る。

最終的にポアソンの方程式と比較したいので，00 成分に注目する。式 (9.39)，式 (9.26) から，

第10章 アインシュタイン方程式

$$R_{00} = R^\kappa{}_{0\kappa 0} = \partial_\kappa \Gamma^\kappa_{00} - \partial_0 \Gamma^\kappa_{0\kappa} + \Gamma^\kappa_{\eta\kappa}\Gamma^\eta_{00} - \Gamma^\kappa_{\eta 0}\Gamma^\eta_{0\kappa} \tag{10.22}$$

であるが，右辺2項目は時間で微分を取っているので，ゆっくり変化することから0である。また3項目, 4項目は $h_{\mu\nu}$ の2次になるので無視できる。結局残るのは1項目の空間微分だけであり，

$$R_{00} = \partial_i \Gamma^i_{00} = \partial_i \left(-\frac{1}{2} \partial^i h_{00} \right) = -\frac{1}{2} \partial_i \partial^i h_{00} = \frac{1}{c^2}\triangle\phi \tag{10.23}$$

を得る。ここで $\triangle = \partial_i \partial^i$ である。また，式 (10.19) を用いて，h_{00} を ϕ に書き直した。

共変テンソルを反変テンソルに変更しておこう。

$$R^{00} = g^{0\lambda}g^{0\kappa}R_{\lambda\kappa} = (-1)^2 R_{00} = \frac{1}{c^2}\triangle\phi \tag{10.24}$$

である。もちろん $h_{\mu\nu}$ の2次以上の項は無視した。

エネルギー・運動量テンソルの方は，圧力を無視できる流体（塵）を考える。今の近似では，$T^{\mu\nu} = (\rho c^2, 0, 0, 0)$ という局所ローレンツ静止系と考えて良い。つまり，$T^{00} = \rho c^2$ で，$T_\eta{}^\eta = g_{\eta\lambda}T^{\lambda\eta} = -\rho c^2$ である。これらの関係を式 (10.21) の 00 成分に代入すると，

$$R^{00} = \kappa\left(T^{00} - \frac{1}{2}g^{00}T_\eta{}^\eta\right) = \kappa\left(T^{00} + \frac{1}{2}T_\eta{}^\eta\right)$$
$$= \kappa\left(\rho c^2 - \frac{1}{2}\rho c^2\right) = \frac{1}{2}\kappa\rho c^2$$

を得る。ここで微小量を無視して，$g^{00}T_\lambda{}^\lambda \simeq \eta^{00}T_\lambda{}^\lambda$ とした。この結果と式 (10.24) から

$$\frac{1}{c^2}\triangle\phi = \frac{1}{2}\kappa\rho c^2 \tag{10.25}$$

となる。この最終的な形をポアソン方程式

$$\triangle\phi = 4\pi G\rho \tag{10.26}$$

と比較することで，

$$\kappa = \frac{8\pi G}{c^4} \tag{10.27}$$

を得る。結局，ニュートン方程式に替わる，重力場の基礎方程式は，

$$R^{\mu\nu} - \frac{1}{2}Rg^{\mu\nu} = \frac{8\pi G}{c^4}T^{\mu\nu} \tag{10.28}$$

と書かれるのである。これを**アインシュタイン方程式**と呼ぶ。一般相対性

理論の基礎となる方程式である。

10分補講

宇宙項 Λ について

式 (10.7) の段階では，メトリックに比例する項を入れておいた。この項の係数 Λ が，宇宙項と呼ばれ，宇宙全体の運動のみに影響を与えることは先に述べたとおりである。この項を入れると，アインシュタイン方程式は

$$R^{\mu\nu} - \frac{1}{2} R g^{\mu\nu} + \Lambda g^{\mu\nu} = \frac{8\pi G}{c^4} T^{\mu\nu} \tag{10.29}$$

と書き直される。Λ の項は，メトリックには比例するものの，時空の曲がりとは直接関係がない。メトリックの微分ではないことから，局所的に作用するのではなく，広く全体に拡がって効果を及ぼすのである。その結果，局所的領域，例えば天体の周りなどを考えているときには，Λ の影響はほとんど現れてこない。宇宙全体の大局的な運動などに初めて（もし存在しているのなら）姿を現してくるのである。

さて，アインシュタイン方程式の右辺は G に比例していて，引力という重力源に向かう方向のみに働く力を及ぼす。一方，$\Lambda g^{\mu\nu}$ は，Λ の符号を変えることによって，引力，斥力どちらの働きも担うことが可能だ。

アインシュタインは，一般相対性理論を完成させた後，すぐに自身の導き出した方程式が，宇宙全体の発展を記述できることに気づき，それを解こうとした。その際に，アインシュタインは1つの先入観に囚われていた。宇宙は過去も未来もその姿を変えず，静的なものであると思っていたのである。しかし，自身の方程式を解いてみると，宇宙は決して止まっていてくれなかった。重力は引力しか持たないために，宇宙はその内部の物質の作り出す重力によって，必ず潰れる方向に力を受け，その大きさを変えていくことになるのだ。静的な宇宙を実現するためにはどうしても斥力項が必要だった。

そこでアインシュタイン自身が導入したのが宇宙項だったのである。

しかし，その後，1929年にはエドウィン・ハッブルが宇宙（の空間）が膨張していることを発見した．彼は，遠方の銀河が高速で遠ざかっていて，その速度が距離に比例していることを見つけ出したのである．宇宙の空間が止まってさえいなければ，実は宇宙項は（必ずしも）必要ない．宇宙の最初に何らかのエネルギーが加えられて莫大な速度で膨張がスタートし，その膨張が重力の働きによって徐々に遅くなって現在に至っていると考えれば，現在の宇宙の膨張は説明がつくのだ．

宇宙が膨張していることを知ったアインシュタインは，宇宙項が不要になったことに気づき，宇宙項の導入を「生涯最大の失敗」と悔やんだという．

しかし，最近になって宇宙項は，宇宙の歴史の2つの場面で復活してきている．まず，宇宙の最初に莫大な速度を与え，膨張を引き起こしたものの正体が，真空のエネルギー，すなわち宇宙項だと考えられているのだ．宇宙のごく初期，誕生後 10^{-36} 秒の時代に，宇宙項が宇宙を支配し，斥力を働かせることで莫大な膨張を引き起こした．それがインフレーションと呼ばれる時代である．インフレーションの終わりの時期に真空のエネルギーは熱化し，ビッグバンと呼ばれる熱い宇宙の始まりへとつながっていったと考えられるのである．

もう1つの宇宙項は，20世紀の終わりに観測的にその存在の証拠が見つかってきた．こちらは，現在の宇宙の膨張を支配している．現在，そしてこれからの宇宙の膨張速度を加速させていく働きをしているのだ．その加速を引き起こしているものの正体が，アインシュタインの宇宙項なのか，それとも何らかのこれまで知られていない「場」なのかは，まだ皆目わかっていない．観測・理論研究の進展が期待される．なお，この加速を引き起こしているもののことを，正体不明の真空のエネルギーのようなもの，ということでダークエネルギーと呼んでいる．

章末問題

10.1 流体の場合に，エネルギー・運動量テンソルの $0i$ 成分，T^{0i} の物理的意味を考察し，T^{i0} と一致することを示せ。

10.2 アインシュタイン方程式

$$R^{\mu\nu} - \frac{1}{2} R g^{\mu\nu} = \frac{8\pi G}{c^4} T^{\mu\nu}$$

から，時空の曲率と，物質密度の間の関係について，概算する。

(1) 右辺 $T^{\mu\nu} \sim \rho c^2$ としたとき，右辺全体の次元は何であるか。このことから，時空の曲がりを与える典型的長さ（曲率半径）を a と表したときに，$R^{\mu\nu} \sim R \sim a^n$ の n を求めよ。

(2) 密度を $[\mathrm{kg/m^3}]$ で，a を $[\mathrm{m}]$ で表したとき，両者の間の関係を求めよ。また，水の密度 $\rho = 10^3 \, \mathrm{kg/m^3}$ の場合の a を求めよ。ここで，重力定数 $G = 6.67 \times 10^{-11} \, \mathrm{m^3/kg/s^2}$，光速度 $c = 3.00 \times 10^8 \, \mathrm{m/s}$ である。

(3) 一般相対性理論の効果は，興味を持っている対象の大きさが，その密度で決まる曲率半径 a よりも大きければ顕著に現れる。一方，その対象の大きさが a よりも十分に小さければ，時空の曲がりの効果がほとんど現れてこない。以下の天体の場合に，重力の効果が重要かどうか判断せよ。(a) 太陽：質量 $2 \times 10^{30} \, \mathrm{kg}$，半径 $7 \times 10^5 \, \mathrm{km}$，(b) 中性子星：質量 $3 \times 10^{30} \, \mathrm{kg}$，半径 $10 \, \mathrm{km}$，(c) 宇宙：密度 $3 \times 10^{-27} \, \mathrm{kg/m^3}$，大きさ 470 億光年 $= 4 \times 10^{26} \, \mathrm{m}$

第 11 章

球対称性という非常に高い対称性を持った時空の場合には，アインシュタイン方程式を厳密に解くことができる。その解こそ，中心に特異点があり，事象の地平線が現れる，シュヴァルツシルト解である。

球対称時空

11.1　アインシュタイン方程式を解く

　アインシュタイン方程式という基礎方程式は，エネルギー・運動量テンソルの及ぼす重力によって曲率テンソルが求まる，という形をしていた。この方程式を解くことで，物質が作り出す重力場によって，空間の構造がどのようになるのかを知ることができる。

　アインシュタイン方程式

$$R^{\mu\nu} - \frac{1}{2} R g^{\mu\nu} = \frac{8\pi G}{c^4} T^{\mu\nu}$$

を解く，というのは次のような手続きのことをいう。まず，物質などの分布を指定することで $T^{\mu\nu}$ を与える。次に，アインシュタイン方程式を $g^{\mu\nu}(x)$ について書き下し，連立微分方程式を得る。この方程式を解くことで，$g^{\mu\nu}(x)$ が求まり，時空の構造が明らかになる，という寸法である。

　しかし，一般の場合にアインシュタイン方程式を解くことは容易ではない。まず，解くべき式の数が多い。対称性があるとはいえ，4 行 4 列のテンソルの式で，独立な方程式の数は 10 個だ。また，弱い重力の近似などを取らなければ，非線形方程式であり，時間と空間の混じった偏微分方程式でもある。非線形 10 連立偏微分方程式（！）など，とても解けそうに思

えないだろう。

　そこで，状況に応じてモデル化・理想化をし，さまざまな対称性を課すことで方程式を簡単な形にして解く試みが進められてきた。それでも解くことの難しさは，各々の解に解いた人の名前が付けられることからも窺える。日本人の名前が付いているものもある。成相解や冨松・佐藤解である。前者は，故 成相秀一（元 広島大学教授）が，後者は冨松彰（名古屋大学教授）と佐藤文隆（京都大学名誉教授）が解いたものである。

　例えば，宇宙全体の発展を明らかにしたければ，宇宙の持っている対称性を考えればよい。観測事実と照らし合わせると，宇宙には，中心といったような特別な場所はなさそうである。また，特別な方向というものも見つかっていない。そこで，一様（特別な場所がない）で等方（特別な方向がない）という対称性を課すことで解かれたのが，フリードマン解である。

　それとは異なった状況で，簡単に解ける場合がある。中心があり，そこからの距離だけに空間の構造が依存している場合である。歴史上最初に求められたアインシュタイン方程式の厳密解として知られている。この解は，カール・シュヴァルツシルト（1873 〜 1916）が 1915 年に求めたことから，シュヴァルツシルト解と呼ばれている。アインシュタインによって一般相対性理論が発表されたのと同じ年である。

　対称性を課すことで解くことができたとしても，現実を反映していなければ，その解のインパクトは大きなものではない（もちろん，アインシュタイン方程式の場合には，解くだけでも価値があるのだが）。しかし，球対称という仮定は非常に有用なものであった。地球や太陽といった星の周りがまさに，球対称な空間になっていると考えられるからである。そのため，この解は太陽系において一般相対性理論の検証実験を進める上で，必要不可欠なものとなっている。太陽の引き起こす重力レンズ効果がその一例である。水星の近日点移動も有名である。これらについては次章で見ていく。

　地球や太陽の作る重力は，時空に強い影響を及ぼすものではない。一方で，この解は厳密解であるため，重力の非常に強い場合にも適用できる。そこで見つけられたのが，ブラックホールである。

　以下では，球対称性を課すことで，アインシュタイン方程式がどのよう

に解けるのかを見ていこう。

11.2　シュヴァルツシルト解

空間座標の原点に静止している質量 M の物体（例えば恒星）が，周囲に作る重力場を求める。時空は球対称である。また，メトリックは静的，つまり時間が経っても変化しないと仮定する。さらに，中心から十分離れれば，質量 M の影響がなくなるので，ミンコフスキー時空と一致しなければならない。以下では，球対称な時空を考えるので，直交座標ではなく極座標 $(x^\mu) = (ct, r, \theta, \varphi)$ を取るのが便利だ。

まず，重力がない場合，つまり特殊相対性理論の場合には，不変間隔は
$$ds^2 = -(cdt)^2 + dr^2 + r^2(d\theta^2 + \sin^2\theta d\varphi^2) \tag{11.1}$$
で書かれた。メトリックは，対角行列 $(g_{\mu\nu}) = (-1, 1, r^2, r^2\sin^2\theta)$ である。もちろんこれはリーマン曲率テンソルの値が 0 となる平坦な時空である。

これを，中心からの重力の影響によって曲がりを持つ時空の場合へと変更する。最も単純な変更は，メトリックの成分のうちで定数であるものを r の関数とすることだ。静的であり球対称ということから，r のみの関数となる。すなわち，$g_{\mu\nu} = (g_{00}(r), g_{11}(r), r^2, r^2\sin^2\theta)$ という変更を行う。このとき不変間隔は
$$ds^2 = g_{00}(r)(cdt)^2 + g_{11}(r)dr^2 + r^2(d\theta^2 + \sin^2\theta\, d\varphi^2) \tag{11.2}$$
と表される。

例題11.1　$g_{0i} = 0$ である理由

静的で時間対称性があると $g_{0i} = 0$ でなければならない。理由を説明せよ。

解　例えば，事象 (ct, r, θ, φ) と $(c(t + \delta t), r + \delta r, \theta, \varphi)$ を考える。すると不変間隔は $ds^2 = g_{00}(r)(c\delta t)^2 + 2g_{01}(r)(c\delta t)\delta r + g_{11}(r)\delta r^2$ である。ここで時間反転 $t \to t' = -t$ を行う。すると，δt だけが符号を変えるので $ds'^2 = g_{00}(r)(c\delta t)^2 - 2g_{01}(r)(c\delta t)\delta r + g_{11}(r)\delta r^2$ となる。静的である，ということは，この時間反転に対して ds^2 が変わらないことを意味する。そのためには，$g_{01} = 0$ でなければならない。同様に，$g_{02} = 0$, $g_{03} = 0$ を得ることができる。■

次に，遠方でミンコフスキーと一致することから，$g_{00} < 0$，かつ $g_{11} > 0$ であることがわかる。そこで，$\nu(r)$ と $\mu(r)$ を r のみの関数として，$g_{00} = -e^{\nu}$, $g_{11} = e^{\mu}$ と置き換えて，

$$ds^2 = -e^{\nu}(cdt)^2 + e^{\mu}dr^2 + r^2(d\theta^2 + \sin^2\theta\, d\varphi^2) \quad (11.3)$$

を得る。結局，$(g_{\mu\nu}) = (-e^{\nu},\ e^{\mu},\ r^2,\ r^2\sin^2\theta)$ である。なお，$g^{\mu\nu}$ は $g^{\mu\nu}g_{\nu\lambda} = \delta^{\mu}{}_{\lambda}$ の関係を使えば，$(g^{\mu\nu}) = (-e^{-\nu},\ e^{-\mu},\ r^{-2},\ r^{-2}\sin^{-2}\theta)$ と得られる。

このメトリックからクリストッフェル記号を求める。0 でない成分は，

$$\Gamma^0_{01} = \frac{1}{2}\frac{d\nu}{dr},$$

$$\Gamma^1_{00} = \frac{1}{2}e^{\nu-\mu}\frac{d\nu}{dr},\ \Gamma^1_{11} = \frac{1}{2}\frac{d\mu}{dr},\ \Gamma^1_{22} = -re^{-\mu},\ \Gamma^1_{33} = -r\sin^2\theta\, e^{-\mu},$$

$$\Gamma^2_{12} = \frac{1}{r},\ \Gamma^2_{33} = -\sin\theta\cos\theta,\ \Gamma^3_{13} = \frac{1}{r},\ \Gamma^3_{23} = \cot\theta \quad (11.4)$$

だけであることがわかる。次の例題に見るように，計算自体は比較的容易である。なお，0 でない成分を効率よく探し出すには，9 章の 10 分補講で述べた測地線方程式を用いる方法が有用である。

例題11.2 球対称の場合のクリストッフェル記号の計算

具体的に，Γ^0_{01} を求めよ。

解 式 (9.33) から，

$$\Gamma^0_{01} = \frac{1}{2}g^{0\kappa}(\partial_1 g_{\kappa 0} + \partial_0 g_{\kappa 1} - \partial_\kappa g_{10})$$

である。ここで，メトリックは対角成分だけが残っていて，かつ r (つまり x^1) だけの関数であることに注意する。すると，$\partial_1 g_{\kappa 0}$ は $\kappa = 0$ だけが残る。$\partial_0 g_{\kappa 1}$ は時間の微分なので 0，$\partial_\kappa g_{10}$ は $g_{10} = 0$ より 0 である。結局，

$$\Gamma^0_{01} = \frac{1}{2}g^{00}\partial_1 g_{00} = \frac{1}{2}(-e^{-\nu})\frac{\partial}{\partial r}(-e^{\nu})$$

$$= \frac{1}{2}\frac{\partial\nu}{\partial r}$$

となる。 ■

次にリッチテンソルを計算する。計算は省略して，最終的な結果だけを書くと，

第 11 章 球対称時空

$$R_{00} = \frac{1}{2} e^{\nu-\mu} \left[\frac{d^2\nu}{dr^2} + \frac{1}{2}\left(\frac{d\nu}{dr}\right)^2 - \frac{1}{2}\frac{d\mu}{dr}\frac{d\nu}{dr} + \frac{2}{r}\frac{d\nu}{dr} \right] \quad (11.5)$$

$$R_{11} = -\frac{1}{2}\frac{d^2\nu}{dr^2} - \frac{1}{4}\left(\frac{d\nu}{dr}\right)^2 + \frac{1}{4}\frac{d\nu}{dr}\frac{d\mu}{dr} + \frac{1}{r}\frac{d\mu}{dr} \quad (11.6)$$

$$R_{22} = 1 - e^{-\mu}\left[1 + \frac{1}{2}r\left(\frac{d\nu}{dr} - \frac{d\mu}{dr}\right) \right] \quad (11.7)$$

$$R_{33} = \sin^2\theta \, R_{22} \quad (11.8)$$

を得る。

次にスカラー曲率を求める。$R = g^{\mu\nu}R_{\mu\nu}$ であることに注意して，

$$\begin{aligned} R = g^{\mu\nu}R_{\mu\nu} &= \frac{2}{r^2} + e^{-\mu}\bigg[-\frac{d^2\nu}{dr^2} - \frac{1}{2}\left(\frac{d\nu}{dr}\right)^2 + \frac{1}{2}\frac{d\mu}{dr}\frac{d\nu}{dr} \\ &\quad + \frac{2}{r}\left(\frac{d\mu}{dr} - \frac{d\nu}{dr}\right) - \frac{2}{r^2} \bigg] \end{aligned} \quad (11.9)$$

である。

例題11.3 球対称の場合のリッチテンソルの計算

具体的に，R_{00} を求めよ。

解 式 (9.26)，式 (9.39) より，

$$R_{\mu\nu} = R^\kappa{}_{\mu\kappa\nu} = \partial_\kappa \Gamma^\kappa_{\mu\nu} - \partial_\nu \Gamma^\kappa_{\mu\kappa} + \Gamma^\kappa_{\eta\kappa}\Gamma^\eta_{\mu\nu} - \Gamma^\kappa_{\eta\nu}\Gamma^\eta_{\mu\kappa} \quad (11.10)$$

である。よって，

$$R_{00} = \partial_\kappa \Gamma^\kappa_{00} - \partial_0 \Gamma^\kappa_{0\kappa} + \Gamma^\kappa_{\eta\kappa}\Gamma^\eta_{00} - \Gamma^\kappa_{\eta 0}\Gamma^\eta_{0\kappa}$$

である。1項ずつ見ていく。$\partial_\kappa \Gamma^\kappa_{00}$ は，r についての微分，つまり $\kappa=1$ だけが残るので，

$$\partial_\kappa \Gamma^\kappa_{00} = \partial_1 \Gamma^1_{00} = \frac{\partial}{\partial r}\left(\frac{1}{2} e^{\nu-\mu} \frac{d\nu}{dr} \right) = \frac{1}{2} e^{\nu-\mu}\left[\left(\frac{d\nu}{dr} - \frac{d\mu}{dr}\right)\frac{d\nu}{dr} + \frac{d^2\nu}{dr^2} \right]$$

である。次に，時間依存性がないことから，$\partial_0 \Gamma^\kappa_{0\kappa} = 0$ である。3項目については残るものだけ書いていくと，

$$\begin{aligned} \Gamma^\kappa_{\eta\kappa}\Gamma^\eta_{00} &= \Gamma^\kappa_{1\kappa}\Gamma^1_{00} = (\Gamma^0_{01} + \Gamma^1_{11} + \Gamma^2_{12} + \Gamma^3_{13})\Gamma^1_{00} \\ &= \left(\frac{1}{2}\frac{d\nu}{dr} + \frac{1}{2}\frac{d\mu}{dr} + \frac{1}{r} + \frac{1}{r} \right) \frac{1}{2} e^{\nu-\mu} \frac{d\nu}{dr} \\ &= \frac{1}{2} e^{\nu-\mu}\left[\frac{1}{2}\left(\frac{d\nu}{dr} + \frac{d\mu}{dr}\right)\frac{d\nu}{dr} + \frac{2}{r}\frac{d\nu}{dr} \right] \end{aligned}$$

となる。最後の項 $\Gamma^\kappa_{\eta 0}\Gamma^\eta_{0\kappa}$ は，$\kappa=0$ ならば $\eta=1$ が，$\kappa=1$ ならば $\eta=0$ が残るが，他はすべて 0 なので，

$$\Gamma^\kappa_{\eta 0}\Gamma^\eta_{0\kappa} = \Gamma^0_{10}\Gamma^1_{00} + \Gamma^1_{00}\Gamma^0_{01} = 2\Gamma^1_{00}\Gamma^0_{01}$$
$$= 2\left(\frac{1}{2}e^{\nu-\mu}\frac{d\nu}{dr}\right)\left(\frac{1}{2}\frac{d\nu}{dr}\right) = \frac{1}{2}e^{\nu-\mu}\left(\frac{d\nu}{dr}\right)^2$$

である。以上を代入すれば，

$$R_{00} = \frac{1}{2}e^{\nu-\mu}\left[\left(\frac{d\nu}{dr} - \frac{d\mu}{dr}\right)\frac{d\nu}{dr} + \frac{d^2\nu}{dr^2} + \frac{1}{2}\left(\frac{d\nu}{dr} + \frac{d\mu}{dr}\right)\frac{d\nu}{dr}\right.$$
$$\left. + \frac{2}{r}\frac{d\nu}{dr} - \left(\frac{d\nu}{dr}\right)^2\right]$$
$$= \frac{1}{2}e^{\nu-\mu}\left[\frac{d^2\nu}{dr^2} + \frac{1}{2}\left(\frac{d\nu}{dr}\right)^2 - \frac{1}{2}\frac{d\mu}{dr}\frac{d\nu}{dr} + \frac{2}{r}\frac{d\nu}{dr}\right]$$

を得る。∎

以上で，アインシュタイン方程式の左辺を計算する準備が整った。左辺を $G_{\mu\nu} \equiv R_{\mu\nu} - (1/2)g_{\mu\nu}R$ と定義する。これをアインシュタイン・テンソルと呼ぶ。$G_{\mu\nu}$ は，

$$G_{00} = \frac{e^\nu}{r^2}\left[1 - e^{-\mu}\left(1 - r\frac{d\mu}{dr}\right)\right] \tag{11.11}$$

$$G_{11} = -\frac{e^\mu}{r^2}\left[1 - e^{-\mu}\left(1 + r\frac{d\nu}{dr}\right)\right] \tag{11.12}$$

$$G_{22} = \frac{r^2 e^{-\mu}}{2}\left[\frac{d^2\nu}{dr^2} + \frac{1}{2}\left(\frac{d\nu}{dr}\right)^2 - \frac{1}{2}\frac{d\nu}{dr}\frac{d\mu}{dr} - \frac{1}{r}\left(\frac{d\mu}{dr} - \frac{d\nu}{dr}\right)\right] \tag{11.13}$$

$$G_{33} = \sin^2\theta\, G_{22} \tag{11.14}$$

と表される。

次に，アインシュタイン方程式の右辺である物質の分布を表す $T^{\mu\nu}$ だが，中心を除けば物質が分布していない，という状況を考える。そのため，$r=0$ 以外では，$T^{\mu\nu}=0$ である。結果としてアインシュタイン方程式は，

$$G_{\mu\nu} = 0 \tag{11.15}$$

と書かれることになる。

式 (11.11)〜式 (11.14) より，恒等的に 0 でない $G_{\mu\nu}$ のうち，独立なものは 3 つである。さらにビアンキ恒等式が成立するから，独立な成分は 2 つということになる。実際に変数の数は μ と ν の 2 つだから，それで十分なのである。

まず，$G_{00} = 0$ から，

第 11 章 球対称時空

$$G_{00} = \frac{e^\nu}{r^2}\left[1 - e^{-\mu}\left(1 - r\frac{d\mu}{dr}\right)\right] = \frac{e^\nu}{r^2}\frac{d}{dr}\left[r(1 - e^{-\mu})\right] = 0 \quad (11.16)$$

を得る。この関係式は $r(1 - e^{-\mu})$ が r によらない定数であることを意味している。距離の次元を持つこの定数を r_g と置くと、

$$e^\mu = \frac{1}{1 - r_g/r} \quad (11.17)$$

となる。

次に、$G_{11} = 0$ と $G_{00} = 0$ から

$$r^2 e^{-\nu} G_{00} + r^2 e^{-\mu} G_{11} = re^{-\mu}\left(\frac{d\mu}{dr} + \frac{d\nu}{dr}\right) = 0 \quad (11.18)$$

の関係を得る。カッコの中が 0、つまり $d\mu/dr + d\nu/dr = 0$ であるから、$\nu = -\mu + C$ が解である。ただし、C は積分の定数である。結局

$$e^\nu = C' e^{-\mu} = C'(1 - r_g/r) \quad (11.19)$$

となる。ここで $C' \equiv e^C$ は定数である。

以上より、μ と ν が解けたので、球対称解が求まった。式 (11.3) に μ と ν の解を代入することで、時空を表すメトリックは

$$ds^2 = -(1 - r_g/r)C'(cdt)^2 + \frac{dr^2}{1 - r_g/r} + r^2(d\theta^2 + \sin^2\theta \, d\varphi^2) \quad (11.20)$$

と得られる。ここで、時間幅の取り方を変えることで $C'dt \to dt$ と置き直すことが可能である。なお、これはちょうど積分の定数 C を 0 に取ったことに対応している。角度方向を $d\Omega^2 \equiv d\theta^2 + \sin^2\theta \, d\varphi$ と表すことにすれば、

$$ds^2 = -(1 - r_g/r)(cdt)^2 + \frac{dr^2}{1 - r_g/r} + r^2 d\Omega^2 \quad (11.21)$$

である。これが、シュヴァルツシルト解である。

なお、積分の定数を以上のように取った結果、

$$\nu = -\mu, \quad e^\nu = e^{-\mu} = 1 - r_g/r \quad (11.22)$$

である。

シュヴァルツシルト解を眺めていてすぐに気づくことは、$r \to \infty$ でミンコフスキー時空と一致していることである。漸近的平坦と呼ばれ、解を求める際に必要と考えていた性質の 1 つであった。

11.3　シュヴァルツシルト半径

　シュヴァルツシルト解に現れる定数，r_gについて見ていこう。これがミンコフスキー時空からのズレを与えている。ズレが小さければ，ニュートン重力と同じ結果を与えなければならない。シュヴァルツシルト解は，地球のような天体が作る重力場を与えると考えられるので，地上での実験結果と一致する必要があるからである。

　10.3節での議論を思い出そう。弱い重力の場合には，式 (10.10) に従って，ミンコフスキー時空からのズレを$h_{\mu\nu}$で表した。このズレは，式 (10.19) で求めたように，重力ポテンシャルϕと結びつく。シュヴァルツシルト解と比べて

$$g_{00} = -(1 - r_g/r) = \eta_{00} + h_{00} = -(1 + 2\phi/c^2) \quad (11.23)$$

を得る。ただし，重力が弱くミンコフスキー時空からあまり異なっていないということから，$r \gg r_g$の場合を考えている。さて，質量Mが作る重力ポテンシャルは，$\phi = -GM/r$なので，

$$r_g = \frac{2GM}{c^2} \quad (11.24)$$

である。すなわち，r_gは中心にある質量 (例えば星の質量) によって決まる長さの次元を持つ量である。このr_gのことをシュヴァルツシルト半径と呼ぶ。

　シュヴァルツシルト解は，距離rがr_gに近づくと，ミンコフスキー時空から大きく異なったものになる。ズレの程度はシュヴァルツシルト半径と距離の比，r_g/rで与えられる。

例11.1　現実の天体のシュヴァルツシルト半径

　地球の場合についてシュヴァルツシルト半径を求めてみる。地球は半径が$R_{地球} = 6400$ km，質量が$M_{地球} = 5.97 \times 10^{24}$ kgの球体である。$G = 6.67 \times 10^{-11}$ m^3/kg/s^2，$c = 3.00 \times 10^8$ m/sを代入すれば，シュヴァルツシルト半径は$r_g(地球) = 2\,GM/c^2 = 8.85$ mmとなる。これは，実際の半径$R_{地球}$に比べて桁違いに小さい。地球全部が 8.85 mm 以下の中に詰め込まれていれば，外部の観測者はミンコフスキー時空からの大きなズレ，つまり時空の歪みを感じることができる。しかし，現実の地球では，最も重

力が強い表面でも、ズレの程度は $r_g(地球)/R_{地球} = 8.9\,\mathrm{mm}/6400\,\mathrm{km} = 1.4 \times 10^{-9}$ でしかない。

太陽くらい重い天体になると、効果が少しは大きくなる。太陽の質量は $1.99 \times 10^{30}\,\mathrm{kg}$ なので、シュヴァルツシルト半径は $2.95\,\mathrm{km}$ になる。現実の太陽の半径は $7.0 \times 10^5\,\mathrm{km}$ なので、太陽であったとしても現実の半径はシュヴァルツシルト半径よりはるかに大きい。太陽表面でも、ミンコフスキー時空からのズレの程度は 4.3×10^{-6} にすぎない。100万分の1程度の効果として現れるのである。ただし、地球の場合に比べたら3000倍ほども大きな効果である。

太陽が作る重力は、太陽系の惑星の運行に大きな影響を及ぼしている。これらの惑星の運行は、天文学者によって長い年月、精密に測定されてきた歴史がある。そのため、ごくわずかなニュートン理論からのズレも観測にかかる可能性がある。太陽が作る重力の、シュヴァルツシルト解の効果 r/r_g は、例えば、水星の軌道上 (楕円軌道だが軌道長半径は $5.8 \times 10^7\,\mathrm{km}$) で 5.1×10^{-8}、地球の軌道上 ($1.5 \times 10^8\,\mathrm{km}$) で 2.0×10^{-8} なのである。興味深いことに、地球の表面では、地球自身の重力によってミンコフスキー時空からズレる効果よりも、太陽による効果の方が14倍以上大きい。 □

11.4　シュヴァルツシルト解の性質

ここで改めてシュヴァルツシルト解を見ていこう。
$$\mathrm{d}s^2 = -(1 - r_g/r)(c\mathrm{d}t)^2 + \frac{\mathrm{d}r^2}{1 - r_g/r} + r^2\mathrm{d}\Omega^2$$
であった。

この解は明らかに $r = 0$ と $r = r_g$ で奇妙な振る舞いをする。どちらもその点でメトリックが発散するように見えるのである。球対称を仮定した段階で、中心 $r = 0$ は非常に特殊な点となっている。実際にこの点は特異点として、メトリックが発散し、物理量が定義できない。

一方、$r = r_g$ での発散は、後で説明するように、座標変換によって避けられる。ここは真の特異点ではない。しかし、一見してわかるように r

$= r_g$ の前後で，メトリックの時間と空間部分の符号が入れ替わる。時間と空間が役割を逆転するかのように見えるのである。

実際に，$r = r_g$ で何が起こるのか，光を照射して調べてみよう。光の経路はヌルである。つまり $ds^2 = 0$ に従って伝播する。今，中心方向に照射することを考えるので，$d\Omega^2 = 0$ と置ける。するとヌルの条件は

$$(1 - r_g/r)c^2 dt^2 = \frac{dr^2}{1 - r_g/r} \tag{11.25}$$

と書かれる。これを微分方程式の形に直すと

$$\frac{c\,dt}{dr} = \pm \left(1 + \frac{r_g}{r - r_g}\right) \tag{11.26}$$

を得る。この微分が時空図の傾きを与える。$r \to 0$ では $c\,dt/dr \to 0$ である。また，$r \to \infty$ では $c\,dt/dr \to \pm 1$ となり，ミンコフスキー時空と同様，45度と135度の傾きを与える。一方，$r \to r_g$ で，傾きは発散する。

さらに詳しく見るために，積分を実行しよう。$r > r_g$ であれば，

$$ct = \pm(r + r_g \ln((r - r_g)/R)) \tag{11.27}$$

を得る。ここで，R は時間の原点を適当に与えるための長さの次元を持った正の定数である。同様に，$r < r_g$ であれば，

$$ct = \pm(r + r_g \ln((r_g - r)/R)) \tag{11.28}$$

となる。これが光の経路となる。なお，両方をまとめて表せば

$$ct = \pm(r + r_g \ln(|r - r_g|/R)) \tag{11.29}$$

である。

次に，時空図を描くために，光の軌跡を表す式 (11.29) を具体的に見ていく。

まず $r > r_g$ の場合を考える。解のうち $+$ が外向きに出て行く光，$-$ が内向きに入っていく光である。

外向きの解 ($+$) を見ていこう。$r \gg r_g$ では，$ct \simeq r$ である。つまり，時空図上で，45度方向 (右斜め上) の直線となる。一方，$r \to r_g$ では，$ct \simeq r_g \ln(r - r_g) \to -\infty$ になる。つまり，時空図上での光の軌跡は，ct が非常に小さいときには，$r = r_g$ のすぐそば (右側) からほぼ真っ直ぐ上に上がり，やがて，r が徐々に大きくなるにつれて傾きが小さくなり，r が r_g に比べて十分大きくなると，45度の傾きへと近づいていく。

157

次に内向きの解（−）を見ていく。$r \gg r_g$ では，$ct \simeq -r$ なので，時空図上では135度方向（左斜め上）の直線を表す。しかし，r が r_g に近づくにつれ，$-r_g \ln(r - r_g)$ が大きくなるため，ct の値は急激に増加していくことになる。$r \to r_g$ で，$ct \simeq -r_g \ln(r - r_g) \to \infty$ である。結局 $r = r_g$ には到達できない。

以上の外向き，内向きの光の軌跡を表したのが図11.1の時空図で，$r > r_g$ の領域が該当する。ここで，外向きと内向きの光が交わる所で両者によって囲まれる領域の表面が，光円錐である。光が移動できる範囲を表しているからである。光円錐の向きから，光や，ましてや質量を持った粒子は決して $r = r_g$ を越えて中には入っていかないことがわかる。

続いて，$r < r_g$ の場合について考える。

まず，＋の解であるが，$r \to r_g$ で，$ct \simeq r_g \ln(r_g - r) \to -\infty$ となる。r を小さくしていくと，中心で，$ct = r_g \ln(r_g/R)$ という定数値になる。微分も $cdt/dr \to 0$ であったことを思い出そう。結局，時空図上での軌跡としては，$r = r_g$ のすぐそば（左側）からほぼ真っ直ぐ上に上がり，やがて，r が徐々に小さくなるにつれて傾きが小さくなり，やがて r が0に近づくと傾きはほぼ0となる。$r > r_g$ では外向きであったのに，$r < r_g$ では内向きとなっていることに注意されたい。

次に，−の解を見ていく。今度は $r \to r_g$ で，$ct \simeq -r_g \ln(r_g - r) \to \infty$

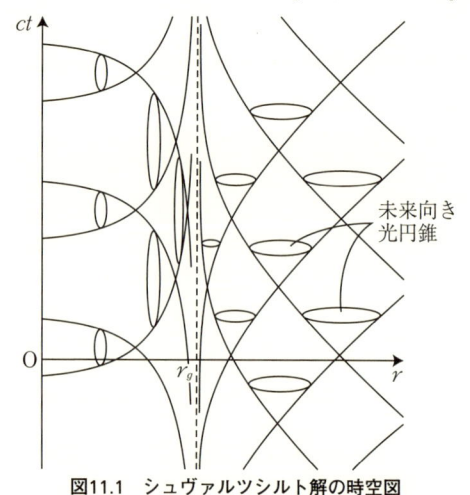

図11.1　シュヴァルツシルト解の時空図

となる。一方，$r=0$ では，$ct=-r_g\ln(r_g/R)$ である。つまり，$r=0$ である値からスタートし，r が r_g に近づくにつれ急激に ct の値を大きくする軌跡を得る。これは，外へ向かう解になっている。ただし，決して $r=r_g$ には到達できない。

以上の光の軌跡をまとめたのが，図 11.1，$r<r_g$ の領域である。このとき，時間と空間の不変間隔に対して果たす役割が，$r>r_g$ の場合と入れ替わっていることに注意が必要である。このことで，光円錐の向きが変わってしまう。

$r<r_g$ での光円錐の向きについて考える前に，まず通常の場合である $r>r_g$ について考察する。そこでは，時空図の r 軸方向は時間 t が一定である。そのため，$ds^2=dr^2/(1-r_g/r)>0$ となる。ds^2 が正なのだから空間的だ。逆に，ct 軸方向は r が一定なので，$ds^2=-(1-r_g/r)(cdt)^2<0$ である。これは時間的になる。以上の理由から未来に向かっている光円錐は，上向きとなる。

しかし，この事情は $r<r_g$ の場合には，全く逆になる。$1-r_g/r$ という時間と空間の両方にかかっている係数の符号が入れ替わることが，その原因である。例えば，時間 t が一定であれば，$ds^2=dr^2/(1-r_g/r)=-dr^2/(r_g/r-1)<0$ になるのである。この場合は r 軸方向が時間的になる。一方，r を一定にすると，今度は $ds^2=-(1-r_g/r)(cdt)^2=(r_g/r-1)(cdt)^2>0$ となり空間的になる。

結局，$r<r_g$ の場合には，時間的な領域は r 軸に平行な方向を含むことになる。つまり，中心方向へ向かう光円錐は交点から左向きに作られるのである。光，そしてあらゆる粒子も，r 一定の場所に留まることはできない。必ず中心へ向かって落ちていくことがわかる。

以上のことから，外側からも内側からも $r=r_g$ を決して通過できないという結論が得られる。しかし，ここで問題になってくるのは，いったい「誰から見て」通過できないか，という点である。

そこで，座標系に対して静止している固有時間 τ に注目しよう。静止しているので，$ds^2=-(cd\tau)^2=-(1-r_g/r)(cdt)^2$ である。すなわち，固有時間と座標時間の関係は $d\tau=\sqrt{1-r_g/r}\,dt$ で表される。このとき，$r\gg r_g$ であれば，固有時間が座標時間に等しくなる。つまり，これまで考

えていた座標時間 t とは，非常に遠く離れて静止している観測者から測った時間だったのだ。この観測者から見ると，中心に向かう光は r_g を決して越えることなく，ゆっくりと近づいていく。実際に，この観測者から見る光の速度 dr/dt は，式 (11.26) から明らかなように，r が r_g に近づくと0になっていく（dt/dr は発散していく）のである。

座標変換を施すことで，中に入っていく光の軌跡を求めることができるようになる。ここでは，内向きの光の軌跡が時空図上で「まっすぐ」になるように座標変換を行う。式 (11.29) から，

$$ct \to c\bar{t} = ct + r_g \ln(|r - r_g|/R) \tag{11.30}$$

と時間を取り直すことで望ましい結果が得られることがわかる。新しい時間に対して，内向きの光（−の解）が $c\bar{t} = -r$ と表されることになるからである。時空図での光の軌跡は，135度の直線を $r > r_g$ でも，$r < r_g$ でも保つことになる。

この新しい時間を用いて，メトリックは

$$ds^2 = -\left(1 - \frac{r_g}{r}\right)(cd\bar{t})^2 + 2\frac{r_g}{r}cd\bar{t}\,dr + \left(1 + \frac{r_g}{r}\right)dr^2 + r^2 d\Omega^2 \tag{11.31}$$

と書かれる。この座標をエディントン-フィンケルシュタイン座標と呼ぶ[1]。

さて，この座標でのヌルの軌跡を $ds^2 = 0$ から求めると（$d\Omega^2 = 0$ と置く），

$$ds^2 = 0 = -(cd\bar{t} + dr)\left(\left(1 - \frac{r_g}{r}\right)cd\bar{t} - \left(1 + \frac{r_g}{r}\right)dr\right) \tag{11.32}$$

を得る。2つの解があるが，$cd\bar{t} + dr = 0$ は，時空図上では傾き -1，すなわち135度で入っていく解になる。もちろんこうなるように，座標変換を行ったわけである。この場合には，$r = r_g$ では何事にも起こらずに，有限時間で通過できる。図11.2で左斜め上に引かれている直線が，この解である。

---

[1] エディントン-フィンケルシュタイン座標の取り方には，もう1つ別の方法がある。$\bar{t}$ の代わりに，$v \equiv ct + r + r_g \ln(|r - r_g|/R) = c\bar{t} + r$ と取る方法である。このとき，内向きのヌルの軌跡を与える式 $cd\bar{t} + dr = 0$ は，$dv = 0$ と表される。つまり，v は内向きのヌルを与えるヌル座標となっている。

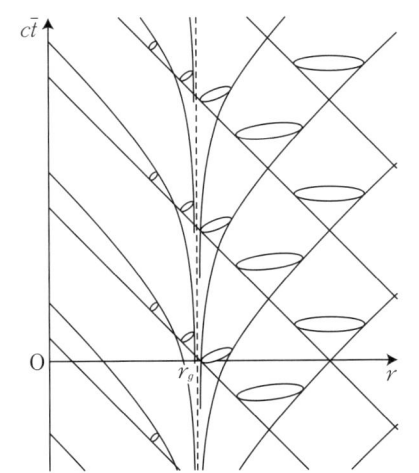

図11.2 シュヴァルツシルト解をエディントン–フィンケルシュタイン座標を用いて表した時空図

もう一方の解は，
$$\frac{dc\bar{t}}{dr} = \frac{1 + r_g/r}{1 - r_g/r} = 1 + \frac{2r_g}{r - r_g} \tag{11.33}$$
だ。時空図上での傾きは，$r \to 0$ で -1，つまり 135 度に近づく。また，$r \to \infty$ で傾き 1 なので，45 度に近づく。一方，$r \to r_g$ では発散する。こちらの解をもう少し詳しく見てみよう。式 (11.33) を積分する。$r > r_g$ に対しては
$$c\bar{t} = r + 2r_g \ln((r - r_g)/R)$$
であり，$r < r_g$ では
$$c\bar{t} = r + 2r_g \ln((r_g - r)/R)$$
である。まとめて，
$$c\bar{t} = r + 2r_g \ln(|r - r_g|/R) \tag{11.34}$$
と表すことができる。この解は，座標変換する前の解によく似ていて，$r = r_g$ を通過できない。ただし，ここで $r > r_g$ では外向き，$r < r_g$ では内向きであることに注意されたい。時空図に表すと，光は入っていくことはできるが，決して $r < r_g$ の内側から外に出ることができないことがわかる。

以上の考察をまとめて描いたのが，図 11.2 の時空図である。図の 2 つ

の線の交点に注目する。交点から出ている2つの線が囲む領域が光円錐である。交点から左斜め上に走っている線が，中心に向けて照射された光，右斜め上が外に向けて照射された光を表している。まず，$r > r_g$ であれば，内向きにも外向きにも光や粒子は運動できることがわかる。しかし，図からは，中心に近づくにつれ，外に向かう光は容易には出て行けなくなることが見て取れる。光円錐がどんどんと傾いていくのである。$r = r_g$ では，外向きに放射された光はかろうじてその点に留まることができるが，質点や少しでも内向きの速度成分を持った光などはすべて内側に落ちていく。さらに，$r < r_g$ では，外向きに照射した光でも，時空図上で右斜め上ではなく左斜め上の中心方向へ向かう。光といえども，中心に向けて落ちていく軌道しか取れない。

光さえも逃げ出せないのだから，$r = r_g$ より内側の情報は，外部に一切もたらされない。情報が伝達できるかどうかの境界を r_g は与えている。そこで，$r = r_g$ で決まる球面のことを，**事象の地平線（地平面）**と呼ぶ。

11.5　ブラックホール

光さえも脱出することのできない時空構造を，ブラックホールと呼ぶ。シュヴァルツシルト解で，シュヴァルツシルト半径 $r = r_g$ の内側がブラックホールである。ブラックホールになるためには，質量だけで決まる r_g の中に，その質量をすべて押し込めなければならない。先に見たように，地球であれば 8.85 mm，太陽ならば 2.95 km である。とても現実に起こりえるとは思えない。実際に，シュヴァルツシルトが解を発見してからしばらくの間は，単なる数学上の解として取り扱われていた。しかし，1939年に画期的な研究成果が発表されて状況が変わる。ロバート・オッペンハイマー（1904～1967）と彼の学生であったハートランド・スナイダー（1913～1962）によって，重たい星の終末段階で，核燃焼が終わるとともに星は自分自身の重力を支えることができなくなり，ブラックホールまで一気に収縮していってしまう可能性が指摘されたのだ。

アインシュタイン自身は，この結果を信じなかった。しかし 1960 年代になって，コンピュータ・シミュレーションによってオッペンハイマー達

の結果の正しさが立証されたこと，また何より，ブラックホールが観測によって見つけ出されたことから，ブラックホールは市民権を得るに至った。

最初のブラックホールは，1970年に打ち上げられた最初のX線観測衛星ウフルによって見つけ出された。ウフルは非常に明るいX線源を，はくちょう座の方向に発見した。そこでは，太陽の質量の23倍もある重たい恒星が，見えない天体と連星系を構成していて，X線は見えない星の周りから出ていた。連星の周期などの測定から，見えない天体の質量は太陽の10倍ほどもあることがわかったのである。太陽の10倍もある恒星が輝いていないということは，通常はありえない。ブラックホールと考えるしかないのである。また，X線を出していることも決め手になった。X線は，

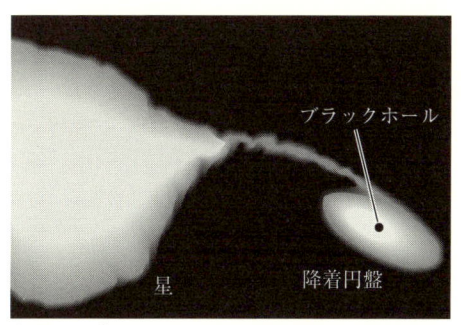

図11.3 恒星からブラックホールへのガスの流れと降着円盤の想像図

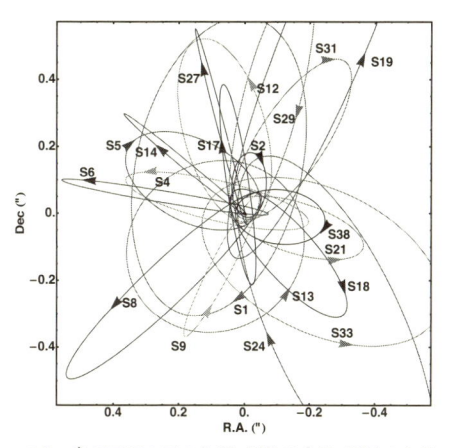

図11.4 いて座A*の周辺の星の軌道。横軸は赤経，縦軸は赤緯。
S.Gillessen et al., Astrophys. J. **692**, 1075-1109（2009）より転載。

連星の相手である恒星からガスが大量にブラックホールに流れ込み，その際に重力エネルギーが熱に変わることで出されていると考えられるからである．もちろんブラックホール自身は輝いていないのだが，その周りにはX線で輝くガスの円盤が存在しているのだ．これは降着円盤と呼ばれる（図 11.3 参照）．

　銀河系の中で，ブラックホールの候補となる天体はすでに 20 個ほども見つかっている．しかし，それ以外に，銀河系の中心にはモンスター級のブラックホールが 1 個あることもわかってきた．いて座 A* と呼ばれる天体である．16 年にも及ぶ観測を通じて，この天体が周りの星々を重力によって散乱させる様子を解明した研究が 2008 年に報告されている（図 11.4）．それによれば，いて座 A* は，質量が太陽の 430 万倍ほどもあるとのことである．このような巨大なブラックホールがどのように作られたのかは，いまだよくわかっていない．しかし，宇宙にはこれに匹敵する，いやそれ以上のブラックホールも存在していることがわかっている．ほとんどの銀河には，その中心部に，巨大ブラックホールが存在していることが観測によって明らかにされ，また，遠方で強烈に輝いているクエーサーと呼ばれる天体のエンジンも，超巨大ブラックホールであると考えられているのである．

章末問題

11.1 球対称時空の場合に，例題 11.2 と同様に，具体的に，Γ^1_{00} を求めよ．

11.2 球対称時空の場合に，例題 11.3 と同様に，具体的に，R_{11} を求め，さらに G_{11} を求めよ．ただし，スカラー曲率 R は式 (11.9) を用いよ．

11.3 エディントン-フィンケルシュタイン座標の時間座標を，内向きの光の軌跡ではなく，外向きの光の軌跡が時空図上でまっすぐになるように取り直し，メトリックを求めよ．また，ヌルの軌跡を求め，時空図を書け．この時空がブラックホールと比較して，どのような性質を持っているか述べよ．

第 12 章

シュヴァルツシルト解を用いれば，地球や太陽系で，一般相対性理論の検証を行うことが可能となる。多様な精密実験により，一般相対性理論が，重力を記述する「よい理論」であることが繰り返し確かめられてきた。

一般相対性理論の検証

12.1 近日点移動

　太陽に一番近い惑星である水星の近日点移動は，19世紀の中頃にはすでに，天体力学上の問題点として指摘されていた。ケプラー運動では安定した楕円軌道を描くはずである。にもかかわらず，水星の楕円軌道は，楕円全体が回転をしていたのである。太陽に一番近づく点である近日点が（もちろん遠日点も）動いていくので近日点移動と呼ぶ。現代天文学の測定値は1世紀当たり574秒，つまりわずか0.16度である。これは楕円が1周回ってもとの位置に帰ってくるのに20万年以上かかる，というごくわずかな移動である。

　574秒のうち，531秒は木星など他の惑星からの影響で説明できる。しかし残りの43秒が説明不能として残された。この問題に対して天文学者は，水星のそばに見えない惑星がいて，この回転を引き起こしたのではないかと疑い，バルカンという名前まで付けていた。実際に18世紀中頃には，天王星の軌道のゆらぎから，天王星に重力的に影響を及ぼしている天体の存在が予想され，後に海王星が発見されている。水星に対しても，そのような天体が太陽のすぐ近くにあって，見えないだけではないかと考えたのだ。しかし，バルカンはいっこうに見つからなかった。

第12章 一般相対性理論の検証

そこでアインシュタインは，計算の基本となっているニュートン重力理論の方に実は問題があり，一般相対性理論の効果を取り入れれば，近日点の移動が説明できるのではないかと考えた．惑星の中では水星が，太陽の重力によるミンコフスキー時空からのズレの効果を一番強く受けるからである．

実際に，太陽の周りの時空をシュヴァルツシルト解を用いて記述し，水星の運動をテスト粒子として測地線の方程式で表すと，楕円が回転して近日点が動くという効果が現れる．その計算の結果得られる水星の近日点移動は，1世紀当たり43秒と求められる．観測と非常によい一致を示したのだ．

以下，少し長くなるが近日点移動について説明していこう．時間的な粒子の運動を表す測地線の方程式(章末問題12.1を参照)は，

$$\ddot{t} + \frac{d\nu}{dr}\dot{t}\dot{r} = 0 \tag{12.1}$$

$$\ddot{r} + \frac{1}{2}e^{\nu-\mu}\frac{d\nu}{dr}(c\dot{t})^2 + \frac{1}{2}\frac{d\mu}{dr}\dot{r}^2 - re^{-\mu}\dot{\theta}^2 - r\sin^2\theta e^{-\mu}\dot{\varphi}^2 = 0 \tag{12.2}$$

$$\ddot{\theta} + \frac{2}{r}\dot{r}\dot{\theta} - \sin\theta\cos\theta\,\dot{\varphi}^2 = 0 \tag{12.3}$$

$$\ddot{\varphi} + \frac{2}{r}\dot{r}\dot{\varphi} + 2\cot\theta\,\dot{\theta}\,\dot{\varphi} = 0 \tag{12.4}$$

である．ここでドットは固有時間τでの微分を表す．

まず式(12.3)の解を求めてみよう．$\dot{\theta}=0$でかつ$\sin\theta\cos\theta=0$であれば，解になっていることは自明である．例えば$\theta=\pi/2$が解になっている．つまり，$\theta=\pi/2$という平面(x-y平面)に束縛された運動をすることを意味する．

次に，式(12.4)の$\dot{\varphi}=0$以外の解について求める．式を$\dot{\varphi}$で割って，積分をすると，

$$\int\frac{\ddot{\varphi}}{\dot{\varphi}}d\tau + \int\frac{2}{r}\dot{r}d\tau + \int 2\cot\theta\,\dot{\theta}d\tau = \int\frac{d\dot{\varphi}}{\dot{\varphi}} + 2\int\frac{dr}{r} + 2\int\frac{d\sin\theta}{\sin\theta}$$
$$= \ln(\dot{\varphi}r^2\sin^2\theta)$$
$$= (\text{定数})$$

を得る。ここで $\theta = \pi/2$ なので $\sin\theta = 1$ である。結局，定数を L と置けば $r^2\dot{\varphi} = L$ を得る。これは，面積速度一定の式に他ならない。単位時間内に粒子が移動する距離は $r\dot{\varphi}$ であり，中心に対して描く三角形（扇形）の面積は，$r \times r\dot{\varphi}/2 = L/2$ で表される。L が一定であれば，面積速度は保存するのである。さらに，運動している粒子の質量を m とすれば，$mr^2\dot{\varphi}$ は角運動量を与える。L は単位質量当たりの角運動量なのである（ヌルの場合には角運動量そのものになる）。

続いて，式 (12.1) を解く。$\dot{t} = 0$ 以外の解を得るために $\dot{t}$ で割って，積分を実行すると

$$\int d\tau \left(\frac{\ddot{t}}{\dot{t}} + \frac{d\nu}{dr} \dot{r} \right) = \int \frac{d\dot{t}}{\dot{t}} + \int \frac{d\nu}{dr} \frac{dr}{d\tau} d\tau = \ln\dot{t} + \int d\nu = \ln\dot{t} + \nu$$
$$= \ln(\dot{t} e^\nu) = \ln\left[\dot{t} \left(1 - \frac{r_g}{r} \right) \right]$$
$$= (\text{定数})$$

を得る。ここで，$e^\nu = 1 - r_g/r$ を代入した（式 (11.22)）。結局，$c\dot{t}(1 - r_g/r)$ が定数となる。なお，次元を合わせる関係で光速度 c をかけておいた。この関係の物理的意味を得るために，少し式変形をする。$-(1 - r_g/r)$ がメトリックの 00 成分であることに注目して，

$$c\dot{t}(1 - r_g/r) = -\frac{dct}{d\tau} g_{00} = -\frac{dx^0}{d\tau} g_{00} = -\frac{p^0}{m} g_{00} = -\frac{p_0}{m} \quad (12.5)$$

である。ここで 4 元運動量の定義式 (5.56) を用いた。4 元運動量の 0 成分 p^0 はエネルギーを光速度で割ったものなので，結局 $c\dot{t}(1 - r_g/r)$ が定数となるという関係は，エネルギー保存則に他ならない。今後は，

$$c\dot{t}(1 - r_g/r) = c\dot{t}e^\nu \equiv E \quad (12.6)$$

と置く。E は，本来のエネルギーを mc で割ったものである。

残された式 (12.2) を E や L を用いて書き直す。平面運動の解が $\theta = \pi/2$ であることや，$\mu + \nu = 0$（式 (11.22)）であることに注意して，

$$0 = \ddot{r} + \frac{1}{2} e^{\nu - \mu} \frac{d\nu}{dr} (c\dot{t})^2 + \frac{1}{2} \frac{d\mu}{dr} \dot{r}^2 - re^{-\mu}\dot{\theta}^2 - r\sin^2\theta e^{-\mu}\dot{\varphi}^2$$
$$= \ddot{r} + \frac{1}{2} (c\dot{t}e^\nu)^2 \frac{d\nu}{dr} - \frac{1}{2} \frac{d\mu}{dr} \dot{r}^2 - re^\nu\dot{\varphi}^2$$

第12章 一般相対性理論の検証

$$= \ddot{r} + \frac{1}{2}E^2\frac{\mathrm{d}\nu}{\mathrm{d}r} - \frac{1}{2}\frac{\mathrm{d}\nu}{\mathrm{d}r}\dot{r}^2 - e^{\nu}\frac{1}{r^3}L^2$$

を得る。この式に $e^{-\nu}\dot{r}$ をかけ，$(\mathrm{d}\nu/\mathrm{d}r)\dot{r} = \mathrm{d}\nu/\mathrm{d}\tau$ に注意すると

$$\begin{aligned}
0 &= e^{-\nu}\dot{r}\left(\ddot{r} + \frac{1}{2}E^2\frac{\mathrm{d}\nu}{\mathrm{d}r} - \frac{1}{2}\frac{\mathrm{d}\nu}{\mathrm{d}r}\dot{r}^2 - e^{\nu}\frac{1}{r^3}L^2\right) \\
&= e^{-\nu}\dot{r}\ddot{r} + \frac{1}{2}E^2\frac{\mathrm{d}\nu}{\mathrm{d}\tau}e^{-\nu} - \frac{1}{2}\frac{\mathrm{d}\nu}{\mathrm{d}\tau}e^{-\nu}\dot{r}^2 - \frac{\dot{r}}{r^3}L^2 \\
&= \frac{1}{2}\frac{\mathrm{d}}{\mathrm{d}\tau}\left(e^{-\nu}\dot{r}^2 - E^2 e^{-\nu} + \frac{1}{r^2}L^2\right)
\end{aligned} \quad (12.7)$$

と積分できる。

積分の定数を決めるために，あえて $E = c\dot{t}e^{\nu}$ や $L = r^2\dot{\varphi}$ を戻すと，積分は

$$-e^{\nu}(c\dot{t})^2 + e^{-\nu}\dot{r}^2 + r^2\dot{\varphi}^2 = (\text{定数}) \quad (12.8)$$

と実行できる。ここで，式 (11.3) より，$-e^{\nu} = g_{00}$，$e^{-\nu} = e^{\mu} = g_{11}$，$r^2 = r^2\sin(\pi/2) = g_{33}$ である。また，g_{22} については，平面に限ったことから $\mathrm{d}\theta = 0$ であった。結局，式 (12.8) は，

$$g_{\mu\nu}\frac{\mathrm{d}x^{\mu}}{\mathrm{d}\tau}\frac{\mathrm{d}x^{\nu}}{\mathrm{d}\tau} = (\text{定数}) \quad (12.9)$$

に他ならない。ここで，不変間隔と固有時間の関係，$\mathrm{d}s^2 = g_{\mu\nu}\mathrm{d}x^{\mu}\mathrm{d}x^{\nu} = -(c\mathrm{d}\tau)^2$ と比較すると，上式の定数は $-c^2$ であることがわかる。定数がわかったので，式 (12.7) の積分から軌道を与える式，

$$\dot{r}^2 = E^2 - \left(1 - \frac{r_g}{r}\right)\left(\frac{L^2}{r^2} + c^2\right) \quad (12.10)$$

を得る。この式は $\dot{r}^2 = E^2 - V(r)$ という形で書けている。いわゆるポテンシャル問題になっているのである。係数を気にしなければ，ここでは全体のエネルギー E^2 が，運動のエネルギーに対応する $\dot{r}^2$ とポテンシャルエネルギー $V(r)$ の和となっている。$V(r)$ の形がわかれば，全体のエネルギーの値を変数として，質点の運動を，束縛，散乱，落下などに簡単に分類できるのである。章末問題 12.2 では，実際にポテンシャル問題として軌道の様子を解析する。

以下では，式 (12.10) を解くことで実際に軌道を求める。まず式 (12.10) の左辺を変更する。ここで $\dot{r} = \mathrm{d}r/\mathrm{d}\tau = (\mathrm{d}r/\mathrm{d}\varphi)(\mathrm{d}\varphi/\mathrm{d}\tau) = (\mathrm{d}r/\mathrm{d}\varphi)(L/r^2)$

である．次に，
$$u \equiv 1/r \tag{12.11}$$
を定義すると，$du/d\varphi = -(1/r^2)(dr/d\varphi)$ となる．以上 2 つの関係から，
$$\dot{r} = \frac{dr}{d\varphi}\frac{L}{r^2} = -L\frac{du}{d\varphi} \tag{12.12}$$
を得る．これを式 (12.10) 左辺に代入し，式変形すると
$$\left(\frac{du}{d\varphi}\right)^2 = \frac{E^2-c^2}{L^2} + \frac{r_g c^2}{L^2}u - u^2 + r_g u^3 \tag{12.13}$$
となる．これが解くべき式になる．

実は，式 (12.13) の最後の項 $r_g u^3$ が，ニュートン重力からのズレ，すなわち近日点の移動を与える．まず，$r_g u^3$ を省いたときに，楕円軌道になることを示そう．近似的な解なので，区別するために $u \to u_0$ と表すことにする．右辺の u_0 に対する 1 次と 2 次の項を，平方完成の手法を使ってまとめることで，
$$\left(\frac{du_0}{d\varphi}\right)^2 + \left(u_0 - \frac{r_g c^2}{2L^2}\right)^2 = \frac{E^2-c^2}{L^2} + \left(\frac{r_g c^2}{2L^2}\right)^2 \tag{12.14}$$
となる．これは $d\varphi$ について積分が容易にできて
$$u_0 - \frac{r_g c^2}{2L^2} = \sqrt{\frac{E^2-c^2}{L^2} + \left(\frac{r_g c^2}{2L^2}\right)^2}\cos(\varphi + \delta) \tag{12.15}$$
を得る（確かに解になっていることを確かめてみよ）．ここで δ は初期条件で決まる位相で，$\delta = 0$ と取ることにする．すると，解は
$$u_0 = \frac{r_g c^2}{2L^2}\left(1 + \sqrt{1 + \left(\frac{2L}{r_g c^2}\right)^2(E^2-c^2)}\cos\varphi\right) \equiv \frac{r_g c^2}{2L^2}(1 + e\cos\varphi) \tag{12.16}$$
と，定数 e を用いて表すことができる．結局，
$$r_0 = \frac{1}{u_0} = \frac{2L^2}{r_g c^2}\frac{1}{1 + e\cos\varphi} \tag{12.17}$$
が解になる．これは，$e = 0$ であれば半径一定の軌道，すなわち円軌道になり，$e \neq 0$ の場合には楕円軌道を与える（図 12.1 参照）．まさに，ケプラーの法則である．この e を離心率と呼ぶ．

第 12 章 一般相対性理論の検証

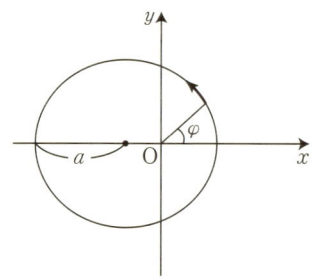

図12.1 楕円軌道
焦点の1つを原点に取った。軌道長半径がaである。ここで$e=0.4$と取った。

さて，もとの解くべき方程式 (12.13) に戻ろう。2乗の代わりに，2階微分の方程式に直す。そのため両辺をφで微分して，$2\mathrm{d}u/\mathrm{d}\varphi$で割る。すると

$$\frac{\mathrm{d}^2 u}{\mathrm{d}\varphi^2} + u = \frac{r_g c^2}{2L^2} + \frac{3}{2} r_g u^2 \tag{12.18}$$

を得る。この方程式の解は，ニュートン力学の結果であるu_0からあまり離れていないはずである。そこで$u = u_0 + u_1$と置こう。u_0は最後の項がなければ解となっているわけだから，

$$\frac{\mathrm{d}^2 u_0}{\mathrm{d}\varphi^2} + u_0 = \frac{r_g c^2}{2L^2} \tag{12.19}$$

を満足する。すると，式 (12.18) は

$$\frac{\mathrm{d}^2(u_0+u_1)}{\mathrm{d}\varphi^2} + (u_0+u_1) = \frac{\mathrm{d}^2 u_1}{\mathrm{d}\varphi^2} + u_1 + \frac{r_g c^2}{2L^2} = \frac{r_g c^2}{2L^2} + \frac{3}{2} r_g (u_0+u_1)^2 \tag{12.20}$$

とu_1を用いて書き直せる。ここで，右辺に現れるu_1や$(u_1)^2$に比例する項は小さいとして無視する。結局

$$\frac{\mathrm{d}^2 u_1}{\mathrm{d}\varphi^2} + u_1 = \frac{3}{2} r_g (u_0)^2 \tag{12.21}$$

が解くべき方程式となった。

最後に，u_0を代入してこの微分方程式を解きu_1を求める。ここで$u_0 \equiv \alpha(1 + e\cos\varphi)$と定数$\alpha = r_g c^2/2L^2$を定義する。代入してまとめると，

$$\frac{\mathrm{d}^2 u_1}{\mathrm{d}\varphi^2} + u_1 = \frac{3}{2} r_g \alpha^2 (1 + e\cos\varphi)^2$$

$$= \frac{3}{2} r_g a^2 (1 + 2e\cos\varphi + e^2 \cos^2\varphi)$$

$$= \frac{3}{2} r_g a^2 \left(1 + \frac{1}{2} e^2\right) + 3 r_g e a^2 \cos\varphi + \frac{3}{4} r_g e^2 a^2 \cos 2\varphi$$

と変形できる。ただし，$\cos^2\varphi = (\cos 2\varphi + 1)/2$ を用いた。

この方程式の特解を求める。

$$u_1 = A + B\varphi \sin\varphi + C \cos 2\varphi \tag{12.22}$$

と置く。係数の値が

$$A = \frac{3}{2} r_g a^2 \left(1 + \frac{1}{2} e^2\right), \ B = \frac{3}{2} r_g e a^2, \ C = -\frac{1}{4} r_g e^2 a^2 \tag{12.23}$$

であれば，2階微分方程式の解となることが容易に確かめられる。結局

$$u_1 = \frac{3}{2} r_g a^2 \left[1 + e\varphi \sin\varphi + e^2 \left(\frac{1}{2} - \frac{1}{6} \cos 2\varphi\right)\right] \tag{12.24}$$

となる。これこそが欲しかったシュヴァルツシルト解特有の効果を与えるものである。これらは u_0 に比べて，すべて小さな効果しか与えない。しかし，ただ1つ，$e\varphi \sin\varphi$ だけが，回転に伴ってどんどん増加していく。sin の前に φ がかかっているからである。楕円運動の1回転ごとにはごく小さな効果しか与えないが，積算されて効いてくるのだ。この項こそ，近日点の移動を与えるものであった。そこで，この項だけを u_0 に加えてみると，

$$u = u_0 + u_1 \simeq a(1 + e\cos\varphi) + \frac{3}{2} r_g a^2 e \varphi \sin\varphi$$

$$= a\left(1 + e\cos\varphi + \frac{3}{2} r_g a e \varphi \sin\varphi\right)$$

$$\simeq a\left(1 + e\cos\left(\varphi - \frac{3}{2} r_g a \varphi\right)\right)$$

$$= a\left(1 + e\cos\left[\left(1 - \frac{3}{2} r_g a\right)\varphi\right]\right) \tag{12.25}$$

を得る。ここで δ が微小量のときに，テイラー展開より $\cos(\theta - \delta) \simeq \cos\theta + \delta\sin\theta$ であることを使った。

式 (12.25) こそ，近日点移動の表式である。1周回って戻って来たときには，φ は 2π よりも先に進んでしまうことになる。その進みを $\Delta\varphi$ とすると，$2\pi + \Delta\varphi$ で戻ることになる。このことから $(1 - (3/2)r_g a)(2\pi +$

第 12 章　一般相対性理論の検証

$\Delta\varphi) = 2\pi$ の関係が得られる。結局，近日点の移動は，

$$\Delta\varphi = \frac{2\pi}{1-(3/2)r_g\alpha} - 2\pi \simeq 2\pi\left(1 + \frac{3}{2}r_g\alpha\right) - 2\pi = 3\pi r_g\alpha \quad (12.26)$$

となる。

通常，天体の楕円軌道は離心率 e と軌道長半径を用いて特徴づけられる。軌道長半径を a とすると，

$$a = \frac{r(\varphi=0) + r(\varphi=\pi)}{2} = \frac{1}{2}\left(\frac{1}{\alpha(1+e)} + \frac{1}{\alpha(1-e)}\right) = \frac{1}{\alpha(1-e^2)}$$

である。ここで $u_0 = 1/r_0 = \alpha(1+e\cos\varphi)$ を代入した。α をこの関係を用いて a と e で書き換え，$r_g = 2GM/c^2$ を代入すれば，

$$\Delta\varphi = \frac{6\pi GM}{c^2 a(1-e^2)} \quad (12.27)$$

を得る。

例12.1　水星の場合の近日点移動

実際に，水星の場合について値を代入していく。太陽が作る重力で運動しているので，$r_g = 2GM/c^2 = 2.95$ km である。さらに水星の軌道長半径 5.79×10^7 km，離心率 $e = 0.206$ を代入すると，$\Delta\varphi = 5.01 \times 10^{-7}$ rad を得る。1回転当たりこれだけの角度ずれる。水星の公転周期は 0.24 年なので，1世紀当たりに直すと，$5.01 \times 10^{-7} \times (100/0.24) \times (180/\pi) \times 3600 = 43$ 秒を得る（ラジアンを度に直すのに $180/\pi$ をかけ，1度が 60 分，1分が 60 秒であることから 3600 をかけた）。1世紀当たり，43 秒ずれるのである。完璧に観測値を説明することに成功したのだ。　□

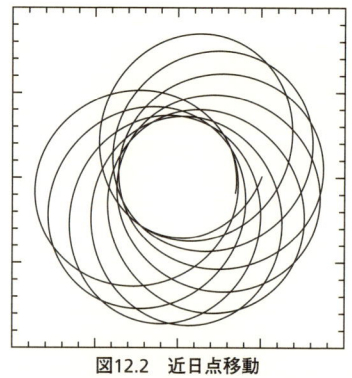

図12.2　近日点移動
水星の場合に比べて，$\Delta\varphi$ を100万倍，離心率 e を2倍大きく取っている。10回転分を示した。

> **例題12.1** 地球の近日点移動

地球は軌道長半径 1.496×10^8 km, 離心率 $e = 0.0167$ である。地球の1世紀あたりの近日点移動は何秒か求めよ。

解 式 (12.27) に値を代入すると, $\Delta \varphi = 1.86 \times 10^{-7}$ rad である。1世紀あたりでは, 100回公転することに注意して $1.86 \times 10^{-7} \times 100 \times (180/\pi) \times 3600 = 3.8$ 秒を得る。観測的には 5.0 ± 1.2 秒という値が報告されている。 ∎

12.2 重力レンズ効果

重力レンズ効果とは, 8.3節で述べたように, 光が天体の表面近くを通る際に, 重力によって曲げられる効果である。これも, 光の測地線方程式を解けばその経路を求めることができる。日食時の観測によって一般相対性理論の正しさが示されたことは, 先に述べたとおりである。

では, 曲がりの大きさを正確に見積もってみよう。光の場合の r 方向の測地線方程式を, 前節の近日点移動の場合と同様に変形していくと, 式 (12.10) とほぼ同じ形を得る。違いは, 光はヌルであるので, τ での微分ではなくアフィンパラメーター λ での微分であること, また, やはりヌルであることから, 式 (12.8) の右辺の定数が 0 となることである。そこで式 (12.10) の代わりに

$$\dot{r}^2 = E^2 - \left(1 - \frac{r_g}{r}\right)\frac{L^2}{r^2} \tag{12.28}$$

を得る。これを前節と同様に $u \equiv 1/r$ を導入し変形すると, 式 (12.13) の代わりに

$$\left(\frac{du}{d\varphi}\right)^2 = \frac{E^2}{L^2} - u^2 + r_g u^3 \tag{12.29}$$

となる。これが解くべき式である。

近日点移動の場合と同様に, 解いていこう。まず, $r_g u^3$ という項が明らかにニュートン重力からのズレを与えている。そこで, まずこの項を落とした場合の解を u_0 とする。ここで, $b \equiv L/E$ を定義する。これを衝突パラメーターと呼ぶ。すると, 微分方程式 (12.29) は

$$\left(\frac{du_0}{d\varphi}\right)^2 = \frac{1}{b^2} - u_0{}^2$$

である。これはただちに解けて，

$$u_0 = \frac{1}{b}\sin\varphi \tag{12.30}$$

を得る。$r_0 = 1/u_0 = b/\sin\varphi$ なので，φ を 0 から π の範囲で動かしたときに，$(x,y) = (r_0\cos\varphi, r_0\sin\varphi)$ は $(\infty, b) \to (-\infty, b)$ と変化する。x 軸正の方向から原点に向かって無限遠方から入射してきて，x 軸負の方向，無限遠方へと去っていく光の経路を表すことになる。このとき，$y = b$ と値を一定に保ったまま，x の値だけが変わっていく。つまり，x 軸に平行な直線を表す。光は直進する，ということが示されているのだ。

なお，無限遠方から原点方向に向かってきたときに，軌道を直線で延ばしていって，原点に最も接近した場所での原点と軌道の距離が，衝突パラメーターである。どれだけ「はずれるか」を表す指標となっている。確かに b は衝突パラメーターになっている。正面衝突をする軌道は $b = 0$ である。

次に，u^3 の項を取り入れる。まず，前節に従い，式 (12.29) を 2 階微分の方程式に直す。そのため両辺を φ で微分して，$2du/d\varphi$ で割る。すると

$$\frac{d^2u}{d\varphi^2} + u = \frac{3}{2}r_g u^2 \tag{12.31}$$

を得る。u_0 は右辺が 0 の場合の方程式の解になっているから，$d^2u_0/d\varphi^2 + u_0 = 0$ である。ここで，u_0 からのわずかなズレを u_1 で表し，$u = u_0 + u_1$ とする。右辺に現れる u_1 や $u_1{}^2$ に比例する項を無視すると，

$$\frac{d^2u_1}{d\varphi^2} + u_1 = \frac{3}{2}r_g u_0{}^2 = \frac{3r_g}{2b^2}\sin^2\varphi \tag{12.32}$$

である。この微分方程式の特解を $u_1 = A + B\sin^2\varphi$ と置く。すると

$$A = \frac{r_g}{b^2},\ B = -\frac{r_g}{2b^2} \tag{12.33}$$

であれば解になる。

例題12.2　特解であることの確認

式 (12.32) の特解が $u_1 = A + B\sin^2\varphi$ であることを示し，A, B を求

めよ。

解 まず，$u_1 = A + B\sin^2\varphi$ を φ で微分していく。$du_1/d\varphi = 2B\sin\varphi\cos\varphi$, $d^2u_1/d\varphi^2 = 2B(\cos^2\varphi - \sin^2\varphi) = 2B(1 - 2\sin^2\varphi)$ である。これを式 (12.32) に代入すると，$2B(1 - 2\sin^2\varphi) + A + B\sin^2\varphi = A + 2B - 3B\sin^2\varphi = (3r_g/2b^2)\sin^2\varphi$ である。この関係が φ の値によらず成り立っているためには，$B = -r_g/2b^2$ であればよく，このとき $A = -2B = r_g/b^2$ となる。 ∎

結局，解として，

$$u = u_0 + u_1 = \frac{1}{b}\sin\varphi + \frac{r_g}{b^2} - \frac{r_g}{2b^2}\sin^2\varphi \tag{12.34}$$

を得る。これは，r_g が無視できなければ，直線でなく曲がることを意味している。重力によって光が曲げられた，つまりは重力レンズ効果である。この式を描いてみたのが図 12.3 である。わかりやすさのため，極端に大きな曲がりを起こすパラメーターを選んである。実際には，このように大きな曲がりの場合には，重力が弱い近似は成立しない。

次に光の曲がり角を求めよう。重力が効かないときには，$\varphi = 0$ が入射してくる無限遠方，$\varphi = \pi$ が去っていく無限遠方だった。今度は，図 12.3 にあるように，入射してくる角度が δ_1 だけ曲がった方向から来る。また，去っていく方向も角度 δ_2 だけ曲がった方向である。つまり，$\varphi_{\text{in}} = -\delta_1$ が入射してくる方向，$\varphi_{\text{out}} = \pi + \delta_2$ が去っていく方向ということになる。この光の曲がり角は全体で $\varepsilon = \delta_1 + \delta_2$ で与えられる。

さて，φ_{in} や φ_{out} では，$r \to \infty$ だから，$u = 1/r = 0$ である（無限遠方か

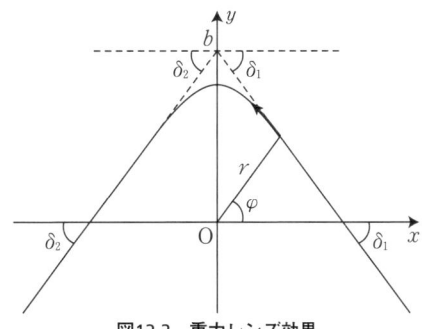

図12.3 重力レンズ効果
極端に効果が大きな場合を描いてある。

ら入射して，無限遠方へ去っていく）。このことを用いて δ_1, δ_2 を求める。ただし，δ_1, δ_2 が小さいことから，$\sin(-\delta_1) \simeq -\delta_1$，$\sin(\pi + \delta_2) \simeq -\delta_2$ という近似を取り，δ_1, δ_2 の 2 次の項は無視する。すると式 (12.34) より

$$u(\varphi_{\text{in}}) = \frac{1}{b}(-\delta_1) + \frac{r_g}{b^2} = 0$$

$$u(\varphi_{\text{out}}) = \frac{1}{b}(-\delta_2) + \frac{r_g}{b^2} = 0$$

である。$\sin^2\varphi$ の項は 2 次の微小量なので無視した。この 2 式から $\delta_1 = \delta_2 = r_g/b$ を得る。結局曲がり角は，

$$\varepsilon = \delta_1 + \delta_2 = \frac{2r_g}{b} = \frac{4GM}{bc^2} \tag{12.35}$$

となる。

例題12.3　ニュートン重力の場合の重力レンズ効果

ニュートン重力の場合でも，光が質量をごくわずかでも持つと考えると，重力レンズ効果が生じる。重力を及ぼす天体の質量を M，衝突パラメーターを b として，その曲がり角を求め，一般相対性理論の場合の半分であることを示せ。

解　図 12.4 にあるように，光が x 軸正の遠方から衝突パラメーター b で入射してきたとする。このとき光の速度は $(v_x, v_y) = (-c, 0)$ である。通過によって生み出された $-y$ 方向の速度成分を Δv_y としよう。このとき，光の曲がり角 ε は，$\tan\varepsilon = \Delta v_y/c$ で与えられる。ただし，$\Delta v_y \ll c$ とし，v_x の大きさは衝突の前後で c のままであると近似する。

結局，曲がり角を得るためには Δv_y を求めればよい。光の質量を m としよう。光と原点にある天体までの距離を r とすると，光に働く力は，f

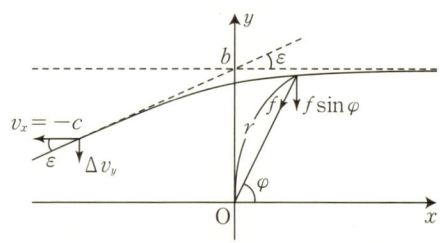

図12.4　ニュートン重力での重力レンズ効果

$= GMm/r^2$ である。このとき，$-y$ 方向に及ぼす力の大きさは，$f\sin\varphi$ だ。曲がり角が小さいので，光の座標 y は b のままほとんど変わらない。x だけが $+\infty$ から $-\infty$ へと値を変える。x を用いれば，$r^2 = x^2 + y^2 \simeq x^2 + b^2$，また $\sin\varphi = y/r \simeq b/\sqrt{x^2+b^2}$ である。結局 $-y$ 方向の力は

$$f\sin\varphi = \frac{GMm}{x^2+b^2}\frac{b}{\sqrt{x^2+b^2}} = \frac{GMmb}{(x^2+b^2)^{3/2}} \tag{12.36}$$

で表される。この力を受け続けた結果，y 方向の運動量が変化する。力積が運動量変化なので，

$$\begin{aligned}m\Delta v_y &= \int f\sin\varphi\,dt = \int_{+\infty}^{-\infty} f\sin\varphi\left(\frac{-dx}{c}\right) \\ &= \int_{-\infty}^{+\infty} \frac{GMmb}{(x^2+b^2)^{3/2}}\frac{dx}{c} = \frac{GMmb}{c}\left[\frac{x}{b^2\sqrt{x^2+b^2}}\right]_{-\infty}^{+\infty} \\ &= \frac{2GMm}{bc}\end{aligned}$$

を得る。ただし，$-x$ 方向の速度が c なので，$dx = -c\,dt$ の関係を代入した。このマイナス符号は積分の上限と下限を入れ替えることで消える。曲がり角は結局，

$$\varepsilon \simeq \tan\varepsilon = \frac{\Delta v_y}{c} = \frac{2GM}{bc^2} \tag{12.37}$$

となる。これは確かに一般相対性理論の場合の値の半分となっている。■

例12.2 **太陽による重力レンズ効果**

太陽の表面近くを通過する背景の星の光が，どれだけ曲げられるか評価してみよう。衝突パラメーターは太陽の半径に取ればよく，$b = R_{太陽} = 6.96\times10^5$ km である。また，以前求めたように $r_g = 2GM_{太陽} = 2.95$ km なので，一般相対性理論による曲がり角は，式 (12.35) から

$$\varepsilon = \frac{2r_g}{b} = \frac{2\times2.95}{6.96\times10^5} = 8.48\times10^{-6}\text{ rad} = 1.75 \text{ 秒} \tag{12.38}$$

である。□

10分補講

重力レンズ効果の応用

太陽では，光はごくわずかに曲がる程度だが，宇宙には，ブラックホールのような小さくて非常に重力の強い天体や，銀河や，銀河の集団である銀河団のように，サイズも大きいけれども質量もとてつもなく大きな天体がある。これらの天体によって重力レンズ効果が引き起こされると，後ろの天体の位置がずれるだけでなく，形が歪んだり，極端な場合には像が複数個になったりすることがある。また，重力源の真後ろに天体が位置する場合には，対称性からその像がリング状になることも知られている。これをアインシュタイン・リングと呼ぶ。リングの一部が見えている場合には，アークと呼ぶ。

1990年にハッブル宇宙望遠鏡が打ち上げられ，鮮明な天体画像が手に入るようになると，続々と重力レンズ天体が見つかるようになってきた。銀河団が後ろの銀河の像を歪めて，複数のアークが見えている画像と，巨大な楕円銀河が背景の銀河の像をリング状にした画像が，図12.5である。

レンズ効果は銀河や銀河団の質量によって引き起こされている。つまり，像の歪みから，銀河や銀河団の質量を直接測定することが

図12.5 ハッブル宇宙望遠鏡による重力レンズ効果の観測
左は巨大な楕円銀河が後ろの銀河の像をリング状にしたもの（NASA, ESA, SLACS探査チーム提供）。右は巨大な銀河団による大規模な効果で，背景の銀河の像が至る所でアーク状に延びているのが見て取れる（W.Couch（University of New South Wales）, R. Ellis（Cambridge University），and NASA提供）。

可能となったのだ．その結果，例えば銀河団には光っている銀河の質量の数十倍，X線で輝いているガスの何倍もの見えない物質が存在していることが明らかになっている．この見えない物質のことをダークマターと呼ぶ．宇宙には，目に見えない，しかし重力を及ぼす存在であるダークマターが大量に存在しているのだ．いまだ，ダークマターの正体は不明である．人類がまだ発見していない素粒子かもしれない．さまざまな観測的証拠から，ダークマターは通常の元素ではないことは確実視されているからだ．宇宙全体で見ると，元素の5倍もの量のダークマターが存在していることがわかっている．ダークマターが素粒子であれば，ひょっとすると，LHC加速器でダークマターを作り出せるかもしれない．

　一方で，ブラックホールによる重力レンズ効果は，いまだ直接観測されていない．非常に強い効果だが，とても小さなサイズでの効果であるために，現在の技術では分解して見ることができないからだ．しかし，重力レンズ効果によってシュヴァルツシルト半径近くに直接迫ることができるとすれば，大変おもしろい．強い重力での一般相対性理論の検証を，初めて行うことが可能になるのだ．そこで，角度分解能の優れている短い波長を用いた電波望遠鏡の観測計画などが立案されている．干渉計という技術を使うことで，驚くべき角度分解能に到達できるのである．ブラックホールの影を重力レンズで見ることが，もうすぐ現実のものとなるかもしれない．

12.3　重力による赤方偏移

　重力による赤方偏移については，等価原理を用いた計算を8.2節で紹介した．ここでは，シュヴァルツシルト解を用いて求め，以前の結果と比較してみよう．

　中心からの距離 $r = r_1$ の点で，時刻 t_1 から Δt_1 の間，光を外向きに放射したとする．それを，$r = r_2$ で観測したところ，時刻 t_2 から Δt_2 の間，放射を受け取った．ここで $r_g < r_1 < r_2$ である．

　シュヴァルツシルト時空では，座標時間 t は無限遠方の観測者の時間で

第 12 章　一般相対性理論の検証

あった。固有時間 τ と座標時間 t の間には，$d\tau = \sqrt{1-r_g/r}\, dt$ の関係がある。つまり光を放射し，受け取った時間幅を固有時間を用いて表せば，各々 $\Delta\tau_1 = \sqrt{1-r_g/r_1}\, \Delta t_1$，$\Delta\tau_2 = \sqrt{1-r_g/r_2}\, \Delta t_2$ である。

次に，$r = r_1 \to r_2$ の光の伝播を考える。光の経路はヌルなので，$ds^2 = 0$ より，$c\,dt = dr/(1-r_g/r)$ を得る。ただし角度方向は無視した。積分すると

$$\int_{r_1}^{r_2} \frac{dr}{1-r_g/r} = c\int_{t_1}^{t_2} dt = c\int_{t_1+\Delta t_1}^{t_2+\Delta t_2} dt \tag{12.39}$$

を得る。光の先頭は t_1 に出発し t_2 に到着，最後端は $t_1 + \Delta t_1$ に出発，$t_2 + \Delta t_2$ に到着したが，その間，r_1 と r_2 の「距離」は時間によらず変化していない，という式である。この関係から，$\Delta t_1 = \Delta t_2$ が求まる。固有時間に書き換えると，

$$\frac{\Delta\tau_1}{\sqrt{1-r_g/r_1}} = \frac{\Delta\tau_2}{\sqrt{1-r_g/r_2}} \tag{12.40}$$

である。

r_1 での光の振動数を ν_1，r_2 の振動数を ν_2 とすると，波の数 N が保存することから，$N = \nu_1 \Delta\tau_1 = \nu_2 \Delta\tau_2$ である。結局

$$\frac{\nu_2}{\nu_1} = \frac{\Delta\tau_1}{\Delta\tau_2} = \frac{\sqrt{1-r_g/r_1}}{\sqrt{1-r_g/r_2}} \tag{12.41}$$

を得る。これが重力による赤方偏移（ここでは振動数の縮み）を与える式である。重力が強い場合にも使える関係であることに注意されたい。実際に，$r_1 = r_g$ と取ると，そこからの光は（どこで観測しても）$\nu_2 = 0$ となる。波長に直すと無限大の赤方偏移が起きる。シュヴァルツシルト半径の場所からは光といえども逃げ出せない，という事実を赤方偏移を用いて表現すると，無限大の赤方偏移が生じる，ということである。

ここで，地上や太陽系の場合に適用するために，$r_g \ll r_1$，r_2 とする。重力が弱い場合について式を近似するのである。式 (11.23) から明らかなように，重力ポテンシャルとの関係は，$r_g/r_1 = -2\phi_1/c^2$（2 についても同様）だから，

$$\frac{\nu_2}{\nu_1} = \frac{\sqrt{1+2\phi_1/c^2}}{\sqrt{1+2\phi_2/c^2}} \simeq \left(1+\frac{\phi_1}{c^2}\right)\left(1-\frac{\phi_2}{c^2}\right) \simeq 1 - \frac{\phi_2-\phi_1}{c^2} \tag{12.42}$$

を得る。等価原理を用いて求めた式 (8.11) と一致する（B → 1, A → 2）

ことがわかる。

12.4　重力による時間の遅れ

　比較的新顔の一般相対性理論の検証実験が，時間の遅れである。1960 年代になって考案された実験は，シャピロ遅れ，という効果を測るものであった。惑星からの光が，太陽の近くを通過してやってくるときに，太陽の重力によって時間の遅れを受ける。光速度がそこでは遅くなってしまう，と考えても良い。この効果を測定するために，地球から水星や金星に向けて，ちょうど太陽に惑星が隠される前後にレーダーパルスを照射し，その反射を受ける，という実験が行われた。結果は誤差5％の精度で，一般相対性理論の予想とよく一致した。近年では，探査機カッシーニが土星に行く際に行った実験によって，0.001％の精度でよい一致を示している。

　時間の遅れも，シュヴァルツシルト解を用いて計算できる。ここで，惑星（ないしは探査機）からの光が太陽の近くを通って，地球にやってくると考える。そこでの光の経路を計算する。ただし，重力による光の曲がりの効果は小さいものとして以下では無視する。

　まず，衝突パラメーター，つまり太陽に一番近づいたときの距離をbとすれば，光の軌道は$r = b/\sin\varphi$であった。(x, y)座標で表せば，$(r\cos\varphi, r\sin\varphi) = (b/\tan\varphi, b)$であり，また$r^2 = x^2 + y^2 = x^2 + b^2$となる。

　次に，重力の影響を考慮して，ヌルの式，つまり$ds^2 = 0$を解いていく。

　ここで，軌道は$\theta = \pi/2$で表される平面上に固定されていることを思い出そう。$d\theta = 0$としてよい。

　また，$\theta = \pi/2$なので，不変間隔に現れる$d\varphi$の項は，$r^2 \sin^2(\pi/2) d\varphi^2 = r^2 d\varphi^2$である。この項を軌道を使って$dr$について書き直す。$\sin\varphi = b/r$だから，微分を取れば$\cos\varphi d\varphi = -(b/r^2)dr$である。ここで，$\cos\varphi = x/r = \sqrt{r^2 - b^2}/r$なので，$d\varphi = -\{b/(r\sqrt{r^2 - b^2})\}dr$を得る。不変間隔に出てくる組み合わせは結局

$$r^2 d\varphi^2 = r^2 \left(\frac{-b}{r\sqrt{r^2 - b^2}}\right)^2 dr^2 = \frac{b^2}{r^2 - b^2} dr^2 \qquad (12.43)$$

と求まる。このことから不変間隔は，

$$ds^2 = -(1-r_g/r)d(ct)^2 + \frac{dr^2}{1-r_g/r} + r^2 d\varphi^2$$

$$= -(1-r_g/r)d(ct)^2 + \left(\frac{1}{1-r_g/r} + \frac{b^2}{r^2-b^2}\right)dr^2 \quad (12.44)$$

となる。

ここで光の経路がヌルである条件，$ds^2 = 0$ を用いると

$$(cdt)^2 = \frac{1}{1-r_g/r}\left(\frac{1}{1-r_g/r} + \frac{b^2}{r^2-b^2}\right)dr^2 \quad (12.45)$$

を得る。重力が弱い近似，すなわち $r_g \ll r$ を用いれば，r/r_g を微小パラメーターとして，$1/(1-r_g/r) \simeq 1 + r_g/r$ と展開できる。すると，

$$(cdt)^2 \simeq \left(1 + \frac{r_g}{r}\right)\left(1 + \frac{r_g}{r} + \frac{b^2}{r^2-b^2}\right)dr^2$$

$$= \left(1 + \frac{r_g}{r}\right)\left(\frac{r_g}{r} + \frac{r^2}{r^2-b^2}\right)dr^2$$

$$= \frac{r^2}{r^2-b^2}\left(1 + \frac{r_g}{r}\right)\left(1 + \frac{r^2-b^2}{r^2}\frac{r_g}{r}\right)dr^2$$

$$\simeq \frac{r^2}{r^2-b^2}\left(1 + 2\frac{r_g}{r} - \frac{b^2}{r^2}\frac{r_g}{r}\right)dr^2 \quad (12.46)$$

を得る。時間幅で表すと，

$$cdt = \pm \frac{r}{\sqrt{r^2-b^2}}\left(1 + 2\frac{r_g}{r} - \frac{b^2}{r^2}\frac{r_g}{r}\right)^{1/2}dr$$

$$\simeq \pm \frac{r}{\sqrt{r^2-b^2}}\left(1 + \frac{r_g}{r} - \frac{b^2 r_g}{2r^3}\right)dr \quad (12.47)$$

となる。これがシャピロ遅れと呼ばれる，重力源の近くを通過する光が受ける時間の遅れを表す式である。符号は，費やす時間が正になるように，重力源に向かってくる（r が減少する）ときを負，離れていくときを正と取る。なお，この式で重力による遅れを表すのは，r_g に比例する後ろ 2 つの項である。

> 例12.3 **太陽によるシャピロ遅れ**

太陽の裏側にある惑星から光が送られてくるとしよう。惑星の太陽からの距離を r_p，地球の太陽からの距離を r_E とする。このとき，重力による時間遅れを評価するために，シャピロ遅れの式を積分する。まず惑星から太陽までの積分では，先の解の負の符号を取る。r の範囲は $r = r_p$ から r

$= b$(一番太陽に近づいたときの距離) までである．また，太陽から地球までの積分では正の符号を取る．積分は $r = b$ から $r = r_E$ まで実行する．結局，惑星の位置から地球まで光が到達するのに要する時間は，

$$ct = \int_{r_p}^{b} dr(-1) \frac{r}{\sqrt{r^2 - b^2}} \left(1 + \frac{r_g}{r} - \frac{b^2 r_g}{2r^3}\right) dr$$
$$+ \int_{b}^{r_E} dr \frac{r}{\sqrt{r^2 - b^2}} \left(1 + \frac{r_g}{r} - \frac{b^2 r_g}{2r^3}\right) dr$$
$$= \sqrt{r_p^2 - b^2} + \sqrt{r_E^2 - b^2}$$
$$+ r_g \ln \frac{(r_p + \sqrt{r_p^2 - b^2})(r_E + \sqrt{r_E^2 - b^2})}{b^2}$$
$$- \frac{r_g}{2} \left(\frac{1}{r_p}\sqrt{r_p^2 - b^2} + \frac{1}{r_E}\sqrt{r_E^2 - b^2}\right) \tag{12.48}$$

となる．ここで，

$$\int dr \frac{r}{\sqrt{r^2 - b^2}} = \sqrt{r^2 - b^2}$$
$$\int dr \frac{1}{\sqrt{r^2 - b^2}} = \ln(r + \sqrt{r^2 - b^2})$$
$$\int dr \frac{1}{r^2 \sqrt{r^2 - b^2}} = \frac{\sqrt{r^2 - b^2}}{rb^2}$$

という不定積分を用いた．

式 (12.48) の最初の 2 項は，惑星と地球の距離の分だけ時間がかかる，という当たり前の結果を与える．重力による時間の遅れは後の 2 項による．遅れの部分だけに注目して時間遅れ Δt を求めよう．ここで，惑星や地球までの距離は衝突パラメーターに比べて十分大きいと近似すると，

$$c \Delta t \simeq r_g \ln \frac{4 r_p r_E}{b^2} - r_g \tag{12.49}$$

を得る．

シャピロ遅れは，実際の実験では，本節の最初に述べたように，地球から金星や水星に対しレーダーパルスを送り，反射して帰ってくる時間を測定する．そこで，金星に対しての往復の遅れを求めてみる．金星は太陽から $r_p = 1.1 \times 10^8$ km の距離を回っている．地球は $r_E = 1.5 \times 10^8$ km である．b を太陽の半径 7.0×10^5 km に取り，$r_g = 3.0$ km を代入する．すると往復で $2\Delta t = 2 \times [3.0 \times \ln(4 \times 1.1 \times 10^8 \times 1.5 \times 10^8 / (7.0 \times$

$10^5)^2) - 3.0]/(3.0 \times 10^5) = 2.2 \times 10^{-4}$ 秒の遅れを得る。つまり，220 マイクロ秒ほどの遅れを測定するのだ。実験では，先に述べたとおり，この値に対して誤差 5% で一致している。 □

章末問題

12.1 測地線の方程式の r 成分 (12.2) を導出せよ。

12.2 式 (12.10) で，
$$V(r) = \left(1 - \frac{r_g}{r}\right)\left(\frac{L^2}{r^2} + c^2\right)$$
と置き，ポテンシャル問題として，r の軌道を考察せよ。なお，通常のニュートン力学の中心力による束縛問題との違いは，$r_g L^2/r^3$ の項の存在である。ニュートン力学でも，遠心力ポテンシャルと呼ばれる L^2/r^2 の項は存在している。この一般相対性理論特有の $r_g L^2/r^3$ 項が存在することで，質点の軌道にどのような影響が現れるか。ニュートン力学の場合と比較せよ。

12.3 水星の近日点移動を，実際にグラフに描いてみよ。ただし，水星の場合に比べ，$\Delta\varphi$ を 100 万倍，離心率 e を 2 倍大きく取って，10 回転ほどを示せ。

章末問題解答

第1章

1.1(1) ガリレイ変換を用いれば，B の位置を慣性系 S，つまり A が測定すると，$x = x' + vt = L + vt$ である．次に，$t = 0$ に A が発した声は，時刻 t では，$x = V_s t$ まで届く．両者が等しくなるのが届く時刻だから，$L + vt = V_s t$ より $t = L/(V_s - v)$ である．

(2) $v = V_s$ であれば，前問の $t = L/(V_s - v)$ は発散する．音の速度と同じ速さで遠ざかっていく観測者には，音が追いつけないため，音を用いて連絡を取ることができない．

(3) 空気が音の媒質で，風は空気の流れである．そのため，音速がこの場合には $V_s + V_w$ だけ増加する．媒質が静止している系で見て，音速は V_s だからである．B が受け取る時刻を t' とすると，$L + vt' = (V_s + V_w)t'$ より，$t' = L/(V_s + V_w - v)$ である．また，このときは $v = V_s$ の場合でも，$t' = L/V_w$ で B は音を受け取ることができる．

1.2(1) 例題 1.2 で見たように，$|\Delta T' - \Delta T| = 7.24 \times 10^{-16}$ s である．光路差に直すと，$c|\Delta T' - \Delta T| = 2.17 \times 10^{-7}$ m である．これが波長に対してどれだけ大きいかを調べればよい．光路差と，ナトリウムの D 線の波長 $\lambda = 589$ nm $= 5.89 \times 10^{-7}$ m との比をとると，0.368 を得る．この値があまり 1 より小さいと違いを見分けることが困難になってしまう．干渉縞が全く動かないからである．しかし，0.4 もあれば，移動することを確認するには十分なはずである．実際にマイケルソンとモーリーが得たのは，移動はあるとしても 0.02 以下という結果だった．

(2) 精度を良くするためには，式 (1.12) の値ができるだけ大きくなればよい．そのためには，$(L_1 + L_2)/\lambda$ を大きくする必要がある．波長を短くするか，L_1, L_2 をできるだけ大きく取ることが重要となる．後者を実現するためには，大きな装置を

185

建設するか，鏡とビーム分割器の間を繰り返し往復させる回数を増やせばよい。光源にレーザーが使われるようになって，繰り返しの回数を飛躍的に増加できるようになった。レーザーはコヒーレントな光であり，干渉を行う能力を長い距離留めておけるからである。

(3) 式 (1.13) を β が 1 に比べて十分に小さいとして展開すると，$L' \simeq L(1 - \beta^2/2)$ を得る。縮みの割合は，$(L-L')/L \simeq \beta^2/2 = (29.8/(3.00 \times 10^5))^2/2 = 4.93 \times 10^{-9}$ であり，わずか 2 億分の 1 である。長さにして，$L-L' = L\beta^2/2 = 5.4 \times 10^{-8}$ m だけ縮んだ。

第 2 章

2.1 A が列車の中心，B が先頭，C が最後尾で，どちらも A からは等距離である。すると，S を基準にした時空図では，A, B, C の軌跡とも，同じ角度で等間隔開いた平行線になる (図2a)。$t = 0$ で A が光を放射したとしよう。すると B は，時空図上の P 点でこの光を受ける。C は Q 点である。明らかに，慣性系 S での時間では，Q の方が P よりも先に起きている。

一方，S' の観測者 A が見る，B 点，C 点が光を受け取った時刻を調べるために，P, Q から各々，A に向かって光を放射する。すると，どちらの光も同じ点 R で A に到達する。$\overline{\text{OPRQ}}$ が長方形を形作ることから明らかである。A は，B が光を受け取ったのも，C が光を受け取ったのも，線分 OR の中点が表す時刻であると観測する。同時に受け取るのである。

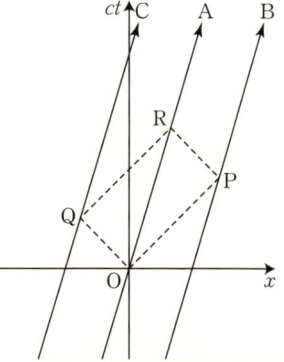

図2a 静止している慣性系に対する，運動する列車の中心と先端，後端の軌跡

2.2 地球を基準にした時空図を図 2b に示す。光速に非常に近い，ということは，A や B の傾きが 45° や 135° にとても近い，ということを意味する。A が P 点から光を地球，そして B へ向かって放射したとする。地球はこの光を Q 点で受け，B は R 点で受ける。地球から見たら，B が受け取るのは自分が受け取るよりも何倍も後のことになる。A から見ると，地球が受け取ったのは，図の線分 $\overline{\text{PS}}$ の中点で決まる時刻と測定する。一方，B が受け取ったのは，R から伸ばしていった 45° の線が，A の軌跡とぶつかる所と P 点が結ぶ線分の中点になる。これは残念ながら，図には乗りきらないぐらいはるか後の時刻になる。

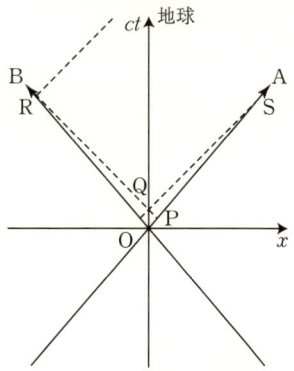

図2b 地球ですれ違う，光速に近い 2 台のロケットの，地球を基準にした時空図

第 3 章

3.1 時空図は図 3a となる。ここで S の観測者を A，近づいてくる慣性系 S' の原点の観測者を B とする。また原点 O から P 点まで飛ばした光の軌跡と，P から飛ばした光の軌跡も書き込んである。後者が原点に戻ってきた点を Q としてある。さて，A から B に向かって光を O から R までの間放出したと考え，その時間を cT とする。すると，k 因子は，
$$\overline{\mathrm{PR}} = k\overline{\mathrm{OR}} = kcT$$
である。B はこの光を P から R まで受け続け，A に返す。A はこの光を Q から R まで受け続ける。このことから，
$$\overline{\mathrm{QR}} = k\overline{\mathrm{PR}} = k^2 cT$$
である。ここで P の S での座標を (X, Y) とする。すると，ただちに $X = Y$ がわかる。また，
$$2Y = \overline{\mathrm{OQ}} = \overline{\mathrm{OR}} - \overline{\mathrm{QR}} = (1-k^2)cT$$
を得る。B の軌跡の傾きが $-c/v$ であることから，
$$\frac{c}{v} = \frac{\overline{\mathrm{OQ}}/2 + \overline{\mathrm{QR}}}{X} = \frac{Y + \overline{\mathrm{QR}}}{X} = \frac{(1-k^2)/2 + k^2}{(1-k^2)/2} = \frac{1+k^2}{1-k^2}$$

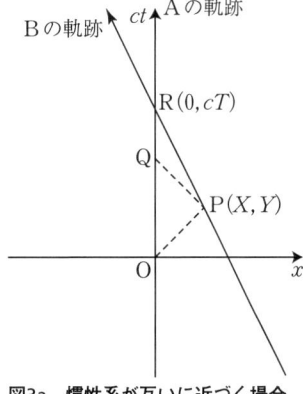

図3a 慣性系が互いに近づく場合の時空図

となる。この式を書き直せば，
$$k = \sqrt{\frac{1-v/c}{1+v/c}}$$
である。これは遠ざかる場合の k 因子，式 (3.9) の逆数になっている。ここで，速さではなく，速度で考えると，遠ざかる方向が正，近づく方向が負なので，じつは，式 (3.9) がそのまま使えたのである。

3.2 近づいてくるので，k 因子は前問で与えられた $k = \sqrt{(1-v/c)/(1+v/c)}$ である。以下，離れていく場合の時間の延びの計算と全く同じ手順を踏む。時空図は前問，図 3a を参照してもらいたい。，最初に A が光を放出した時間 T を B は $t_\mathrm{B} = kT$ として測定する。すぐさま B が A に向けて送り返し，それを A は $T_\mathrm{A} = kt_\mathrm{B}$ として受け取る。このとき，A から見ると，B が光を送り始めた時刻は，自分が受け取り始めるより以前だったと観測される。遠くからやってくる光を受けるからである。その時刻は，S を基準にした時空図上で，B が光を受け取った瞬間の座標値（図 3a の P 点，つまり Y/c）である。つまり，A が観測する B の放出する時間は，$t_\mathrm{A} = T - Y/c$ である。ここで $2Y = \overline{\mathrm{OR}} - \overline{\mathrm{QR}} = cT - cT_\mathrm{A}$ より，$t_\mathrm{A} = T - (T-T_\mathrm{A})/2 = (T+T_\mathrm{A})/2$ を得る。k 因子を代入すると，
$$t_\mathrm{A} = \frac{T + T_\mathrm{A}}{2} = \frac{t_\mathrm{B}/k + kt_\mathrm{B}}{2} = \frac{k^2+1}{2k}t_\mathrm{B} = \frac{1}{\sqrt{1-\beta^2}}t_\mathrm{B}$$
を得る。k 因子は逆数なのに，式 (3.12) と同じ結果となる。

3.3 まず太郎から次郎へ送る映像について考える。この映像を送る光の経路は，時空図

上では，ct軸から等間隔で，45度の角度で次郎に向かって引かれる線の集合である。太郎の1日を次郎の時間に換算するのがk因子である。$k_{AB} = 20.0$なので，太郎の1日は次郎の20日に相当する。次郎は，20日ごとに映像を受け取り，その中の太郎は1日分しか年を取らない。太郎が$365/20 = 18.25$，つまり18日後に18回目に送った映像が，次郎にとっては急転回前に最後に受け取る映像だ。次郎はこれを$18 \times 20 = 360$日後に受け取る。身近な例を考えてみよう。もし，次郎が旅立つ直前に，賞味期限まで3週間の食品を一緒に買って，互いに持っていたとする。急転回直前まで，太郎は映像の中でその食品を食べ続けることができる。しかし，次郎は最初の画像を受け取った日の頃までしか食べることができない。

急転回後は，k因子の値が，$k_{AC} = 0.0501$になる。これは，太郎の1日が次郎にとっては，72分に相当することを意味する。つまり，次郎は1時間12分ごとに映像を受け取るようになる。先ほどの食品を太郎が食べている姿は，急転回後3時間36分後に受け取る3つめの映像あたりまでしか見ることはない。次郎は，地上に帰るまでに$365 \times 24 \times 60/72 = 7300$回も映像を受け取る。往きの18回と比較すると莫大な数である。その間，太郎の姿はどんどんと老けていく。結局帰り着くまでに，太郎は7300日分，つまり20年分の変化を次郎に送り続ける。結果として，次郎は18歳年上になった太郎を見ることになる。

以上の結果から，解答は
(1) 急転回までは，20日に一度，急転回後は1時間12分に一度受け取る
(2) 18日後の姿
(3) 7300 (最後の1回分は到着と同時)

次に，次郎が1日間隔で太郎に送った映像について考える。k因子は全く同じである。すると，次郎の時間で1年経つまで，太郎は20日ごとに映像を受け取り，映像の中に1日ずつ年を取る次郎を見ることになる。次郎の1年だから，太郎にとっては20年の間，これが続く。急転回直前では，太郎は20年分年を取っているのに，映像の中の次郎は1年分しか年を取っていない。急転回直後は，今度は次郎の1日が太郎の1/20に相当する。今まで20日に一度しか映像が届かなかったのに，1時間12分に一度届くようになり，これが太郎の時間で18.25日 (18日と6時間) 続いて，次郎が到着するのである。この18日と少しの間に，太郎にとっては，次郎は1年分年を取るように見える。

以上の結果から，解答は
(4) 急転回までは，20日に一度，急転回後は1時間12分に一度受け取る
(5) 1年後の姿
(6) 365 (最後の1回分は到着と同時)

3.4 (1) 宇宙船の遠ざかる速度は$v_1 = 0.995c$，カプセルは$v_2 = 0.99995c$で与えられている。これらの数値を直接，速度の合成の式 (3.27) に代入すると誤差の問題が生じ，精度のよい電卓を用いない限り，誤った答えを得る。そこで，v_1, v_2が極めてcに近いことから，cからのズレを用いて近似式に直して計算する。$\delta_1 \equiv 1 - v_1/c = 5 \times 10^{-3}$，$\delta_2 \equiv 1 - v_2/c = 5 \times 10^{-5}$と定義する。すると式 (3.27) より，カプセルの地球に対する速度は

$$v_3 = \frac{v_1 + v_2}{1 + v_1 v_2/c^2} = \frac{(1-\delta_1) + (1-\delta_2)}{1 + (1-\delta_1)(1-\delta_2)}c = \frac{1 - (\delta_1 + \delta_2)/2}{1 - (\delta_1 + \delta_2)/2 + \delta_1 \delta_2/2}c$$

$$= \frac{1}{1+(\delta_1\delta_2/2)/(1-(\delta_1+\delta_2)/2)}c \simeq (1-\delta_1\delta_2/2)c$$
$$= (1-1.25\times 10^{-7})c = 0.999999875c$$

を得る。実際に式 (3.27) を倍精度 (有効数字 16 桁) の数値計算を行うと，この答えと一致する。

(2) 図 3b の時空図を参照する。地球の観測者 A から放射された光の継続時間を T_A をとし，カプセル C でこれを受け取る時間を T_C，宇宙船 B で受け取る時間を T_B とする。ここでは，A は，B が C を打ち出した瞬間に B に届くように光を放出し始め，C が地球に到着する時まで放射し続けるとしてある。さて，A に対し，B は x 軸正の方向に，速さ v_1 で遠ざかっている。B に対する C の速さは v_2 であり，B から見れば C は負の方向へ遠ざかっていく。逆に，C から見れば B は正の方向へ速さ v_2 で遠ざかっていく。最後に，A に対して C は近づいてくると考え，A から見た C の速さを v_3 とする。以上より，まず A から B への k 因子は

$$k_{AB} = \sqrt{\frac{1+v_1/c}{1-v_1/c}}$$

で与えられる。一方，A から C への k 因子は，近づいて来るので

$$k_{AC} = \sqrt{\frac{1-v_3/c}{1+v_3/c}}$$

であり，C から B へは正の方向に遠ざかるので

$$k_{CB} = \sqrt{\frac{1+v_2/c}{1-v_2/c}}$$

である。時間の間の関係は

$$T_B = k_{AB}T_A = k_{CB}T_C = k_{CB}k_{AC}T_A$$

となる。つまり，

$$k_{AB} = k_{CB}k_{AC}$$

である。この関係から，

$$v_3 = \frac{v_2 - v_1}{1 - v_1 v_2/c^2}$$

を得る。v_2, v_3 を速さから速度に取り直すと，符号が入れ替わることから，この関係は速度合成の式 (3.27) と同じであることがわかる。

次に，数値を代入する。(1) と同様に微小量に展開すると，

$$v_3 \simeq \frac{\delta_1-\delta_2}{\delta_1+\delta_2}c = 0.980c$$

を得る。

3.5 (1) 光の赤方偏移の式，式 (3.43) を用いる。すると

$$z \equiv \frac{\lambda}{\lambda_0} - 1 = \sqrt{\frac{1+v_r/c}{1-v_r/c}} - 1$$

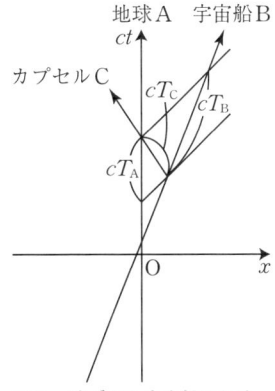

図3b 遠ざかる宇宙船から地球に向かってカプセルが打ち出された場合の時空図

である。v_r について解くと，
$$v_r = \frac{z(2+z)}{1+(1+z)^2}c$$
である。これに z を代入すると，$5.23c \times 10^{-3} = 1.57 \times 10^3$ km/s を得る。秒速約 1600 km という猛烈な速さで遠ざかっている。

(2) 同じ割合で空間が拡がる，ということは，単位時間内に，距離がすべて同じ割合だけ大きくなることを意味する。時間が t から $t+\Delta t$ だけ経過したときに，もともとの距離 $L(t)$ は，$L(t+\Delta t)$ になる。すると，距離の増加率は，$L(t+\Delta t)/L(t) \simeq 1 + ((dL/dt)/L)\Delta t$ で表される。同じ割合で空間が拡がることから，これが距離によらない，つまり，$(dL/dt)/L$ が距離に依存しない。視線方向，遠ざかる向きの速さを v_r とすれば，$v_r = dL/dt$ なので，v_r/L が距離によらず一定になる。つまり，遠方の天体はすべて遠ざかり，その遠ざかる速度 v_r は距離 L に比例する。

(3) 宇宙の年齢を T，M100 までの距離を L とすれば，$v_r T = L$ である。$L = 5200$ 万光年とは，光速度で走って 5200 万年 (5.2×10^7 年) かかるという意味なので，距離は $L = c \times 5.2 \times 10^7$ で表すことができる。ここで，$v_r = 5.23c \times 10^{-3}$ から，$T = L/v_r = (5.2 \times 10^7)/(5.23 \times 10^{-3}) = 1.0 \times 10^{10}$ 年を得る。ここで得られた 100 億歳という値は，実際の宇宙の年齢 137 億歳にかなり近い。

第 4 章

4.1 (1) 今は P を原点に取ってあるので，Q を原点にできるかを調べばよい。Q の S での 4 次元の座標を (ct_2, x_2, y_2, z_2) とする。すると，P と Q との不変間隔は，
$$s^2 = -c^2 t_2^2 + x_2^2 + y_2^2 + z_2^2$$
で表される。時間的なので，$s^2 < 0$ である。ここで，座標変換を行う。新たな 4 次元の座標を $(ct_2', 0, 0, 0)$ としたときに，t_2' が存在できれば，原点に座標を取ることができる。s^2 は保存するので，
$$t_2' = \sqrt{-s^2/c^2}$$
と取ればよいことがわかる。時間的であったときに，座標変換によって P と Q を同じ空間座標にすることは可能である。

(2) 今度は空間的なので，$s^2 > 0$ である。P と Q を同じ時刻にするためには，$t_2' = 0$ となる座標変換を行う必要がある。新たな 4 次元の座標を $(0, x_2', y_2', z_2')$ と表す。このとき，$s^2 = x_2'^2 + y_2'^2 + z_2'^2$ であるが，$s^2 > 0$ なので，これを満たす x_2'，y_2'，z_2' を選ぶことができる。適当な慣性系を取ることで，Q を P と同じ時刻にすることは可能である。一方，同じ空間座標，つまり原点の座標にするためには，新たな 4 次元の座標が $(ct_2', 0, 0, 0)$ と表されなければならない。しかし，この場合には P との不変間隔は，$s^2 = -c^2 t_2'^2$ となるので，空間的ではありえないことがわかる。空間的であれば，原点と同じ座標にすることはできない。

4.2 速度の時間微分が加速度なので，$a_x = dV_x/dt$，$a_y = dV_y/dt$，$a_z = dV_z/dt$ である。速度の変換は，式 (4.55)，(4.56)，(4.57) で与えられる。まず x 成分について，

となる。

$$dV_x' = \frac{dV_x(1-(v/c^2)V_x)-(V_x-v)(-(v/c^2)dV_x)}{(1-(v/c^2)V_x)^2}$$

$$= \frac{(1-(v/c)^2)dV_x}{(1-(v/c^2)V_x)^2} = \frac{dV_x}{\gamma^2(1-(v/c^2)V_x)^2}$$

となる。加速度は

$$\frac{dV_x'}{dt'} = \frac{1}{\gamma^2(1-(v/c^2)V_x)^2}\frac{dV_x}{\gamma(dt-(v/c^2)dx)} = \frac{a_x}{\gamma^3(1-(v/c^2)V_x)^3}$$

となる。次に y 成分については，

$$dV_y' = \frac{dV_y(1-(v/c^2)V_x)-V_y(-(v/c^2)dV_x)}{\gamma(1-(v/c^2)V_x)^2}$$

$$= \frac{(1-(v/c^2)V_x)dV_y+(v/c^2)V_ydV_x}{\gamma(1-(v/c^2)V_x)^2}$$

であり，加速度は，

$$\frac{dV_y'}{dt'} = \frac{1}{\gamma(1-(v/c^2)V_x)^2}\frac{(1-(v/c^2)V_x)dV_y+(v/c^2)V_ydV_x}{\gamma(dt-(v/c^2)dx)}$$

$$= \frac{a_y}{\gamma^2(1-(v/c^2)V_x)^2} + \frac{(v/c^2)V_ya_x}{\gamma^2(1-(v/c^2)V_x)^3}$$

を得る。z 方向についても同様に，

$$\frac{dV_z'}{dt'} = \frac{a_z}{\gamma^2(1-(v/c^2)V_x)^2} + \frac{(v/c^2)V_za_x}{\gamma^2(1-(v/c^2)V_x)^3}$$

である。

4.3(1) 速度の変換公式を用いる。ただし，この場合は例題 4.2 と同様に，式 (4.55) と式 (4.56) の逆変換であることに注意する。観測者が見る光の速度成分を (V_x, V_y) とすると，

$$V_x = \frac{V_x'+v}{1+(v/c^2)V_x'}$$

$$V_y = \frac{V_y'}{\gamma(1+(v/c^2)V_x')}$$

である。これから

$$\tan\theta = \frac{V_y}{V_x} = \frac{V_y'}{\gamma(V_x'+v)} = \frac{\sin\theta'}{\gamma(\cos\theta'+v/c)}$$

$$\sin\theta = \frac{V_y}{\sqrt{V_x^2+V_y^2}} = \frac{V_y'/\gamma}{\sqrt{(V_x'+v)^2+V_y'^2/\gamma^2}}$$

$$= \frac{c\sin\theta'/\gamma}{\sqrt{(c\cos\theta'+v)^2+c^2\sin^2\theta'(1-(v/c)^2)}}$$

$$= \frac{\sin\theta'}{\gamma\sqrt{1+2(v/c)\cos\theta'+(v/c)^2(1-\sin^2\theta')}}$$

$$= \frac{\sin\theta'}{\gamma(1+(v/c)\cos\theta')}$$

を得る。

(2) $\theta' = \pi/2$ であれば，$\sin\theta' = 1$，$\cos\theta' = 0$ なので，

$$\sin\theta = \frac{1}{\gamma}$$

を得る。$v = 0.995c$ の場合には，$\gamma = 1/\sqrt{1-(v/c)^2} = 10.0$ である。すると，$\sin\theta = 0.1$ を得る。これは，$\theta \simeq 0.1$ rad $= 5.7°$ である。ほとんど観測者に向かう方向

の光を見ることになる。

第 5 章

5.1 例題 5.2 と同様に，V^μ と W^μ をローレンツ変換し，内積を取ると
$$\eta_{\mu\nu} V'^\mu W'^\nu = \eta_{\mu\nu} L^\mu{}_\kappa V^\kappa L^\nu{}_\lambda W^\lambda = \eta_{\mu\nu} L^\mu{}_\kappa L^\nu{}_\lambda V^\kappa W^\lambda \quad (*)$$
となる。ここで，
$$\eta_{\mu\nu} L^\mu{}_\kappa L^\nu{}_\eta = -L^0{}_\kappa L^0{}_\eta + L^1{}_\kappa L^1{}_\eta + L^2{}_\kappa L^2{}_\eta + L^3{}_\kappa L^3{}_\eta$$
である。そこで，x 方向のブーストの場合には
$$\begin{aligned}
L^0{}_\kappa L^0{}_\eta V^\kappa W^\eta &= L^0{}_0 L^0{}_0 V^0 W^0 + L^0{}_1 L^0{}_0 V^1 W^0 + L^0{}_0 L^0{}_1 V^0 W^1 + L^0{}_1 L^0{}_1 V^1 W^1 \\
&= \gamma^2 V^0 W^0 - \gamma^2(v/c) V^1 W^0 - \gamma^2(v/c) V^0 W^1 + \gamma^2(v/c)^2 V^1 W^1 \\
L^1{}_\kappa L^1{}_\eta V^\kappa W^\eta &= L^1{}_0 L^1{}_0 V^0 W^0 + L^1{}_1 L^1{}_0 V^1 W^0 + L^1{}_0 L^1{}_1 V^0 W^1 + L^1{}_1 L^1{}_1 V^1 W^1 \\
&= \gamma^2(v/c)^2 V^0 W^0 - \gamma^2(v/c) V^1 W^0 - \gamma^2(v/c) V^0 W^1 + \gamma^2 V^1 W^1 \\
L^2{}_\kappa L^2{}_\eta V^\kappa W^\eta &= L^2{}_2 L^2{}_2 V^2 V^2 = V^2 W^2 \\
L^3{}_\kappa L^3{}_\eta V^\kappa W^\eta &= L^3{}_3 L^3{}_3 V^3 W^3 = V^3 W^3
\end{aligned}$$
を得る。これらを式 (*) に代入すると，
$$\begin{aligned}
\eta_{\mu\nu} V'^\mu W'^\nu &= (-\gamma^2 + \gamma^2(v/c)^2) V^0 W^0 + (-\gamma^2(v/c)^2 + \gamma^2) V^1 W^1 \\
&\quad + V^2 W^2 + V^3 W^3 \\
&= -V^0 W^0 + V^1 W^1 + V^2 W^2 + V^3 W^3 \\
&= \eta_{\mu\nu} V^\mu W^\nu
\end{aligned}$$
となる。確かに内積はローレンツ変換に対して保存した。

5.2 (1) まず，ローレンツ変換の逆行列を $\overline{L}^\mu{}_\nu$ とすると，逆行列の定義から，$\overline{L}^\mu{}_\kappa L^\kappa{}_\nu = \delta^\mu_\nu$ を満たす。

一方，不変間隔がローレンツ変換によって変わらないことから (式 (5.21))，
$$\eta_{\mu\nu} L^\mu{}_\kappa L^\nu{}_\lambda = \eta_{\kappa\lambda}$$
の関係が得られた。この両辺に，$\eta^{\kappa\sigma}$ をかける。このとき，ダミーの足である κ については，0 から 3 までの和を取る。すると，
$$\eta^{\kappa\sigma} \eta_{\mu\nu} L^\mu{}_\kappa L^\nu{}_\lambda = \eta^{\kappa\sigma} \eta_{\kappa\lambda} = \delta^\sigma_\lambda$$
を得る。クロネッカーのデルタになるということは，$L^\nu{}_\lambda$ に対して，$\eta^{\kappa\sigma} \eta_{\mu\nu} L^\mu{}_\kappa$ が逆行列となっていることを意味する。ここで，逆行列の式と比較するために，足の名前の付け替えを行う。$\sigma \to \mu$，$\lambda \to \nu$，さらに，ダミーの足を，$\mu \to \sigma$，$\nu \to \lambda$ とし，完全に入れ替える。すると，
$$\eta^{\kappa\mu} \eta_{\sigma\lambda} L^\sigma{}_\kappa L^\lambda{}_\nu = \delta^\mu_\nu$$
となる。これより明らかに逆行列は
$$\overline{L}^\mu{}_\lambda = \eta^{\kappa\mu} \eta_{\sigma\lambda} L^\sigma{}_\kappa = \eta_{\sigma\lambda} L^\sigma{}_\kappa \eta^{\kappa\mu}$$
である。ローレンツ変換の行列を，メトリックとその逆行列で挟んだ形となる。

(2) 逆行列 $(\overline{L}^\mu{}_\lambda)$ を，具体的に x 方向のブーストについて表してみる。
$$(\overline{L}^\mu{}_\lambda) = (\eta_{\sigma\lambda} L^\sigma{}_\kappa \eta^{\kappa\mu})$$

$$
= \begin{pmatrix} -1 & 0 & 0 & 0 \\ 0 & 1 & 0 & 0 \\ 0 & 0 & 1 & 0 \\ 0 & 0 & 0 & 1 \end{pmatrix} \begin{pmatrix} \gamma & -\gamma(v/c) & 0 & 0 \\ -\gamma(v/c) & \gamma & 0 & 0 \\ 0 & 0 & 1 & 0 \\ 0 & 0 & 0 & 1 \end{pmatrix} \begin{pmatrix} -1 & 0 & 0 & 0 \\ 0 & 1 & 0 & 0 \\ 0 & 0 & 1 & 0 \\ 0 & 0 & 0 & 1 \end{pmatrix}
$$

$$
= \begin{pmatrix} -1 & 0 & 0 & 0 \\ 0 & 1 & 0 & 0 \\ 0 & 0 & 1 & 0 \\ 0 & 0 & 0 & 1 \end{pmatrix} \begin{pmatrix} -\gamma & -\gamma(v/c) & 0 & 0 \\ \gamma(v/c) & \gamma & 0 & 0 \\ 0 & 0 & 1 & 0 \\ 0 & 0 & 0 & 1 \end{pmatrix}
$$

$$
= \begin{pmatrix} \gamma & \gamma(v/c) & 0 & 0 \\ \gamma(v/c) & \gamma & 0 & 0 \\ 0 & 0 & 1 & 0 \\ 0 & 0 & 0 & 1 \end{pmatrix}
$$

を得る。これは、もとのローレンツ変換の速度 v を，$-v$ に置き換えたものになっている。

5.3 力の定義から

$$
F^i = \frac{\mathrm{d}p^i}{\mathrm{d}t} = \frac{\mathrm{d}}{\mathrm{d}t}\left(m\gamma \frac{\mathrm{d}x^i}{\mathrm{d}t}\right) = m\frac{\mathrm{d}\gamma}{\mathrm{d}t}\frac{\mathrm{d}x^i}{\mathrm{d}t} + m\gamma \frac{\mathrm{d}^2 x^i}{\mathrm{d}t^2} = m\frac{\mathrm{d}\gamma}{\mathrm{d}t}v^i + m\gamma a^i \quad (*)
$$

である。ここで，

$$
\frac{\mathrm{d}\gamma}{\mathrm{d}t} = \frac{\mathrm{d}}{\mathrm{d}t}(1-(v/c)^2)^{-1/2} = -\frac{1}{2}\frac{-2(v/c^2)(\mathrm{d}v/\mathrm{d}t)}{(1-(v/c)^2)^{3/2}} = \gamma^3 \frac{v}{c^2}\frac{\mathrm{d}v}{\mathrm{d}t}
$$

なので，(∗) に代入して，

$$
\vec{F} = m\gamma^3 \frac{v}{c^2}\frac{\mathrm{d}v}{\mathrm{d}t}\vec{v} + m\gamma \vec{a}
$$

を得る。

力の向きが速度と垂直であれば，右辺第 1 項目の速度ベクトルに平行な向きの成分は存在しないので，

$$
\vec{F} = m\gamma \vec{a}
$$

という関係が力と加速度の間に得られる。これは，力の大きさを変えずに，向きだけを変える場合である。一方，力の向きが速度と平行であれば，$\vec{v}$ と $\vec{a}$，$\vec{F}$ はすべて同じ方向を向くので，1 項目の $(\mathrm{d}v/\mathrm{d}t)\vec{v}$ を $(\mathrm{d}\vec{v}/\mathrm{d}t)v = \vec{a}v$ に置き換えることができる。つまり，

$$
\vec{F} = m\gamma^3 \frac{v^2}{c^2}\vec{a} + m\gamma \vec{a} = m\gamma^3 \vec{a}
$$

である。力の働く向きによって，力と加速度の間の関係が異なることに注意されたい。

第 6 章

6.1 まず、^{4}He の質量の単位を変換する。式 (6.3) を用いれば，$M_{\mathrm{He}} = 4.0015062\ \mathrm{u} = 3727.3791\ \mathrm{MeV}/c^2$ を得る。質量欠損分が得られるエネルギーなので，

$$
\Delta Mc^2 = (4M_{\mathrm{p}} - M_{\mathrm{He}} - 2M_{\mathrm{e}})c^2 = 24.7\ \mathrm{MeV}
$$

である。これには，陽電子がエネルギーに変わる分はまだ考慮されていない。陽電子

2個と電子2個分の静止エネルギーは，$0.51099891 \times 4 = 2.0439956$ MeV なので，これを加えると最終的に得られるエネルギーとして，$24.7 + 2.0 = 26.7$ MeV を得る。

6.2 光子のエネルギーと運動量は，式 (5.82)，(5.83) より $E_b = h\nu$，$p_b = h\nu/c$ で与えられる。ここで h はプランク定数である。その結果，x 軸正方向に進行する光子の4元運動量は $(h\nu/c,\ h\nu/c,\ 0,\ 0)$（式 (5.84)）と表される。

粒子 a のエネルギーを E_a，運動量の大きさを p_a とすると，崩壊の前後でのエネルギー・運動量保存則は，
$$Mc = E_a/c + h\nu/c \qquad (*)$$
$$p_a = p_b = h\nu/c \qquad (**)$$
である。粒子 a については，エネルギーと運動量の間に，
$$(E_a/c)^2 = p_a^2 + m_a^2 c^2 \qquad (***)$$
の関係がある。以上より，まず $h\nu$ を消去し，E_a を求める。式 $(*)$，$(**)$ より
$$h\nu/c = Mc - E_a/c = p_a$$
なので，式 $(***)$ に代入して，
$$(E_a/c)^2 = (Mc - E_a/c)^2 + m_a^2 c^2 = (Mc)^2 - 2ME_a + (E_a/c)^2 + (m_a c)^2$$
を得る。よって，
$$E_a = \frac{(M^2 + m_a^2)c^2}{2M}$$
であり，運動エネルギー K_a は
$$K_a = E_a - m_a c^2 = \frac{(M - m_a)^2 c^2}{2M}$$
となる。さらに光子のエネルギーは式 $(*)$ より
$$h\nu = Mc^2 - E_a = \frac{(M^2 - m_a^2)c^2}{2M}$$
である。

6.3 (1) $v/c = 0.99995$ であるので，$\gamma = 1/\sqrt{1 - (v/c)^2} = 100$ である。このとき，運動エネルギーは式 (5.78) より
$$K = m(\gamma - 1)c^2 = 106 \times 99 \text{ MeV} = 1.05 \times 10^4 \text{ MeV}$$
$$= 1.05 \times 10^{10} \text{ eV}$$
である。ここで，1 MeV $= 10^6$ eV を用いた。

(2) 10億個に分かれたのだから，(1) の答えを 10億 (10^9) 倍すればよく，$10^{10+9} = 10^{19}$ eV を得る。

(3) 高いエネルギーを持った宇宙線（陽子）は，ほぼ静止している大気の原子核に衝突する。そのため，衝突で得られる最大の静止エネルギーは，式 (6.38) によって得られる。窒素14（質量を m_N と表す）は核子を 14 個持っていることに注意して，与えられた数値を代入すると，
$$Mc^2 \simeq c\sqrt{2m_N K} = \sqrt{2(m_N c^2)K} = \sqrt{2 \times 14 \times 10^9 \times 10^{19}} \text{ eV}$$
$$= 5 \times 10^{14} \text{ eV}$$
を得る。これは，LHC 加速器の値，14 TeV $= 1.4 \times 10^{13}$ eV の約 40 倍ものエネルギーに相当する。

第7章

7.1 ポアソン方程式，$\triangle \phi(x) = 4\pi G\rho(x)$ は，時間に依存しない。つまり，$\rho(x)$ をある点 x_1 で変更すると，その ϕ に対する影響は，瞬時に（光の速さを超えて）空間全体に拡がることになる。これを光速度で伝播するようにする一番単純な変更は，波動方程式にすればよい。式 (2.1) より，

$$\left(\sum_{i=1}^{3}\frac{\partial^2}{\partial x_i^2} - \frac{1}{c^2}\frac{\partial^2}{\partial t^2}\right)\phi = 4\pi G\rho(x)$$

と書くことで，右辺や ϕ がスカラー量であれば，ローレンツ変換に対して不変になり，右辺が 0 という真空中では，重力が光速度で伝播するようになる。ただし，この変更が実験事実を説明できるかどうかは別の問題である。実際には，この単純な変更はうまく働かない。

7.2 観測者に働いている重力は $GM_E m_o/(R_E + h_o)^2$ である。ここで m_o は観測者の質量で，h_o は観測者の地表からの高度を表す。これをちょうど打ち消すだけの慣性力がエレベーターの中で働いている。そのときの加速度は $a = GM_E/(R_E + h_o)^2$ と表され，慣性力は $f_o = m_o a$ で上向きに働く。さて，頭上 $l = 1\,\mathrm{m}$ の所にある物体に働く重力は $GM_E m_a/(R_E + h_o + l)^2$ であり，慣性力は $f_a = m_a a$ となる。ここで $m_a = 1\,\mathrm{kg}$ は物体の質量である。落下するエレベーターに乗った加速度系での物体に対する運動方程式は，落下の方向を正と取って

$$m_a \tilde{a}_a = G\frac{M_E m_a}{(R_E + h_o + l)^2} - m_a a = G\frac{M_E m_a}{(R_E + h_o + l)^2} - G\frac{M_E m_a}{(R_E + h_o)^2}$$

である。ここで，$R_E \gg l, h_o$ なので，

$$\frac{1}{(R_E + h_o + l)^2} = \frac{1}{(R_E + h_o)^2(1 + l/(R_E + h_o))^2}$$
$$\simeq \frac{1}{(R_E + h_o)^2}\left(1 - \frac{2l}{R_E + h_o}\right)$$

を得る。よって，

$$m_a \tilde{a}_a = -2G\frac{M_E m_a l}{(R_E + h_o)^3} \simeq -2G\frac{M_E m_a l}{R_E^3}$$

という慣性力を受ける。向きは上向きである。数値を代入すれば大きさは，$3.0 \times 10^{-6}\,\mathrm{N}$ である。また，加速度は，力を $1\,\mathrm{kg}$ で割って，$3.0 \times 10^{-6}\,\mathrm{m/s^2}$ と求まる。観測者にとって，物体は上向きにこの大きさの加速度を持って運動するように見える。観測者自身にも，足に対して，頭が上に引っ張られる力として働く（身長が $170\,\mathrm{cm}$，体重 $60\,\mathrm{kg}$ なら，100倍だが）。

第8章

8.1(1) 地表での時間幅を Δt_1，衛星での時間幅を Δt_s とする。地表の観測者は，$\Delta t_1 = \gamma \Delta t_s$ と測定する。時間の延びである。ここで

$$\gamma = \frac{1}{\sqrt{1-(v/c)^2}} = \frac{1}{\sqrt{1-(3.87/(3.00\times 10^5))^2}} = 1 + 8.32\times 10^{-11}$$

と得られる。このことから，人工衛星の時間は，地表から見ると，1秒当たり，8.32×10^{-11} 秒遅れることがわかる。

(2) 人工衛星の高度を H とする。地表の重力ポテンシャルと人工衛星での重力ポテンシャルの差から，地表での時間幅 Δt_1 と人工衛星での時間幅 Δt_s の間の関係は式 (8.7) より

$$\Delta t_s = \left(1 + \frac{GM_\mathrm{E}}{c^2}\left(\frac{1}{R_\mathrm{E}} - \frac{1}{R_\mathrm{E}+H}\right)\right)\Delta t_1 = (1 + 5.25\times 10^{-10})\,\Delta t_1$$

を得る。つまり，一般相対性理論の効果により，地表から見ると，人工衛星の時計は1秒当たり，5.25×10^{-10} 秒進むことになる。(1) の特殊相対性理論の効果よりも大きいことに注意されたい。

(3) 得られた結果に，光速度 c をかければよい。特殊相対性理論からは毎秒 $c\times 8.32\times 10^{-11} = 2.50$ cm の狂いが生じる。重力からは，同様に 15.7 cm の狂いを生じる。両者は逆符号なので，全体としては，毎秒 13.2 cm の狂いということになる。1分も経つと，8 m にも相当するようになる。もはやカーナビとして役に立たなくなるのだ。

8.2 式 (8.8) より，無限遠方での振動数が 0 になるのは，$\gamma \to \infty$，すなわち $v = c$ の場合であることがただちにわかる。ポテンシャルと速度の関係から，

$$v = \sqrt{-2\phi_1} = \sqrt{\frac{2GM}{R}}$$

である。ここで，R は天体の半径，M は天体の質量を表す。$v = c$ を代入し，変形し，太陽の質量を代入すると

$$R = \frac{2GM}{c^2} = \frac{2\times 6.67\times 10^{-11} \times 1.99\times 10^{30}}{(3.00\times 10^8)^2} = 2.95\times 10^3 \text{ m}$$

を得る。

この結果は，太陽全体をおよそ半径 3 km の中に閉じこめると，そこでの脱出速度 v が光速度と等しくなり，また光に無限大の赤方偏移が生じる。光が表面から抜け出せなくなるのである。これこそブラックホールで，$R = 2GM/c^2$ で与えられる半径をシュヴァルツシルト半径と呼ぶことは，11 章で説明する。

第 9 章

9.1 共変微分がテンソルである条件は，

$$\tilde{\nabla}_\nu \tilde{V}^\mu = \frac{\partial \tilde{x}^\mu}{\partial x^\lambda}\frac{\partial x^\kappa}{\partial \tilde{x}^\nu}\nabla_\kappa V^\lambda$$

である。ここで左辺は，式 (9.16) から，

$$\tilde{\nabla}_\nu \tilde{V}^\mu = \frac{\partial}{\partial \tilde{x}^\nu}\tilde{V}^\mu + \tilde{\Gamma}^\mu_{\kappa\nu}\tilde{V}^\kappa$$

$$= \frac{\partial x^\kappa}{\partial \tilde{x}^\nu}\frac{\partial}{\partial x^\kappa}\left(\frac{\partial \tilde{x}^\mu}{\partial x^\eta}V^\eta\right) + \tilde{\Gamma}^\mu_{\kappa\nu}\frac{\partial \tilde{x}^\kappa}{\partial x^\eta}V^\eta$$

$$= \frac{\partial x^\kappa}{\partial \tilde{x}^\nu} \frac{\partial^2 \tilde{x}^\mu}{\partial x^\kappa \partial x^\eta} V^\eta + \frac{\partial x^\kappa}{\partial \tilde{x}^\nu} \frac{\partial \tilde{x}^\mu}{\partial x^\eta} \frac{\partial V^\eta}{\partial x^\kappa} + \tilde{\Gamma}^\mu_{\kappa\nu} \frac{\partial \tilde{x}^\kappa}{\partial x^\eta} V^\eta$$

$$= \frac{\partial x^\kappa}{\partial \tilde{x}^\nu} \frac{\partial \tilde{x}^\mu}{\partial x^\eta} \frac{\partial V^\eta}{\partial x^\kappa} + \left(\frac{\partial x^\kappa}{\partial \tilde{x}^\nu} \frac{\partial^2 \tilde{x}^\mu}{\partial x^\kappa \partial x^\eta} + \tilde{\Gamma}^\mu_{\kappa\nu} \frac{\partial \tilde{x}^\kappa}{\partial x^\eta} \right) V^\eta$$

と V^η の微分等に変形できる．一方，右辺は，

$$\frac{\partial \tilde{x}^\mu}{\partial x^\lambda} \frac{\partial x^\kappa}{\partial \tilde{x}^\nu} \nabla_\kappa V^\lambda = \frac{\partial \tilde{x}^\mu}{\partial x^\lambda} \frac{\partial x^\kappa}{\partial \tilde{x}^\nu} \left(\frac{\partial V^\lambda}{\partial x^\kappa} + \Gamma^\lambda_{\eta\kappa} V^\eta \right)$$

である．左辺と右辺が等しいことから

$$\left(\frac{\partial x^\kappa}{\partial \tilde{x}^\nu} \frac{\partial^2 \tilde{x}^\mu}{\partial x^\kappa \partial x^\eta} + \tilde{\Gamma}^\mu_{\kappa\nu} \frac{\partial \tilde{x}^\kappa}{\partial x^\eta} \right) V^\eta = \frac{\partial \tilde{x}^\mu}{\partial x^\lambda} \frac{\partial x^\kappa}{\partial \tilde{x}^\nu} \Gamma^\lambda_{\eta\kappa} V^\eta$$

この関係が恒等的に成り立つのであるから，V^η の係数同士が等しく，

$$\frac{\partial x^\kappa}{\partial \tilde{x}^\nu} \frac{\partial^2 \tilde{x}^\mu}{\partial x^\kappa \partial x^\eta} + \tilde{\Gamma}^\mu_{\kappa\nu} \frac{\partial \tilde{x}^\kappa}{\partial x^\eta} = \frac{\partial \tilde{x}^\mu}{\partial x^\lambda} \frac{\partial x^\kappa}{\partial \tilde{x}^\nu} \Gamma^\lambda_{\eta\kappa}$$

を得る．ここで右辺のダミーの足を $\kappa \to \tau$, $\lambda \to \kappa$, と名前を付け替える．その上で，$\partial x^\eta/\partial \tilde{x}^\lambda$ をかける（η に付いては足し上げる，つまり縮約を取る）．これは，

$$\frac{\partial x^\eta}{\partial \tilde{x}^\lambda} \frac{\partial \tilde{x}^\kappa}{\partial x^\eta} = \delta_\lambda{}^\kappa$$

を用いて，左辺の $\tilde{\Gamma}^\mu_{\kappa\nu}$ について解くためである．すると，結局

$$\tilde{\Gamma}^\mu_{\kappa\nu} \delta_\lambda{}^\kappa = \tilde{\Gamma}^\mu_{\lambda\nu} = \frac{\partial x^\eta}{\partial \tilde{x}^\lambda} \frac{\partial \tilde{x}^\kappa}{\partial x^\kappa} \frac{\partial x^\tau}{\partial \tilde{x}^\nu} \Gamma^\kappa_{\eta\tau} - \frac{\partial x^\eta}{\partial \tilde{x}^\lambda} \frac{\partial x^\kappa}{\partial \tilde{x}^\nu} \frac{\partial^2 \tilde{x}^\mu}{\partial x^\kappa \partial x^\eta}$$

となる．λ と ν を読み替えて，また右辺第 1 項についても縮約を取る足の η と τ を入れ替えて

$$\tilde{\Gamma}^\mu_{\nu\lambda} = \frac{\partial x^\tau}{\partial \tilde{x}^\nu} \frac{\partial \tilde{x}^\mu}{\partial x^\kappa} \frac{\partial x^\eta}{\partial \tilde{x}^\lambda} \Gamma^\kappa_{\tau\eta} - \frac{\partial x^\eta}{\partial \tilde{x}^\nu} \frac{\partial x^\kappa}{\partial \tilde{x}^\lambda} \frac{\partial^2 \tilde{x}^\mu}{\partial x^\kappa \partial x^\eta} \qquad (*)$$

を得る．ほとんどこれで求まった．最後に右辺第 2 項について整理する．方針は $\partial \tilde{x}^\mu / \partial x^\eta$ の微分を消すことである．そのために，クロネッカーのデルタをうまく作って，それを微分する．つまり

$$\frac{\partial x^\eta}{\partial \tilde{x}^\nu} \frac{\partial \tilde{x}^\mu}{\partial x^\eta} = \delta_\nu{}^\mu$$

を用い，

$$\frac{\partial x^\kappa}{\partial \tilde{x}^\lambda} \frac{\partial}{\partial x^\kappa} \delta_\nu{}^\mu = 0 = \frac{\partial x^\kappa}{\partial \tilde{x}^\lambda} \frac{\partial}{\partial x^\kappa} \left(\frac{\partial x^\eta}{\partial \tilde{x}^\nu} \frac{\partial \tilde{x}^\mu}{\partial x^\eta} \right)$$

$$= \frac{\partial x^\kappa}{\partial \tilde{x}^\lambda} \frac{\partial^2 x^\eta}{\partial \tilde{x}^\nu \partial x^\kappa} \frac{\partial \tilde{x}^\mu}{\partial x^\eta} + \frac{\partial x^\kappa}{\partial \tilde{x}^\lambda} \frac{\partial x^\eta}{\partial \tilde{x}^\nu} \frac{\partial^2 \tilde{x}^\mu}{\partial x^\eta \partial x^\kappa}$$

$$= \frac{\partial^2 x^\eta}{\partial \tilde{x}^\nu \partial \tilde{x}^\lambda} \frac{\partial \tilde{x}^\mu}{\partial x^\eta} + \frac{\partial x^\kappa}{\partial \tilde{x}^\lambda} \frac{\partial x^\eta}{\partial \tilde{x}^\nu} \frac{\partial^2 \tilde{x}^\mu}{\partial x^\eta \partial x^\kappa}$$

を得る．この関係を式（*）に代入し，項の順番を一部入れ替えれば，

$$\tilde{\Gamma}^\mu_{\nu\lambda} = \frac{\partial \tilde{x}^\mu}{\partial x^\kappa} \frac{\partial x^\tau}{\partial \tilde{x}^\nu} \frac{\partial x^\eta}{\partial \tilde{x}^\lambda} \Gamma^\kappa_{\tau\eta} + \frac{\partial \tilde{x}^\mu}{\partial x^\kappa} \frac{\partial^2 x^\kappa}{\partial \tilde{x}^\nu \partial \tilde{x}^\lambda}$$

を得る．ただし，右辺第 2 項のダミーの足，η を κ に置き換えた．

9.2 式 (9.26) より，リーマン曲率テンソルをクリストッフェル記号で書き下すと，

$$R_{\mu\nu\lambda\kappa} = g_{\mu\tau} R^\tau{}_{\nu\lambda\kappa} = g_{\mu\tau} (\partial_\lambda \Gamma^\tau_{\nu\kappa} - \partial_\kappa \Gamma^\tau_{\nu\lambda} + \Gamma^\tau_{\eta\lambda} \Gamma^\eta_{\nu\kappa} - \Gamma^\tau_{\eta\kappa} \Gamma^\eta_{\nu\lambda}) \qquad (*)$$

である．ここで，式(9.32) より

$$g_{\mu\tau} \partial_\lambda \Gamma^\tau_{\nu\kappa} = g_{\mu\tau} \partial_\lambda \left(\frac{1}{2} g^{\tau\eta} (\partial_\kappa g_{\eta\nu} + \partial_\nu g_{\eta\kappa} - \partial_\eta g_{\kappa\nu}) \right)$$

$$= \frac{1}{2} \delta_\mu{}^\eta \partial_\lambda (\partial_\kappa g_{\eta\nu} + \partial_\nu g_{\eta\kappa} - \partial_\eta g_{\kappa\nu})$$
$$+ \frac{1}{2} g_{\mu\tau} (\partial_\lambda g^{\tau\eta}) (\partial_\kappa g_{\eta\nu} + \partial_\nu g_{\eta\kappa} - \partial_\eta g_{\kappa\nu})$$
$$= \frac{1}{2} (\partial_\lambda \partial_\kappa g_{\mu\nu} + \partial_\lambda \partial_\nu g_{\mu\kappa} - \partial_\lambda \partial_\mu g_{\kappa\nu}) - (\partial_\lambda g^{\tau\eta}) \Gamma^\tau_{\nu\kappa}$$

である。ただし，
$$\partial_\lambda (g_{\mu\tau} g^{\tau\eta}) = \partial_\lambda (\delta_\mu{}^\eta) = 0 = (\partial_\lambda g_{\mu\tau}) g^{\tau\eta} + g_{\mu\tau} (\partial_\lambda g^{\tau\eta})$$

の関係を用いて，$g_{\mu\tau}(\partial_\lambda g^{\tau\eta}) = -(\partial_\lambda g_{\mu\tau}) g^{\tau\eta}$ に置き換えた。同様に，
$$g_{\mu\tau} \partial_\kappa \Gamma^\tau_{\nu\lambda} = \frac{1}{2} (\partial_\kappa \partial_\nu g_{\mu\nu} + \partial_\kappa \partial_\nu g_{\mu\lambda} - \partial_\kappa \partial_\mu g_{\lambda\nu}) - (\partial_\kappa g_{\mu\tau}) \Gamma^\tau_{\nu\lambda}$$

である。式 (∗) に以上の関係を代入すると，
$$R_{\mu\nu\lambda\kappa} = \frac{1}{2} (\partial_\lambda \partial_\nu g_{\mu\kappa} - \partial_\lambda \partial_\mu g_{\kappa\nu} - \partial_\kappa \partial_\nu g_{\mu\lambda} + \partial_\kappa \partial_\mu g_{\lambda\nu})$$
$$- (\partial_\lambda g_{\mu\tau}) \Gamma^\tau_{\nu\kappa} + (\partial_\kappa g_{\mu\tau}) \Gamma^\tau_{\nu\lambda} + g_{\mu\tau} \Gamma^\tau_{\eta\lambda} \Gamma^\eta_{\nu\kappa} - g_{\mu\tau} \Gamma^\tau_{\eta\kappa} \Gamma^\eta_{\nu\lambda}$$

となる。ここで，
$$-(\partial_\lambda g_{\mu\tau}) \Gamma^\tau_{\nu\kappa} + g_{\mu\tau} \Gamma^\tau_{\eta\lambda} \Gamma^\eta_{\nu\kappa} = -(\partial_\lambda g_{\mu\tau}) \Gamma^\tau_{\nu\kappa} + g_{\mu\eta} \Gamma^\eta_{\tau\lambda} \Gamma^\tau_{\nu\kappa}$$
$$= -(\partial_\lambda g_{\mu\tau} - g_{\mu\eta} \Gamma^\eta_{\tau\lambda}) \Gamma^\tau_{\nu\kappa}$$
$$= -g_{\eta\tau} \Gamma^\eta_{\mu\lambda} \Gamma^\tau_{\nu\kappa}$$

である。ダミーの足の付け替えと，式 (9.29) を用いた。同様に，
$$(\partial_\kappa g_{\mu\tau}) \Gamma^\tau_{\nu\lambda} - g_{\mu\tau} \Gamma^\tau_{\eta\kappa} \Gamma^\eta_{\nu\lambda} = g_{\eta\tau} \Gamma^\eta_{\mu\kappa} \Gamma^\tau_{\nu\lambda}$$

を得る。結局，対称な足を入れ替えれば，
$$R_{\mu\nu\lambda\kappa} = \frac{1}{2} (\partial_\nu \partial_\lambda g_{\mu\kappa} + \partial_\mu \partial_\kappa g_{\nu\lambda} - \partial_\mu \partial_\lambda g_{\nu\kappa} - \partial_\nu \partial_\kappa g_{\mu\lambda})$$
$$+ g_{\eta\tau} (\Gamma^\eta_{\mu\kappa} \Gamma^\tau_{\nu\lambda} - \Gamma^\eta_{\mu\lambda} \Gamma^\tau_{\nu\kappa})$$

となる。

次に，$R_{\mu\nu\lambda\kappa} = R_{\lambda\kappa\mu\nu}$ が成り立つことを示す。少し見通しをよくするために入れ替えて，
$$R_{\mu\nu\lambda\kappa} = \frac{1}{2} (\partial_\lambda \partial_\nu g_{\mu\kappa} + \partial_\mu \partial_\kappa g_{\nu\lambda} - \partial_\mu \partial_\lambda g_{\nu\kappa} - \partial_\nu \partial_\kappa g_{\mu\lambda})$$
$$+ g_{\eta\tau} (\Gamma^\eta_{\mu\kappa} \Gamma^\tau_{\nu\lambda} - \Gamma^\eta_{\mu\lambda} \Gamma^\tau_{\nu\kappa})$$

と表す。すると，最初の 2 項は組で，残りの 4 項はそれぞれが $(\mu, \nu) \leftrightarrow (\lambda, \kappa)$ に対する入れ替えに対称になっていることがわかる。

9.3 10 分補講で解説したように，このときメトリックは
$$(g_{ij}) = \begin{pmatrix} a^2 & 0 \\ 0 & a^2 \sin^2 \theta \end{pmatrix}$$

であり，0 でないクリストッフェル記号は，$\Gamma^1_{22} = -\sin\theta \cos\theta$，$\Gamma^2_{12} = \Gamma^2_{21} = 1/\tan\theta$ である。また，メトリックの逆行列 (反変テンソル) は
$$(g^{ij}) = \begin{pmatrix} 1/a^2 & 0 \\ 0 & 1/(a^2 \sin^2 \theta) \end{pmatrix}$$

で与えられる。
式 (9.36) を用いれば，

$$R_{1212} = \frac{1}{2}\left(\partial_2\partial_1 g_{12} + \partial_1\partial_2 g_{21} - \partial_1\partial_1 g_{22} - \partial_2\partial_2 g_{11}\right)$$
$$+ g_{ij}\left(\Gamma^i_{12}\Gamma^j_{21} - \Gamma^i_{11}\Gamma^j_{22}\right)$$
$$= -\frac{1}{2}\frac{\partial^2}{\partial\theta^2}\left(a^2\sin^2\theta\right) + g_{22}\Gamma^2_{12}\Gamma^2_{21}$$
$$= -a^2(\cos^2\theta - \sin^2\theta) + a^2\cos^2\theta$$
$$= a^2\sin^2\theta$$

を得る。このリーマン曲率テンソルから求められる $R_{1212} = -R_{1221} = -R_{2112} = R_{2121}$ 以外は 0 である。次にリッチテンソルは

$$R_{ij} = g^{kl}R_{likj} = g^{11}R_{1i1j} + g^{22}R_{2i2j}$$

なので，残るのは，

$$R_{11} = g^{22}R_{2121} = g^{22}R_{1212} = \frac{1}{a^2\sin^2\theta}a^2\sin^2\theta = 1$$
$$R_{22} = g^{11}R_{1212} = \frac{1}{a^2}a^2\sin^2\theta = \sin^2\theta$$

である。最後に，スカラー曲率は

$$R = g^{ij}R_{ij} = g^{11}R_{11} + g^{22}R_{22} = \frac{2}{a^2}$$

を得る。曲率は半径の 2 乗に反比例する。半径が大きいと曲率が小さいことは直感と一致するだろう。

第 10 章

10.1 エネルギー・運動量テンソル $T^{\mu\nu}$ は x^ν 一定の面を横切る 4 元運動量 p^μ の流れを表すものであった。T^{0i} は，x^i 一定の面を横切る p^0 の流れ，ということになる。局所ローレンツ系で，運動が遅ければ $p^0 = mc$ である。エネルギーは $E = mc^2 = cp^0$ なので，T^{0i} は i 方向へのエネルギーの流れ，エネルギー流束 (を光速度で割ったもの) を与える。

次に T^{0i} を具体的に表そう。x^i を横切る流れは，流体の数密度 n と速度 v^i を用いて，nv^i と書かれる。つまり $T^{0i} = p^0 nv^i = mcnv^i = c\rho v^i$ である。ここで，密度 $\rho = mn$ を用いた。また，$mv^i = p^i$ なので，$T^{0i} = cnp^i$ と表すこともできる。これは T^{i0} (時間一定面を横切る運動量の i 成分の流れ) と同じ形である。

10.2 (1) アインシュタイン方程式の右辺は，$GT^{\mu\nu}/c^4 \sim G\rho c^2/c^4 = G\rho/c^2$ で決まる次元を持つ。長さを L, 質量を M, 時間を T とすると，G は $\text{L}^3\text{M}^{-1}\text{T}^{-2}$, ρ は ML^{-3}, c は LT^{-1} だから，右辺の次元は，$(\text{L}^3\text{M}^{-1}\text{T}^{-2})(\text{ML}^{-3})(\text{L}^{-2}\text{T}^2) = \text{L}^{-2}$ となる。これがまた，左辺の次元となっている。つまり，時空の曲がりは，典型的な長さ a を用いて，$R^{\mu\nu} \sim R \sim 1/a^2$ で与えられる。$n = -2$ である。

(2) アインシュタイン方程式の右辺は $8\pi G\rho/c^2$ で表される。左辺を $1/a^2$ と置き，値を代入すると，

$$\left(\frac{[\text{m}]}{a}\right)^2 = 2 \times 10^{-26}\frac{\rho}{[\text{kg/m}^3]}$$

を得る。水の場合の $\rho = 10^3$ kg/m^3 を代入すると，$a = 2 \times 10^{11}$ m である。

(3)(a) 太陽の密度は，質量を M，半径を R とすれば，$\rho = M/(4\pi R^3/3) = 1 \times 10^3$ kg/m^3 である。これは水の密度と（ほぼ）一致する。このとき，(2) で見たように，$a = 2 \times 10^{11}$ m である。これは，太陽の半径 $R = 7 \times 10^8$ m よりもだいぶん大きい。太陽では，重力の効果による時空の曲がりは顕著ではない。(b) 中性子星では，密度は $\rho = M/(4\pi R^3/3) = 7 \times 10^{17}$ kg/m^3 である。これに対応する曲率半径は，$a = (2 \times 10^{-26} \times 7 \times 10^{17})^{-1/2} = 8 \times 10^3$ m $= 8$ km となる。この計算を信じれば，実際の半径よりも小さい。ここでは概数での計算だったのだが，少なくとも同じ程度の大きさであることはわかる。重力の影響が非常に強いことがわかる。(c) 宇宙全体では，曲率半径は，$a = (2 \times 10^{-26} \times 3 \times 10^{-27})^{-1/2} = 1 \times 10^{26}$ m である。これは，宇宙の大きさよりも小さい。宇宙全体では，重力による効果は重要となる。

第 11 章

11.1 式 (9.33) から，
$$\Gamma^1_{00} = \frac{1}{2} g^{1\kappa}(\partial_0 g_{\kappa 0} + \partial_0 g_{\kappa 0} - \partial_\kappa g_{00})$$
である。時間依存性はないので，$\partial_0 g_{\kappa 0} = 0$ であり，残るのは $\partial_\kappa g_{00}$ の $\kappa = 1 (r$ 成分$)$ のみである。結局，
$$\Gamma^1_{00} = \frac{1}{2} g^{11}(-\partial_1 g_{00}) = \frac{1}{2} e^{-\mu}\left(-\frac{\partial}{\partial r}(-e^\nu)\right) = \frac{1}{2} e^{-\mu} \frac{\partial \nu}{\partial r} e^\nu$$
$$= \frac{1}{2} e^{\nu-\mu} \frac{\partial \nu}{\partial r}$$
となる。

11.2 まず，R_{11} を求める。式 (11.10) より
$$R_{11} = \partial_\kappa \Gamma^\kappa_{11} - \partial_1 \Gamma^\kappa_{1\kappa} + \Gamma^\kappa_{\eta\kappa}\Gamma^\eta_{11} - \Gamma^\kappa_{\eta 1}\Gamma^\eta_{1\kappa}$$
である。1 項ずつ見ていく。
$$\partial_\kappa \Gamma^\kappa_{11} = \partial_1 \Gamma^1_{11} = \frac{1}{2} \frac{d^2\mu}{dr^2}$$
$$\partial_1 \Gamma^\kappa_{1\kappa} = \partial_1(\Gamma^0_{01} + \Gamma^1_{11} + \Gamma^2_{12} + \Gamma^3_{13}) = \partial_1\left(\frac{1}{2}\frac{d\nu}{dr} + \frac{1}{2}\frac{d\mu}{dr} + \frac{2}{r}\right)$$
$$= \frac{1}{2}\frac{d^2\nu}{dr^2} + \frac{1}{2}\frac{d^2\mu}{dr^2} - \frac{2}{r^2}$$
$$\Gamma^\kappa_{\eta\kappa}\Gamma^\eta_{11} = \Gamma^\kappa_{1\kappa}\Gamma^1_{11} = \frac{1}{2}\frac{d\mu}{dr}(\Gamma^0_{01} + \Gamma^1_{11} + \Gamma^2_{12} + \Gamma^3_{13})$$
$$= \frac{1}{2}\frac{d\mu}{dr}\left(\frac{1}{2}\frac{d\nu}{dr} + \frac{1}{2}\frac{d\mu}{dr} + \frac{2}{r}\right)$$
$$\Gamma^\kappa_{\eta 1}\Gamma^\eta_{1\kappa} = (\Gamma^0_{01})^2 + (\Gamma^1_{11})^2 + (\Gamma^2_{12})^2 + (\Gamma^3_{13})^2$$
$$= \frac{1}{4}\left(\frac{d\nu}{dr}\right)^2 + \frac{1}{4}\left(\frac{d\mu}{dr}\right)^2 + \frac{2}{r^2}$$
まとめると，

$$R_{11} = -\frac{1}{2}\frac{d^2\nu}{dr^2} - \frac{1}{4}\left(\frac{d\nu}{dr}\right)^2 + \frac{1}{4}\frac{d\nu}{dr}\frac{d\mu}{dr} + \frac{1}{r}\frac{d\mu}{dr}$$

を得る。

次に G_{11} を求める。

$$\begin{aligned}G_{11} &= R_{11} - \frac{1}{2}g_{11}R \\ &= -\frac{1}{2}\frac{d^2\nu}{dr^2} - \frac{1}{4}\left(\frac{d\nu}{dr}\right)^2 + \frac{1}{4}\frac{d\nu}{dr}\frac{d\mu}{dr} + \frac{1}{r}\frac{d\mu}{dr} - \frac{1}{2}e^{\mu}\Big(\frac{2}{r^2} + \\ & \quad e^{-\mu}\Big[-\frac{d^2\nu}{dr^2} - \frac{1}{2}\left(\frac{d\nu}{dr}\right)^2 + \frac{1}{2}\frac{d\mu}{dr}\frac{d\nu}{dr} + \frac{2}{r}\left(\frac{d\mu}{dr} - \frac{d\nu}{dr}\right) - \frac{2}{r^2}\Big]\Big) \\ &= -\frac{e^\mu}{r^2} + \frac{1}{r}\frac{d\nu}{dr} + \frac{1}{r^2} = -\frac{e^\mu}{r^2}\Big[1 - e^{-\mu}\Big(1 + r\frac{d\nu}{dr}\Big)\Big]\end{aligned}$$

11.3 式 (11.29) から，

$$c t \to c\tilde{t} = ct - r_g \ln(|r - r_g|/R)$$

と時間を取り直す。すると新しい時間に対して，外向きの光 (+の解) が $c\tilde{t} = r$ と表されることになる。今度は，時空図での光の軌跡は，45度の直線を $r > r_g$ でも，$r < r_g$ でも保つことになる。

この新しい時間を用いて，メトリックは

$$ds^2 = -\left(1 - \frac{r_g}{r}\right)(cd\tilde{t})^2 - 2\frac{r_g}{r}c d\tilde{t}\, dr + \left(1 + \frac{r_g}{r}\right)dr^2 + r^2 d\Omega^2$$

と書かれる。

$d\Omega^2 = 0$ と置いたときに，ヌルの軌跡は

$$ds^2 = 0 = (-cd\tilde{t} + dr)\left(\left(1 - \frac{r_g}{r}\right)cd\tilde{t} + \left(1 + \frac{r_g}{r}\right)dr\right)$$

で与えられる。1つの解はもちろん，$cd\tilde{t} = dr$，つまり時空図上で45度となる直線を与える。

もう一方の解は，

$$\frac{dc\tilde{t}}{dr} = -\frac{1 + r_g/r}{1 - r_g/r} = -1 - \frac{2r_g}{r - r_g}$$

であり，時空図上での傾きは，$r \to 0$ で 1，つまり 45 度に近づく。また，$r \to \infty$ で傾き -1 なので，135 度に近づく。一方，$r \to r_g$ では発散する。積分すると，

$$c\tilde{t} = -r - 2r_g \ln(|r - r_g|/R)$$

となる。この解は，$r < r_g$ では，光の軌跡が $r = 0$ の付近から 45 度で伸びていくが，r_g に近づくと ct の値が急激に大きくなり発散する，という振る舞いを与える。一方，$r > r_g$ では，r が大きいところから中心に向かって入ってくる光は，r_g に近づくと，やはり急激に ct の値を増加させるという振る舞いを与える。

以上のことから，時空図を書くと図 11a になる。

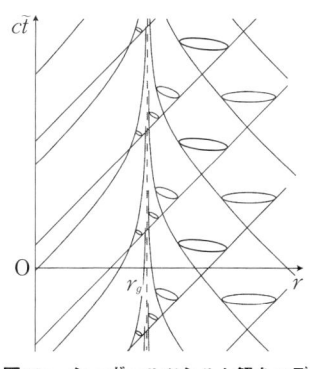

図11a シュヴァルツシルト解をエディントン-フィンケルシュタイン座標を用いて表した時空図

この解は，結局，内側からは r_g を越えて外に出てくることができるが，外側からは光さえ入ることのできないものになっている。これはブラックホールとは正反対の性質である。そのため，ホワイトホールと呼ばれる。ただし，ホワイトホールは天体現象などでは作られないと考えられ，その存在は知られていない。

第 12 章

12.1 時間的なので，式 (9.51) より固有時間 τ を用いて測地線方程式の 1 成分は，
$$\frac{d^2 x^1}{d\tau^2} + \Gamma^1_{\nu\lambda} \frac{dx^\nu}{d\tau}\frac{dx^\lambda}{d\tau} = 0$$
と書かれる。式 (11.4) より，クリストッフェル記号は，$\Gamma^1_{00}, \Gamma^1_{11}, \Gamma^1_{22}, \Gamma^1_{33}$ が残るから，それを代入して
$$0 = \frac{d^2 x^1}{d\tau^2} + \Gamma^1_{00}\frac{dx^0}{d\tau}\frac{dx^0}{d\tau} + \Gamma^1_{11}\frac{dx^1}{d\tau}\frac{dx^1}{d\tau} + \Gamma^1_{22}\frac{dx^2}{d\tau}\frac{dx^2}{d\tau} + \Gamma^1_{33}\frac{dx^3}{d\tau}\frac{dx^3}{d\tau}$$
$$= \ddot{r} + \left(\frac{1}{2}e^{\nu-\mu}\frac{d\nu}{dr}\right)(c\dot{t})^2 + \left(\frac{1}{2}\frac{d\mu}{dr}\right)\dot{r}^2 + (-re^{-\mu})\dot{\theta}^2 + (-r\sin^2\theta\, e^{-\mu})\dot{\varphi}^2$$
を得る。

12.2 まず，全体の形を整える。
$$V(r) = \left(1 - \frac{r_g}{r}\right)\left(\frac{L^2}{r^2} + c^2\right) = \left(1 - \frac{1}{r/r_g}\right)\left(\frac{1}{(r/r_g)^2}\frac{L^2}{c^2 r_g^2} + 1\right)c^2$$
と書くことができるので，距離 r を r_g で規格化することができる。このときポテンシャルは 1 つのパラメーター $L^2/(c^2 r_g^2)$ で決まる。このパラメーターは，角運動量 L と中心力を与える質量 M の比 (の 2 乗) になっている。このパラメーターを P と置く。P が大きいときは角運動量が効いている。P が小さいときは重力が角運動量に勝っている状況である。

まず，パラメーターの値によらず，ポテンシャルは無限遠方で $\lim_{r\to\infty} V(r) = c^2$ の値を持つ。

次に，ポテンシャルが極値を持つかどうか調べる。$dV(r)/dr = 0$ の解は，

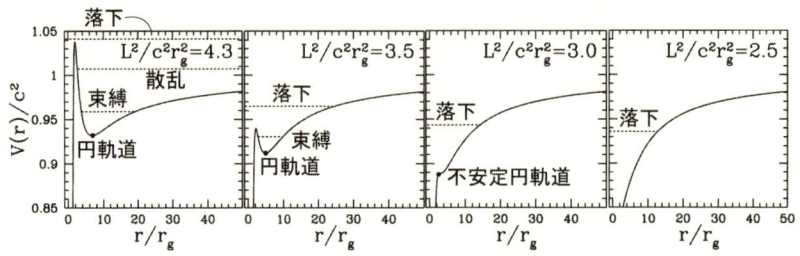

図12a $P = L^2/c^2 r_g^2$ の値をパラメーターとして，ポテンシャル $V(r)/c^2$ を表した。図の破線は，エネルギー E^2 の値に対応している。例えば，一番左の図の場合には，エネルギーの値によって，円軌道，束縛，散乱，(不安定円軌道)，落下の軌道を取る。

$$r_\pm/r_g = \frac{L^2}{c^2 r_g^2}\left(1 \pm \sqrt{1 - \frac{3r_g^2 c^2}{L^2}}\right) = P(1 \pm \sqrt{1 - 3/P})$$

である。ここで P の大きさによって，3つの可能性がある。

(1) $P > 3$ の場合：このときは，2つの極値を持つ。r_- で極大となり，r_+ で極小である。極大でのポテンシャルの値 $V(r_-)$ が無限遠方での値 c^2 よりも大きい場合 (a) と，小さい場合 (b) に分けて考える。図12aの一番左が (a)，その右隣が (b) である。図から明らかなように，(a) では，全エネルギーに対応する E^2 の値によって束縛される場合と，散乱される場合，そして中心に落下する場合がある。束縛される場合について，特に，ちょうど極小値を取る点 r_+ では，そこに留まり続けて安定な円軌道となる。エネルギー E^2 が c^2 よりも大きいとき（図では，V/c^2 で書いてあるので，1を超えるとき）は，束縛されず，中心方向に向かった質点はポテンシャルによって跳ね返され，散乱する。さらにエネルギーを増やすと，極大値となる点 (r_-) で不安定な円軌道を取ることができる。ただし，そこでは少しでも r の値が変わると中心向きか外向きに動き出す。それよりもエネルギーが大きければ，角運動量による遠心力のバリアを越えて，中心に落ちるようになる。(b) の場合（左から2番目の図）には，束縛か落下しかなく，散乱は起きないことが (a) との違いになる。角運動量の値が小さいため，散乱するだけのポテンシャルを構成できないからである。

(2) $P = 3$ の場合：1つの縮退した極値（変曲点）を持つ。その変曲点では不安定な円軌道を取ることができるが，それ以外では，束縛されることなく，中心に落下する。

(3) $P < 3$ の場合：極値はない。束縛されることなく，すべての軌道は中心に向かって落ちる。

ニュートン力学との違いは，角運動量がどれだけ大きくても，中心では，必ず $V \to -\infty$ となることだ。ニュートン力学では，中心近くでは遠心力ポテンシャル L^2/r^2 が必ず大きくなり（$r = 0$ では無限大になる），中心に落ち込むのを妨げる。角運動量を持ったまま中心に落ちることはできないのである。一方，一般相対性理論では，$r_g L^2/r^3$ 項が中心近くで必ず遠心力ポテンシャルに勝つ。遠心力ポテンシャルは r^{-2} に比例するが，こちらは r^{-3} に比例するからである。その結果，中心では，必ず $V \to -\infty$ となり，角運動量を持っていても，（中心に向かう）エネルギーが十分に大きければ，落ち込むことができる。

12.3 図12.2を実際に適当なグラフツールを用いて自分で描いてみる。その際，

$$r = \frac{1}{u} = \frac{1}{\alpha\left(1 + e\cos\left(\varphi - \frac{3}{2}r_g \alpha \varphi\right)\right)} = \frac{1}{\alpha\left(1 + e\cos\left[\left(\frac{1}{1 + \Delta\varphi/2\pi}\right)\varphi\right]\right)}$$

であることに注意して，φ を10回転分，つまり0から $10 \times 2\pi = 20\pi$ まで動かす。α は全体の大きさを拡大，縮小させるだけだから好きな大きさに取ってよい。図12.2では1としている。$e = 2 \times 0.21 = 0.42$，$\Delta\varphi = 10^6 \times 5.0 \times 10^{-7} = 0.50$ rad を代入する。$(x, y) = (r\cos\varphi, r\sin\varphi)$ としてグラフを描く。

索引

記号・数字・アルファベット

∇_ν　122
∂_μ　120
$\Gamma^\mu_{\nu\lambda}$　121
δ^i_k　62
$\eta_{\mu\nu}$　65
$\eta^{\mu\nu}$　67
4元位置ベクトル　64
4元運動量　74, 77
4元速度　70
4元力　73
4元（ローレンツ）ベクトル　66
CNOサイクル　88
CODATA　81
GPS　114
$g_{\mu\nu}$　125
$g^{\mu\nu}$　125
$G_{\mu\nu}$　153
k^μ　130
k計算法　25
L^μ_ν　65
ppチェイン　87
R　127
$R_{\mu\nu}$　127
$R^\mu_{\nu\lambda\kappa}$　124
$T^{\mu\nu}$　138

あ

アーク　178
アインシュタイン　1, 145
アインシュタイン・テンソル　153
アインシュタイン・リング　178
アインシュタインの規約　62
アインシュタイン方程式　144, 148
アフィンパラメーター　131
アルファ崩壊　89
一般共変性　105
一般座標変換　117
一般相対性原理　105
因果の関係　20
因果の領域　52
宇宙項　141, 145
宇宙定数　141
宇宙マイクロ波背景放射　11
運動方程式　72
エーテル　6
エディントン　114
エディントン-フィンケルシュタイン座標　160
エネルギー　77
エネルギー・運動量テンソル　138
エネルギー・運動量保存則　80
エネルギー保存則　140
エレベーター　100
オイラー-ラグランジュ方程式　128

か

回転　61
核子　81
核分裂反応　86, 88
核融合反応　84, 87
加速器実験　95
カムランド　88
ガリレイ変換　5, 14
ガレージのパラドックス　38
慣性系　3, 19
慣性質量　102
完全流体　139
ガンマ崩壊　90
球対称　150
共変　63, 72
共変なリーマン曲率テンソル　126
共変微分　122
共変ベクトル　67, 119
局所ローレンツ系　107, 136
曲率　124, 126
近日点移動　165, 172
空間的　51
空気シャワー　97
クリストッフェル記号　126
クロネッカーのデルタ　62
軽水炉　86
結合エネルギー　83
原子質量単位　82
光円錐　19
光子　78
恒星　87
光速度　6, 16
光速度不変　16
降着円盤　164
固有時間　53, 72
固有速度　72
混合テンソル　119

さ

時間　18
時間的　51
時間の遅れ　181
時間の延び　27, 57, 107
時空図　19
事象　47
事象の地平線　162
実験室系　93
質量　82
質量欠損　81
質量数　83

質量とエネルギーの等価性 77
シャピロ遅れ 181
シュヴァルツシルト解 154, 156
シュヴァルツシルト半径 155
重心系 93
重水炉 86
重力 100, 134
重力質量 102
重力赤方偏移 111
重力による時間の遅れ 181
重力による時間の延び 107
重力による赤方偏移 179
重力場 131, 136
重力場の方程式 141
重力レンズ効果 173
縮約記法 62
縮約したビアンキ恒等式 127
主系列星 87
寿命の延び 28
衝突 93
衝突パラメーター 173
スカラー 62, 66, 118
スカラー曲率 127
静止エネルギー 77
静止質量 75
静的 150
青方偏移 110
赤方偏移 46, 110, 179
接続 121
絶対静止系 11
絶対的過去 20, 52
絶対的未来 20, 52
接ベクトル 118
漸近的平坦 154
相対性原理 3, 13
測地線 127

測地線方程式 129, 142
速度の変換 58
速度の和 32, 59

た

ダークマター 179
対称共変テンソル 125
ダミー 62
単位 18
地平面 162
中性子 83
超光速運動 43
電磁気学 99
電子ボルト 82
テンソル 68, 119
等価原理 100
同時 17
同時性 21
時計の進み 109
時計のパラドックス 29
ドップラー効果 40

な・は

内積 119
ヌル 51
波動ベクトル 130
場の方程式 134
パラドックス 29, 31, 38
半減期 89
反ベータ崩壊 89
反変 72
反変テンソル 125
反変ベクトル 67, 118
反粒子 89
ビアンキ恒等式 127
光 6
光の曲がり 112
微分 120
ブースト 56, 65
双子のパラドックス 31

不変間隔 47, 48, 65
不変量 36
ブラックホール 162
フリードマン解 149
ベータ崩壊 89
ベクトル 62, 118
ポアソン方程式 105, 136
崩壊 89

ま・や・ら

マイケルソン-モーリーの実験 7
ミンコフスキー・メトリック 66
ミンコフスキー時空 48
無重量状態 103
無重力状態 101
メスバウアー効果 112
メトリック 66, 125
陽子 81
横ドップラー効果 42
ライプニッツ則 122
ランク 68
リーマン曲率テンソル 124, 126
離心率 169
リッチテンソル 127
流体 139
ローレンツ・ブースト 56
ローレンツ共変 69
ローレンツ収縮 37, 57
ローレンツ変換 35, 56

著者紹介　杉山　直

1961年、ドイツ生まれ。早稲田大学理工学部物理学科卒業、広島大学大学院理学研究科修了、理学博士。東京大学理学部助手、カリフォルニア大学バークレー校研究員、京都大学大学院理学研究科助教授、国立天文台理論天文学研究系教授を経て、2006年より名古屋大学大学院理学研究科教授。東京大学国際高等研究所主任研究員を併任。

NDC421 215p 22cm

講談社基礎物理学シリーズ　9
相対性理論

2010年4月30日　第1刷発行
2024年3月22日　第5刷発行

著者　　　杉山　直
発行者　　森田浩章
発行所　　株式会社 講談社
　　　　　〒112-8001 東京都文京区音羽2-12-21
　　　　　販売 (03)5395-4415
　　　　　業務 (03)5395-3615

KODANSHA

編集　　　株式会社 講談社サイエンティフィク
　　　　　代表 堀越俊一
　　　　　〒162-0825 東京都新宿区神楽坂2-14 ノービィビル
　　　　　編集 (03)3235-3701

ブックデザイン　鈴木成一デザイン室
印刷所　　株式会社KPSプロダクツ
製本所　　大口製本印刷株式会社

落丁本・乱丁本は購入書店名を明記の上、講談社業務宛にお送りください。送料小社負担でお取替えいたします。なお、この本の内容についてのお問い合わせは講談社サイエンティフィク宛にお願いいたします。定価はカバーに表示してあります。
© Naoshi Sugiyama, 2010

「本書のコピー、スキャン、デジタル化等の無断複製は著作権法上での例外を除き禁じられています。本書を代行業者等の第三者に依頼してスキャンやデジタル化することはたとえ個人や家庭内の利用でも著作権法違反です。」

JCOPY ＜(社)出版者著作権管理機構 委託出版物＞

本書の無断複写は著作権法上での例外を除き禁じられています。複写される場合は、その都度事前に(社)出版者著作権管理機構（電話 03-5244-5088、FAX 03-5244-5089、e-mail: info@jcopy.or.jp）の許諾を得てください。

Printed in Japan
ISBN 978-4-06-157209-6

2つの量の関係を表す数学記号

記号	意味	英語	備考
$=$	に等しい	is equal to	
$\neq$	に等しくない	is not equal to	
$\equiv$	に恒等的に等しい	is identically equal to	
$\stackrel{\text{def}}{=}, \equiv$	と定義される	is defined as	
$\approx, \fallingdotseq$	に近似的に等しい	is approximately equal to	この意味で≃を使うこともある。≒は主に日本で用いられる。
$\propto$	に比例する	is proportional to	この意味で〜を用いることもある。
$\sim$	にオーダーが等しい	has the same order of magnitude as	オーダーは「桁数」あるいは「おおよその大きさ」を意味する。
$<$	より小さい	is less than	
$\leq, \leqq$	より小さいかまたは等しい	is less than or equal to	≦は主に日本で用いられる。
$\ll$	より非常に小さい	is much less than	
$>$	より大きい	is greater than	
$\geq, \geqq$	より大きいかまたは等しい	is greater than or equal to	≧は主に日本で用いられる。
$\gg$	より非常に大きい	is much greater than	
$\to$	に近づく	approaches	

演算を表す数学記号

記号	意味	英語	備考
$a+b$	加算,プラス	a plus b	
$a-b$	減算,マイナス	a minus b	
$a \times b$	乗算,掛ける	a multiplied by b, a times b	$a \cdot b$と書くことと同義。文字式同士の乗算ではabのように省略するのが普通。
$a \div b$	除算,割る	a divided by b, a over b	a/bと書くことと同義。
a^2	aの2乗	a squared	
a^3	aの3乗	a cubed	
a^n	aのn乗	a to the power n	
$\sqrt{a}$	aの平方根	square root of a	
$\sqrt[n]{a}$	aのn乗根	n-th root of a	
a^*	aの複素共役	complex conjugate of a	
$|a|$	aの絶対値	absolute value of a	
$\langle a \rangle, \bar{a}$	aの平均値	mean value of a	
$n!$	nの階乗	n factorial	
$\sum_{k=1}^{n} a_k$	a_kの$k=1$からnまでの総和	sum of a_k over $k=1$ to n	
$\prod_{k=1}^{n} a_k$	a_kの$k=1$からnまでの総乗積	product of a_k over $k=1$ to n	